U0367623

南京大学人文基金资助

南大建築百年

周学鹰　马晓　著

南京大学出版社

读学鹰、马晓两教授《南大建筑百年》感怀诗序

情衷母校在童萌，南大南工两学宫。
未晓学人高学誉，已迷华厦伟华雄。
鼓楼岗下飞甍跃，北极阁旁球顶隆。
心往斯校曾占卜，终投身入母怀中。

记得当年入校初，殿堂满目换茅庐。
北楼云栈牵遐想，南苑雨窗好读书。
东借礼堂惊二战，西行随槛叹三馀。
骏骐或许嘶新驿，麑犊不能忘旧闾。

铁梁能立能言鸟，铜岸不停不系舟。
学理堂前情泻湃，情衷檐下志淹留。
鞭从驹子成骐骥，镰自句芒向蓐收。
弼马温居何洞府，未明故屋使人愁。

正循丝路路遥遥，书稿飞来动壤霄。
精构已霖钟阜雨，斯文更润北湖潮。
江携学府由三两，史带艺林任块条。
翻复陶园掩卷否？不如乘兴握杯聊。

清末时分称板荡，三江风水竟何求。
石头城上秦淮月，幕府山前扬子秋。
功庙南听邀笛步，晋陵西傍唱经楼。
前朝帝业空惆怅，民国新天费策筹。

蒋山凭点见梅庵，续火燃薪兴正酣。
只手难缝中土裂，一心欲补学旌惭。
精排土木天人合，细度三优法则参。
鞭石鸠工同义举，龙盘虎踞又瑶簪。

进香河接干河沿，分座翼如称巧堪。
东院披风试雅典，西厢沐雨承杏坛。
婷婷柱石见榴火，艳艳栱华敷牡丹。
宏阔峥嵘东亚最，庆功何止在壶箪。

金陵大学首南雍，吴楚黉门意气丰。
旗帜孤高扬震旦，北楼立轴志华宗。
枋檐柱显雕梁力，大屋顶存赋韵醲。
前后礼堂钟铎振，东西楼馆鼎鼐镕。

遗志汇文已渐遐，嵯峨勾勒簇新花。
烽烟摧毁倭当罪，淮水疗伤血可赊。
颠簸课桌诚短视，横蛮教事供长嗟。
阿蒙企盼遵菲迪，绛帐飘红幸勿遮。

中大院敞展枰罗，奥岭移珍踏海波。
三角檐迎三叉戟，素窗苑读素恒娥。
通衢未减拜庭线，穹顶尤唱现代歌。
呼吸阙门无尽事，六朝松洒泪痕多。

丁家桥链四牌楼，气撼兰园玄武洲。
图纸漫书超越垒，机床小试锻吴勾。
南高田亩农桑计，北极楫舟河海浮。
分校勉难沉痛久，山公马在剩貂裘。

何谓学堂新建筑，尽心竭力在于兹。
东存巧匠公输圣，西有赫菲斯舵斯。
尺寸犹涵营造法，精神暗合十书时。
承传为技亦为艺，开拓入史更入诗。

学子万千荫尔庐，宗师巨匠殖芙蕖。
中山楼角有谋画，小石座前方聚儒。
义救人群德拉贝，书移大地赛珍珠。
拈花黑板静无语，点首泉池心若甦。

救国首先由教育，出新国格在人格。
校园建设有新声，学海畅游浮大白。
言子应惊获玉琮，冲之且喜壅琼璧。
君看雅美靓肌肤，更赞硕雄坚骨骼。

诚挚校歌天下动，洞开教泽智仁勇。
移山开道敢通衢，填海架桥能继踵。
立足夯强柱础固，涌身支壮欂栌栱。
新楼旧厦正严严，凤舞龙翔飞翫翫。

学生如我鬓毛衰，大作从头读几回。
笔下百年璀璨史，眼中千丈画楼开。
江流荡涤无情客，苑圃长青不世才。
每每回眸启碇处，征帆骏马更须催。

几迁蓟粤或三秦，母校馨香靠比邻。
华构年年邀后代，精神处处继先人。
基因优异凭谁觅，民族创新着要津。
硕耳健兮楼厦影，舞兮鼓荡学人魂。

学鹰著作拟调琴，燃炬鸡鸣费尽心。
图片精审随笑傲，文辞跌宕足行吟。
风行测得江湖浅，沙打感知瀚海深。
母校子孙传世界，此书天际有知音。

秃笔摇摇成十数，不知可入学鹰目？
兹书撰改几经年，微我猖愚浑不顾。
但愿腐心如腐肥，尚能扶风更扶木。
南京大学史园新，新史重光看建筑。

学风文脉比时雄，界画楼台千载功。
学占中华经砥砺，教施南国称元戎。
春樱匀粉能熏柳，银杏洒金欲染枫。
母校自拥天下美，永驱彩笔作长虹。

周晓陆

2018年立夏日，于乌鲁木齐

目　录

上篇　建设钩沉

中篇　校园规划与重要历史建筑

下篇 现状图照

上篇

建设钩沉

曾有研究者将民国时国立大学的发展分为四个阶段：缓慢成长期(1912~1921)，迅速扩张期(1922~1926)，发展与定型期(1927~1936)，稳步增长期(1937~1949)[1]。

众所周知，南京大学有两个源头：私立金陵大学、国立中央大学(图1-1)。

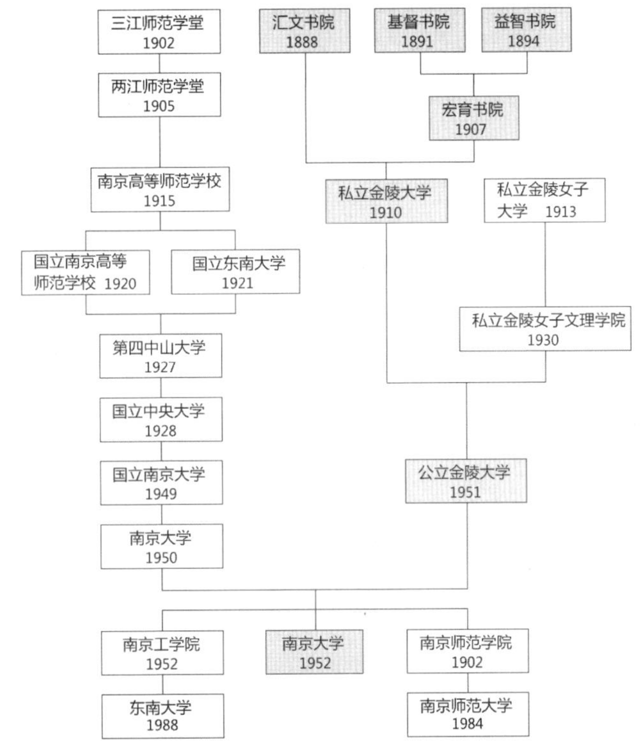

图1-1　金陵大学、中央大学——南京大学历史沿革表

---

[1] 李涛:《民国时期国立大学数量及区域分布变迁》,《华东师范大学学报(教育科学版)》2014年第2期，第104~110页。

目前，南京大学分三个校区：鼓楼校区、仙林校区、浦口校区（金陵学院）。其中，鼓楼校区为原金陵大学旧址。

南京大学校名最早诞生于1949年8月8日，“国立中央大学更名为国立南京大学”；1950年10月，按教育部规定去掉“国立”二字，迳名“南京大学”❶。

作为现南京大学前身之一的中央大学，肇始于1902年成立的三江师范学堂。而中央大学旧址，则因1952年的院校调整，让位于从南京大学工学院析出，结合金陵大学、江南大学的工科有关系科而新组建的学校——南京工学院（简称南工）。1953年，华东区高等学校实行专业调整，又合并厦门大学、浙江大学、山东大学的无线电系科，成立新的南京工学院❷（今东南大学）。

因之，本著在充分尊重历史事实的基础上，依据时间顺序，分别对原金陵大学、中央大学的校园建设史进行研究与解读，不仅还历史以本来面目，更可助益于未来对原金陵大学、中央大学校园环境的整体保护、永续利用。

❶ 王德滋主编：《金陵大学史》，南京：南京大学出版社，2002年版，第290~291页。

❷ 南京工学院高教研究室：《多科性的工业大学——南京工学院》，《江苏高教》1986年第4期，第63~64页。

第一章 金陵大学

——“诚真勤仁”的教会大学

原金陵大学创办于1888年，由美国基督教各教会在南京设立的三所书院合并而成。作为教会大学的金陵大学，在其存续的64年间，取得了引人自傲并足以彪炳史册的辉煌成就：

1. 开中国现代意义上高等教育之先的国际化教学，取得国际大学教育完全认同的地位；

2.1928年获国民政府立案批准，是当时国内第一所注册的教会大学；

3. 构建坚守人性、弘扬民主、崇尚真理的现代大学，是中西方文明融合共长的范例；

4. 获得了一批国际领先的科研成果，培养了一大批遍及世界各大教育、科研、政府机构等各行业的杰出校友。

尤其是统一规划、建设的金陵大学校园建筑，中西合璧、美轮美奂，堪称民国教育建筑的典范。而作为侵华日军南京大屠杀期间的国际安全区，它们更是仁爱奉献的人类大同精神与中华民族坚贞不屈的永远印证。

扫码可见重要历史建筑3D实景图

第一节　前言

本校为私立大学，所有行政组织一律遵守教育部规定之私立学校规程。拟在私立学校地位内，试行教育上种种新实验，尤其是训练良好公民问题之试验。吾人深信教育之首要作用在养成高尚的品格；而宗教确为培植智仁勇公民之要素。本校虽为教会设立，但不强迫任何学生皈依教门，但愿尽吾人义务，使学生明瞭各种教谛，庶将来作自由的选择。❶

——包文 1925年

原金陵大学是我国著名高等学府南京大学的两个前身之一。自1888年始，由美国基督教各教会在南京所设的三所书院合组而成。1910年合并为金陵大学，以国际化教学为特色，并与国际各大学处同等地位。1928年，经原国民政府立案批准，成为当时国内第一所注册的教会大学。

1951年9月，金陵大学与金陵女子文理学院（即金陵女子大学）合并。1952年全国高校院系调整，11月29日，华东调委会南京分会公布南京大学、金陵大学的合并调整方案：南京大学的文、理、法三院各系与金陵大学的文、理两院整合，校名为“南京大学”。

据此，新南京大学融合了原国民政府中央大学、金陵大学、金陵女大等数所著名高等学府的精华和血脉。

不仅如此，南京大学迁校址于金陵大学原址，并沿用其英文译名（The University of Nanking），这就使得新南京大学成为原金陵大学天然的继承者与后来人（详见图1-1金陵大学、中央大学——南京大学历史沿革表）。

---

❶ 包文：《金陵大学之情况》，载李楚材：《帝国主义侵华教育史资料教会教育》，北京：教育科学出版社，1987年版，第167~168页。

第二节　渊源——鼎足而立的教会书院(1888~1910)

金陵大学源头有三：汇文书院(The Nanking University，后改The University of Nanking)、基督书院(The Christian College)、益智书院(The Presbyterian Academy)。

1.汇文书院

图1-1-1　西北方向看干河沿

1888年(清光绪十四年岁次戊子)，美以美会传教士傅罗(C.H.Fowler)于南京干河沿(现广州路附近)创立汇文书院(图1-1-1)，延请美籍福开森先生(J.C.Ferguson)为院长(1888~1896年)[1](图1-1-2、图1-1-3)。汇文书院始设圣道馆(即神学)、博物馆(即文理科)二馆，有学生10余名。

其时"新学甫见萌芽，科举尚未衰歇，汇文书院之成立，盖以沟通中西文

图1-1-2　上海道台蔡乃煌(中)与西人福开森(右)合影

图1-1-3　福开森(J.C.Feguson)

[1] 福开森(J.C.Ferguson)字茂生，1866年3月1日生于加拿大安大略省。1886年毕业于美国波士顿大学，获文学学士学位，1902年获博士学位。1944年卒于美国纽约。早岁独有志于促进中国文化事业发展，遂于次年来华创办汇文书院于南京。继于沪先后创办《新闻报》《英文日报》及《亚洲文会》杂志，借以指导舆论，灌输新知识，沟通中西思想。国人共之。福氏自卒业上庠，即践吾土，讫其返美，垂六十年。兴教育、启民智、筹振务、勤撰述，无非尽悴于中国文化事业者。尤可贵者，将其毕生耗费巨资所得中国古代艺术精品，悉数赠与金陵大学收藏。其约曰：必以中国式之建筑庋藏之。参见南京大学高教研究所校史编写组：《金陵大学史料集》，南京：南京大学出版社，1989年版，第7~9页。

化培植人才为职志，实为吾国高等教育之嚆矢，本校今日薄有成绩，获跻于世界学府之列，亦以此为滥觞焉”[1]。

1896年，汇文书院设立医学馆——书院附属中学“陈美馆”。师资配置：西籍教师穆尔为西文总教习，恒谟为西文教习；师图尔[2]为医科总教习，马林[3]、比必[4]为医学教习。聘李自芳为国文总教习，周歧山、李鉴堂为国文教习。书法家骆寄海也曾在汇文任教。

1896年福开森离任后，师图尔继任汇文院长（图1-1-4）。他改良功课、添置仪器、增聘教习、扩充校园、建设校舍，并建立青年会会堂，使汇文“匪特冠绝东南，实侨居中国人士所组织教育事业而首屈一指者也”。

1908年师图尔去职后，包文（A.J.Bowen）[5]继任（图1-1-5）。

自1888年至1898年间，汇文书院先后建造了钟楼（图1-1-6、图1-1-7）、图书馆（青年会所在地，亦作琥珀厅）、口子楼（亦作考吟堂）、东课楼（图1-1-8、图1-1-9）、西课楼、教堂（图1-1-10）等建筑[6]。

图1-1-4　师图尔（G.A.Stuart）

图1-1-5　包文（A.J.Bowen）

---

❶ 南京大学高教研究所校史编写组：《金陵大学史料集》，南京：南京大学出版社，1989年版，第6页。

❷ 师图尔（G.A. Stuart）字书林，美国马里兰州人，生于1859年。其父是著名传教士，有子12人，师图尔最小。他在新布顿大学获硕士学位后，在哈佛大学获医学博士学位。1888年汇文书院创设时，他与其夫人到南京传教，并与比必在医学上进行合作。过了两年，师图尔去芜湖创办戈矶山医院。1896年，调汇文书院任医科总教习。接任院长后，他改良功课、添置仪器、增聘教习、扩充校址、建设校舍，并建立青年会会堂，使汇文“匪特冠绝东南，实侨居中国人士所组织教育事业而首屈一指者也”。师图尔翻译著作甚多，如《圣经研究》《美以美会教会例文》《贫血病与组织学形态学及血液化学之特别关系》《解剖学名词表》《医科学生之习练法》，并把《本草纲目》翻译成英文，为向中国介绍西方医学和向西方介绍中国传统医学作出了突出的贡献。1908年，师图尔辞职赴上海创办《兴华》报；1911年去世。

❸ 马林（William Marklin）是加拿大安大略省人，生于1860年。1880年，他在多伦多大学完成医科学业。1886年受英国基督会的派遣，成为该差会的第一个驻华医生。这年4月16日，他来到南京，在鼓楼附近和花市大街开了两处诊所。后在美国基督会传教士美在中和中国人景观察夫妇、庄效贤的帮助下，1892年，在今天鼓楼医院所在地建成一座4层楼建筑。1893年开始收治病人，命名为基督医院，马林为院长。马林医院旧址现为江苏省级重点文物保护单位。

❹ 比必（Robert Case Beebe）：美国西北大学医学博士，1884年以美以美会会友身份来华，1885年在南京汉中门创办金陵医院。

❺ 包文：美国伊利诺州人，毕业于讷克司大学，1897年来华。

❻ 姚远编：《钟楼嵯峨　百年金陵人文作品选读》，南京：南京师范大学出版社，2004年版，第327页。

图1-1-6　汇文书院钟楼(局部)
图片来源:《金陵大学史料集》(图版)

图1-1-7　汇文书院钟楼
图片来源:《金陵大学史料集》(图版)

图1-1-8　汇文书院东课楼(局部)

图1-1-9　汇文书院东课楼

图1-1-10　南京卫理会(即汇文)教堂

2. 基督书院

1891年，隶属于美国基督教会的美在中（Frank E.Meigs）[1]（图1-1-11）在鼓楼西南（现金陵中学校址）创立基督书院。

校舍落成后（图1-1-12、图1-1-13），美在中任校长，安家在学校旁，以便随时尽职。当时学生仅20余人，美在中夫妇负责教学和管理。

美在中"办学温而厉，学生患病，先生为治方药，时或称述小说家言于病榻之前，以减病人之痛楚，其于行不饬、业不修者，则又不稍矣假借，往往涕泣而施夏楚。未几，学生达二百人，基督书院遂与益智书院、汇文书院鼎足而三矣"[2]。

图1-1-11 美在中（Frank E.Meigs）
图片来源：《金陵大学史料集》（图版）

图1-1-12 基督书院（男学堂）

图1-1-13 基督书院（男学堂）内景

3. 益智书院

1894年，美国北长老会（圣公会）将一所已有10多年历史的全日制学校发展成益智书院，校址设于户部街，初由T.W.贺子夏任院长，后由文怀恩（J.E.Williams）继任。

此时，美国教会在南京已设有汇文、基督、益智三所书院。

4. 三院合并

汇文、基督、益智三书院的办学宗旨虽同，教法互异。美在中认为"孤往则精力分而收效浅，共作则箐华聚而成功多；且祖国教会醵金委办教育事业，当化珍域而屈群

---

[1] 美在中：字兰陵，1851年生于纽约。

[2] 参见徐则陵：《美在中与基督书院》，《金陵光》1914(8)临时增刊。

策，以最少经费谋最大功效，不然，则获罪于天矣。遂力倡三院合办之说”。

1906 年，基督、益智两书院合并为宏育书院（The Union Christian College，图 1-1-14）。美在中任院长，文怀恩为副院长（图 1-1-15）。

图1-1-14　鼓楼宏育书院

图1-1-15　文怀恩（J.E.Williams）

但是，汇文书院院长师图尔对并校存有异议，合并之事遂寝。直至1908年包文接任院长后，方得以迅速改观。包文认为，“教育之宗旨宜纯正，规模宜远大，组织设备宜健全完美，然后始可以言得人才为社会用。今南京一隅设三校，其政不相谋，课程多重复，且为经费限不得备其设施，势必至于因循苟且，徒劳而无功.吾不知其何益于中国，其亦大背吾人办学之旨矣”[1]。其极力主张并校，汇文面临新局面，停办医科。

1910年，宏育、汇文合并，称金陵大学堂（1915年随京师大学校改名为金陵大学校），著名书法家、两江师范学堂监督李瑞清题写校名（图1-1-16，图1-1-17）。推美籍包文先生为学堂监督（相当于校长），文怀恩副之，美在中为大学圣经部主任兼附设中学校长。金陵大学正式诞生[2]。

图1-1-16　金陵大学堂校门正视

图1-1-17　金陵大学堂校门侧视
图片来源：《金陵大学史料集》（图版）

❶ 南京大学高教研究所校史编写组：《金陵大学史料集》，南京：南京大学出版社，1989年版，第14页。

❷ Institution for Higher Learning at Nanking, *Zion's Herald*, vol.2, 1910, p.249.

第三节　发展——开中国现代高等教育之先的国际化大学（1911~1949）

金陵大学成立后，大学部在原汇文书院旧址，中学部在宏育书院旧址，小学部位于益智书院旧址。创建图书馆，初设于中学部青年会内，馆长刘靖夫。早期的金陵大学（以下简称金大），校长之下，尚有司库、校长秘书、房屋和场地总管、学监等，辅助其进行各方面的行政工作。教学方面，除宗教、医学外，仅设文科，包文兼文科科长。数理化等附设于文科，授文学学士学位。

金陵大学设董事会，本部在纽约，南京为分部。董事会本部也叫“托事部”，由创办三书院的3个差会联合组成（1911年浸礼会加入，1917年南长老会加入），是该校的最高权力机关。校长、副校长等的任命，经费的保管和使用等重要事项均须经其同意，当然，它也负责筹措学校经费。南京的董事会由校长、行政管理人员和各差会代表组成，监察审议本校所有事宜，任命行政管理人员和中国教职员、起草学校预算报托事部批准、批准学校课程等[1]。

1.国民政府定都南京前（1911–1927）

并校之后的金大立即在鼓楼择地，兴建校舍[2]。

金大创建人委托托管会管理所有校务，包括建设校园。“财政、校产和投资委员会负责保管和监督学校的财产，听取和审查校董会关于学校场地，房屋设备状况的报告，以及维修这些场地、房屋和设备措施的报告。在托管会指示下，该委员会还可办理该校的房屋和校产的保险。需建新房屋时由该委员会调查并决定，同时将情况向托管会详细汇报。在托管会决定营建新房屋时，由该委员会负责绘制图纸，制定计划，并向托管会推荐施工的公司。在房屋施工时代表校托管会（创建人会）负责图纸的设计和房屋的建造”[3]。

1911年，纽约州立大学董事会给金陵大学颁发了特别许可证：“兹于1911年4月19日领到美国纽约省教育部长瞿君，暨纽约大学校长马君公文，正式承认本校为完全大学校。其文有云：自承认之后，中国所设立之金陵大学堂，除享泰西凡大学应享之权利。又云：学生凭单向由该校发给，今改由纽约大学校签发，转致金陵大学堂监发毕业生。据此，则以后凡在本学堂毕业者，即无异在美国大学校毕业也。”[4]10月，医科迁入，

---

❶ 张宪文：《金陵大学史》，南京：南京大学出版社，2002年版，第17页。

❷ “金大的2300亩地的校舍基地全部是美国教会从中国人手中强占硬霸下来的。这些土地原来大都是附近居民的祖坟和住宅。”南京大学高教研究所校史编写组：《金陵大学史料集》，南京：南京大学出版社，1989年版，第15页。

❸ 南京大学高教研究所校史编写组：《金陵大学史料集》，南京：南京大学出版社，1989年版，第100页。

❹ 《纽约大学承认》，《金陵光》1914年第1期。

"由学校划出房屋，为医学教室及膳宿舍"❶。

需要说明的是，金陵大学医科建设实在此之前。"马林在上海熟悉中国的国情民俗，学习汉语。同年(1886年)4月16日到南京。曾在鼓楼附近及城南花市大街(在今长乐路附近)买地建屋，开设诊所药房，在此两处行医布道数十年。1887年美国基督会教士美在中来宁，与马林相邻，见马林医术精而经费细，乃乘美国教会开年会之际，募集巨金，并获国人景观察夫妇及下关庄效贤君捐地捐款，遂于1890年动工兴建，1892年一座四层楼房竣工，1893年开始收治病人，命名谓基督医院，马林出任院长。此乃今日鼓楼医院之前身。1911年几个教会办的金陵大学开设医科……"❷"先是金陵大学在鼓楼置有房屋一所，盖购之外国教会者，经医科董事部与金陵大学理事部之会商，拟将医科迁至该处，惟比邻之基督医院，亦必同时购入，而后学生可以实地练习，现乃磋商就绪，价值金洋2.7万元。于是每教会协助费乃增至金洋500元矣!"1912年"基督医院自1月1日起遂属金陵大学，数礼拜前，已动工修理，务使成一适于教授之医院。至鼓楼房屋，则拟作最精美之装置。一旦告成，价可金洋十万元。此外，另有新屋一所为美国俄亥俄省克利乌兰德之提操特先生所赠，中有作工凉亭及卧病园，戏场均将于今年竣工，使有款项，当更建一门诊及施医之馆。至将来学校发达，则大医院与较小之妇女医院尤不容不备焉。自今以后，医科之授课及试验仍在本校化学室。一旦中学迁出，则将移入新校舍"❸。1912年，"我政府以教授裴义理主持华洋义赈有功，赠地千陆百亩，……学校之规模于是乎具"❹。

1913年，纽约建筑师凯蒂·X.克尔考里(Cady.X.Crecory)完成金大建筑规划方案。规划中的金大南北布局，分为A到J共10个区，有冠名的建筑就达42处。

1913年11月15日，中国东方医科大学撤销，董事部改组，改由金陵大学董事会管理，正式称金陵大学医科，史尔德任科长，马林创办的基督医院为该科实习医院，改名金陵大学鼓楼医院；金大将医科迁入先前在鼓楼购买自教会的一所房屋，并以2.7万美元购买毗邻的基督医院，一起改名为金陵大学鼓楼医院，由各教会负担的常年维持费则提高到500美元(图1-1-18)。

图1-1-18　鼓楼医院门诊部和老医院楼

1913年，金大购置小陶园(现在校园南园内)。"本校附设之小学，向在城南户部街，相距既远，故一切事宜，诸多不便，

❶ (美)宝珍三著，泾川查啸山译：《金陵大学医科之过去与将来(节录)》，《金陵光》1914年第1期。

❷ 南京大学高教研究所校史编写组：《金陵大学史料集》，南京：南京大学出版社，1989年版，第12页。

❸《南大百年实录》编辑组编：《南大百年实录(中卷)金陵大学史料选》，南京：南京大学出版社，2002年版，第12~13页。

❹ 南京大学高教研究所校史编写组：《金陵大学史料集》，南京：南京大学出版社，1989年版，第16页。

由是购置陶园之事于以发生焉。陶园者，清大吏余某之别墅也，地与本校昆联，屋宇精美，地址辽阔（虽未为学校而建，然其中花木池沼，风景颇雅，儿童课余，游息其间，颇有开径望益之助），本校以4万元购之，以为小学校舍（今年本校添设师范一科，行将附设其内矣）。”❶同年，纽约建筑师凯蒂·X.克尔考里完成金大建筑规划方案。1914年，美国芝加哥帕金斯事务所（Perkins Fellows & Hamilton Architects, Chicago, U.S.A.）完成校园规划修改方案。其规划将整个金大校区纵向分为3部分。西侧为农林实验场，中部和东部作大学教学和生活区，并用横向道路划为5块。最北端的北、东、西3座大楼呈三合院布局，金大的高标准规划和建设，与当时的国立大学相比，有很大的区别。早期的国立大学，往往命运多舛，校舍多临时拼凑，金大则不然。规划之后，包文从美国请来芝加哥帕金斯建筑事务所的测绘师莫尔（Mr.Nipps）和建筑师司斐罗（Mr.H.Serverance），负责建设金大新校园。司斐罗在金大工作10年，不仅负责学校的整体设计，而且细致到校园小路、学生宿舍卫生设备和教员住宅的分配修整。设计完成后，“全部工程由美国芝加哥一家公司设计承包。建筑材料除屋顶的琉璃瓦和基建土木外，都从国外进口。……建成后的金陵大学校舍，中西合璧，美轮美免，十分宏伟，基地面积达133.4公顷”❷。

首先落成的是东大楼（科学馆）。1914至1915年，“筹集巨资，另筑新舍，鸠工庀材，五月而大厦落成，颜其额曰‘科学馆’。盖专为教授科学而建也。馆系三层楼，而屋高约60、纵72、横43英尺，其中布置规则，悉系理化总教员马丁先生所手定，故深合乎教授之用。馆中除科学讲堂及试验室外，另有会议厅一所，容400余人。综计是馆费用，合墨银3万有奇”❸（图1-1-19~图1-1-21）。

图1-1-19 建造中的金陵大学东大楼

1916年秋，金大校

❶ 南大百年实录编辑组：《南大百年实录（中卷）金陵大学史料选》，南京：南京大学出版社，2002年版，第20页。

❷ 张宪文：《金陵大学史》，南京：南京大学出版社，2002年版，第42~43页。

❸ 南大百年实录编辑组：《南大百年实录（中卷）金陵大学史料选》，南京：南京大学出版社，2002年版，第20页。

图1-1-20　刚建成的东大楼，远处为鼓楼

图1-1-21　金陵大学校园全景
（具体未知，仅建成东大楼）

园的一部分落成，乃将大学迁入，以干河沿旧址为附属中学校舍。

1921年，金大校舍始告竣工。“计基地面积2340亩，高楼峥嵘，气象洪阔，与鼓楼巍然并峙城中，为南京最大之建筑”❶（图1-1-22~1-1-41）。

图1-1-22　刚建成的北大楼

图1-1-23　礼拜堂、甲乙楼、丙丁楼（1920）

❶ “本大学既由汇文与宏育两书院合并改组后，仍暂以汇文书院为校址，另设附属中学与医院于鼓楼附近，并于鼓楼西坡相地鸠工，建筑大规模之校舍。民国五年秋季落成一部份，乃将大学迁入，而以干河沿旧址为附属中学校舍。至民国十年，大学校舍始告竣工。计基地面积2340亩，高楼峥嵘，气象洪阔，与鼓楼巍然并峙城中，为南京最大之建筑”（《金陵大学60周年纪念册》）。也有记载为1915年建成：“合并计划的第一步是购置土地，扩充校舍。全部工程由美国芝加哥一家公司设计承包。建筑材料除屋顶的琉璃瓦和基本土木外，都从国外进入。新校舍从1910年开始设计、动工，至1915年秋，长达五年始部分落成。建成后的金陵大学校舍，中西合璧，美轮美奂，十分宏伟。基地面积达二千多亩，与鼓楼巍然并峙，为当时南京最大之建筑。”陈裕光：《回忆金陵大学》，《上海文史资料选辑（第42辑）》，转引自南京大学高教研究所校史编写组：《金陵大学史料集》，南京：南京大学出版社，1989年版，第7页。

图1-1-24　学生宿舍(1920,甲乙楼、丙丁楼)

图1-1-25　学生宿舍(可容800人)

图1-1-26　刚建好的东大楼、北大楼及礼拜堂,远处为覆舟山、钟山

图1-1-27　金陵大学毕业典礼(1920)
图片来源:美国国会图书馆

图1-1-28　毕业典礼(1920,北大楼、甲乙楼)

图1-1-29　毕业典礼(1920,北大楼、甲乙楼)

图1-1-30　毕业典礼(1920,北大楼、宿舍楼)

图1-1-31　毕业典礼(1920,北大楼、甲乙楼)

图1-1-32　毕业典礼(1920,礼拜堂)

图1-1-33　毕业典礼(1920,礼拜堂、宿舍楼、攒尖顶建筑)

图1-1-34　毕业典礼(1920,礼拜堂主席台内景)

图1-1-35　毕业典礼(1920,礼拜堂坐席内景)

图1-1-36　东大楼(19xx,自礼拜堂高窗摄)

图1-1-37　北大楼、东大楼、攒尖顶建筑及远处的鼓楼(铁丝网围合)

图1-1-38　建在山岗上的金陵大学
图片来源:Perkins Fellows& Hamilton, *Educational buildings*, Chicago: The Blakely printing company, 1925:145.

图1-1-39　自美国进口货物(东大楼、北大楼、攒尖顶建筑)

图1-1-40　西大楼刚落成

1924年,即“(民国)十三年,复得洛氏基金社之中国医学委员会、美国对华赈款委员会与美国士女之协助,建筑农林学院(西大楼),翌年落成。院之位置适与科学院相对,计分四层:第一层除作物实验室及种子储藏室外,均为办公室,下层为教室。第二层为研究室、实验室及标木室。第三层为大讲堂、绘图室、储藏室,题名裴义理堂,所以纪念农林科之创办人——裴义理先生(Joseph Bailie)也。院内之布置,悉取最新之科学方法,朴实合用,参观者称之为中国现时唯一之农林学院。本科得此设备,事业乃日益发展矣!”❶(图1-1-41~1-1-44)

图1-1-41　西大楼(1927)

图1-1-42　北大楼、西大楼、甲乙楼

❶ 南京大学高教研究所编:《南京大学大事记1902~1988》,南京:南京大学出版社,1989年版,第196页。

图1-1-43 北大楼、东大楼(远处的鼓楼)

图1-1-44 北大楼、东大楼、西大楼、礼拜堂(攒尖顶建筑)

据1926年5月13日北京教育部对金大的调查,金大的主要建筑有:教宅,洋房1座,价80000元,又新建1座,价100000元;实验室,洋房2座,价100100元;寄宿舍,洋房4座,价73000元;礼堂1座,价39000元;体育馆1座,价8000元。共值407000元[1]。其中,主要建筑的竣工日期为:文学院(北大楼),1919年;礼堂,1921年;体育馆,1921年;西大楼(农学院,裴义理楼),1925年;实验室,1925年;学生宿舍(甲乙、丙丁、戊己、庚辛楼),分别建成于1915年、1927年、1936年等。

从1910年到1926年,金大在中国动荡的政局中获得了长足的发展,其系科设置实际上反映了这种进步。1926年,金大教职员达200余人,在校生约600余人,校董中、西人员各半,文理、农林两科的科长均为中国人[2]。

据统计,1911年到l926年,金大共毕业学生469人[3]。1928年,加利福尼亚大学的誉志久野根据中国教会大学各方面的综合条件进行评估,认为1925年后的金大和燕京大学属甲级或乙级,这两所学校的毕业生可以直接进入美国的研究院。按同样标准,当时国立大学有7所达到这样的水准[4](图1-1-45~1-1-46)。

l927年,国民政府定都南京前夜的"南京事件"对金大影响较大。事件发生前,校长包文已经回国。3月23日,北伐军占领南京。直鲁军败退之际,"南京完全是一种紊乱状态,北军毫无约束,总是离间革命军同外人感情,作国民运动的仇敌"。"城内地痞勾结敌人余孽,乘机蠢动,打家劫舍,全城恐慌,并及外侨。"[5]3月24日,副校长文怀恩在其住宅被劫时遭乱兵杀害,贝德士死里逃生,西籍教员纷纷回国;其他外侨亦有不同程度伤亡[6]。具体而言,金陵大学科学楼的设备有损,5栋住宅被烧掠,鼓楼医院遭到抢劫,中学损失严重,语言学校大楼被劫[7]。校园和鼓楼医院随即驻进了军队。金大的西

❶《教育部对全国专科以上学校调查一览表(金陵大学部分)》,南京大学高教研究所校史编写组:《金陵大学史料集》,南京:南京大学出版社,1989年版,第27页。

❷ 沙兰芳:《金陵大学沿革》,《金陵大学建校一百周年纪念册》,南京:南京大学出版社,1988年版,第27页。

❸《历年毕业生数目统计表》,南京大学高教研究所校史编写组:《金陵大学史料集》,南京:南京大学出版社,1989年版,第210~211页。

❹ (美)杰西·格、卢茨著,曾钜生译:《中国教会大学史》,杭州:浙江教育出版社,1988年版,第186页。

❺ 张宪文:《中华民国史纲》,郑州:河南人民出版社,1985年版,第287页。

❻ (美)明妮·魏特琳:《魏特琳日记》,南京:江苏人民出版社,2000年版,第322页。

❼《H.G.罗伯逊先生向美托事会报告金陵大学在"南京事件"中的遭遇》,南京大学高教研究所校史编写组:《金陵大学史料集》,南京:南京大学出版社,1989年版,第32~33页。

图1-1-45　金陵大学图书馆(1926年7月)

图1-1-46　金陵大学图书馆(1926年7月)

籍职员逃离,或去上海,或径回国;学生也离校回家,全校仅余百余人。

此外,“南京事件”后,国民政府军队驻扎在金大校园内,时常使用金大的礼堂,搬运金大物资,影响教学。1927年6月16日,鼓楼医院贴出公告,抗议军队占领学校。7月13日,校董会财政执行委员会作出决议,对军队占领学校医院一事提出正式抗议。校务委员会在9月份致函军事委员会,温和地要求驻军撤退。10月17日,驻军终于离校,委员会去函表示谢意。

此时期的金大,初创伊始,各方面建设蒸蒸日上,优秀的人才、高质量的教学、较为充裕的经费、壮丽华美的建筑等,使得金大起点较高,在当时中国教会大学中处于全面领先的位置。

2.国民政府定都南京至抗战全面爆发前(1927-1937)

1927年4月18日上午9点,南京国民政府在炮声中于江苏省议会成立。胡汉民任政府主席,蒋介石任国民革命军总司令[1]。

1927年4月19日,金陵大学理事会第二十三次会议召开,包文提出辞职,会议选出临时校务委员会,正式选举过探先(主席,图1-1-47)、陈裕光(副主席)、刘国钧、陈钟凡、陈嵘、李德毅、李汉生等7名校务委员,负责金大的日常管理。

1927年11月30日,经于上海召开会议,新校董会成立,推举陈裕光为金大校长(图1-1-48)。改旧校董会为创设人代表大会。1928年3月25日,金大托事部从美国发来贺电,正式承认金大校长陈裕光[2]。

图1-1-47　过探先先生

❶ 南京国民政府与此时的武汉国民政府形成宁汉分裂之局面;1928年6月宁汉合流,武汉国民政府停止运作;12月29日东北易帜;至此南京国民政府在形式上统一全国。

❷ 陈裕光自1927年受聘为金陵大学校长起,连续任金大校长长达20余年。他既是中国教会大学第一位华人校长,也是我国现代高等教育史上任期最长的校长,被公认为我国教育界的元老之一。

图1-1-48 陈裕光先生

1928年8月6日,大学院正式批准金大董事会注册登记。1928年9月20日,国民政府大学院以训令688号批准金大立案,金大成为最早获准立案的教会大学,此为金大"本土化"的关键一步。

1928年11月9日,校董会任命包文为校长顾问。

金大之所以素有"钟山之英"的美称,就是以校训"诚真勤仁"的精神陶冶了一代又一代金大人,陈裕光可谓"金大精神"之代表。由于时局和金大自身渐趋稳定,1928年秋季学期,金大学生数增加到583人,创历史新高。其中本科459人(女生4人),研究生7人,专修科117人。

南京国民政府建立后,要求大学必须有3个以上学院。金大乃在1929年开始筹划将文理科改为文、理两学院,农林科改为农学院。1930年,此项工作完成。至此,金大校歌中"三院搓峨,文理与林农"的格局基本定型(图1-1-49~1-1-62)。1934年11月,金陵大学获美国纽约州大学院区颁赠的毕业学位永久认可公文,此后,无需介绍手续,金大即可授予国际认可之证书或学位[1](图1-1-63~1-1-64)。

图1-1-49 东大楼、北大楼、西大楼、礼拜堂

图1-1-50 北大楼

[1] 南大百年实录编辑组:《南大百年实录(中卷)金陵大学史料集》,南京:南京大学出版社,2002年版,第61页。

图1-1-51　北大楼东立面

图1-1-52
北大楼圣诞贺卡

图1-1-53　北大楼南立面

图1-1-54　东大楼西南立面

图1-1-55　东大楼西立面（理学院）

图1-1-56　西大楼东立面（农学院）

图1-1-57　礼拜堂

图1-1-58　西大楼、北大楼、甲乙楼等

图1-1-59　西大楼、北大楼、礼拜堂、甲乙楼等

图1-1-60　北大楼、西大楼

图1-1-61　礼拜堂、西大楼、旗竿、校门

图1-1-62　西大楼、校门、礼拜堂(1934)

图1-1-63　毕业典礼前向孙中山先生像静默三分钟(1934)

图1-1-64　毕业典礼(1934)

至于金大图书馆,原在北大楼。陈裕光掌校后,致函国民政府:南京事件中,金大职员住宅遭劫掠惨重,副校长文怀恩死难,金大不愿再将此事牵涉中美关系。而文怀恩太太在丧夫之后,仍然眷念中国,捐助金大。能否请国民政府也补助一定资金,新建图书馆,以资纪念[1]。陈裕光的请求获得批准。1929年,国民政府共承诺捐助30万元。至1934年11月,金大共领到20万元。其中第一批为民国二十二年关税库券,1946年到期,到期值13.6万元,当时值6.5万元;第二批系民国二十年盐税库券,1941年到期,到期值11.1万元,当时值5.7万元。对第三批捐助,金大董事会曾决议争取得到现金,但未见相关资料[2]。金大利用国民政府的捐助,加上其他经费,于1936年建成新图书馆。

该图书馆由中国著名建筑师杨廷宝设计,坐落于金大整体设计的东部轴线上,外形为歇山及筒瓦大屋顶、青砖墙面和传统细部处理,与原有的三座大楼相照应(图1-1-65~1-1-76)。"华构嵯峨,蔚为大观"。整个大楼高3层,书库占用大半。当时正向国外定制钢铁书架,"力求具备现代大图书馆之典型"[3]。"五、国府捐赠本校建筑图书馆经费　前国府捐赠本校建筑图书馆经费30万元,经行政院转饬财政部照拨,惟濒年以国库支绌,虽经本校不断催索,未能筹发,春假期中,陈校长数与孔部长面商,蒙允先拨22关库券面额10万元,由中央银行转发应用。兹悉一切建筑事项,大体计划完竣,新址已定女生宿舍与同学院之间,与北大楼遥相对峙,学校殷殷渴望之新图书馆,想不久即可实现矣!"[4]惜不久全面抗战爆发,宏伟蓝图毁于战火。

---

❶《为查报抗战损失,金大与教育部的来往文书》,中国第二历史档案馆,档案号:六四九(13)。

❷《金大董事会会议记录》,中国第二历史档案馆,档案号:六四九(179)。

❸《中国教会大学建筑研究》,第109页,《金陵大学要览》,中国第二历史档案馆,档案号:六四九(71)。

❹《金陵大学校刊》第120号,民国二十三年4月9日,南京大学高教研究所校史编写组:《金陵大学史料集》,南京:南京大学出版社,1989年版,第239页。

图1-1-65 图书馆北立面(1936)

图1-1-66 图书馆北立面(东南望,1936)

图1-1-67 图书馆北面(1936年,44万册藏书)

图1-1-68 图书馆与书库

图1-1-69 图书馆南侧书库

图1-1-70 图书馆东侧(1936年)

图1-1-71　图书馆山面局部

图1-1-72　图书馆鸱吻

图1-1-73　图书馆入口地面:金陵之徽

图1-1-74　学生们在图书馆2号阅览室

图1-1-75　学生们在图书馆内看书(1)

图1-1-76　学生们在图书馆内看书(2)

民国十八年6月24日，为金大建立40周年纪念日，曾举行盛大纪念会，以申庆祝。当时筹备中人发起建立一纪念碑，籍以追叙过往，策励未来。……碑之情状亦由塔形而为圆规形，最后定为铜质方形。往再两年，乃底于成。现此碑业已运输到校，由工程处设计赶紧装置，地点闻已订定行政院孔道之右。兹附录碑文于后：

金陵大学四十年纪念碑

校董会主席吴东初撰

汀洲伊立勋书……[1]

1935年，金大理学院曾经募建应用科学实验馆(图1-1-77)。

图1-1-77
东北楼(1935，应用科学楼)

科学救国，已成举世之呼声；生产建设，尤属当今之急务。顾科学有理论与实验两途，必自然与应用并用。敝院有鉴于此，除自然科学各学系外，兼设有工业化学及电机工程两系，藉以培植专材，而应国家之需要。年来对于课程设备，力求充实，初具规模。惟因校舍局促，关于各种应用科学实验室，时感不足，亟须扩充，而院费竭蹶，无力添建。穷思毁家兴学，泰西辄传美谭，乐育英才，海内尽多善士。素仰台端热心教育，慷慨好施，敢祈俯赐同情，不吝援助：或捐资独建，或集腋成裘，俾所需各种实验室，得以次第观成，则异日播仁声于黉宫，垂令名于金石，国家实利赖之，岂只敝院感戴！兹将敝院概况，建筑计划，暨募款数目等项，分陈于后，谨希

惠签，并候

宏施!

金陵大学理学院谨启(章)

民国二十四年　月　日

---

[1] 南京大学高教研究所校史编写组：《金陵大学史料集》，南京：南京大学出版社，1989年版，第43页。

附：

（一）本院概况

本校创建以来，已越40余载，对于科学，夙称重视。当创立之始，即设有理科学程；民国十年，正式设立理科；民国十九年，改称理学院，分自然与应用科学二科；自然科学设算学、物理、化学、动物、植物五系，应用科学设工业化学、电机工程两系。对于一切设备及学程，逐年力求充实，学生人数，因之激增。本学期计有学生198人，共开61学程，198学分，现有仪器设备，约值30万元。

（二）建筑计划

本院设立工业化学及电机工程两系，本在适应国家需要。近以学生人数，年有增加，实验内容，日就充实，旧有两系实验室，极形拥挤，不敷应用，更以教育部及罗氏基金会所拨助经费，指定专供本院设备之用，仪器势将增多，实验室更须扩展。又本院对于中国固有工业，久有研究计划，如(1)拟调查我国固有工业之情形及方法，(2)拟研究我国固有工业原料之利用方法，(3)拟介绍适合我国国情之各国新工业方法。此项研究费，虽筹措有成，而此项研究，亦感无地实验之苦。故实验馆之添建，尤属迫不容缓。现拟添建实验馆四座，各馆分立，式样一律，以简固实用为标准。图样附呈。计：

1. 化学工程实验馆一座，
2. 电机工程实验馆一座，
3. 机械实验馆一座，
4. 金工实验馆一座。

（三）募款数目

每馆建筑费，约需1.5万元，四馆共需6万元。以本校近年经费竭蹶，经常预算，仅可维持，若新添建筑，实觉无此财力。故以上四馆所需6万元，悉将赖诸捐助，而不能不作将伯之呼！

（四）纪念办法

凡独资捐建上列四馆之一者，即以芳名，永颜是馆，且勒石其中，藉资纪念。或由捐款人指定该馆名称，另谋纪念办法；凡属可行，无不唯命。至全体捐款人，亦咸由本院谨与题名，共垂不朽[1]。

此外，金大各地另有农场，并有建筑若干（图1-1-78~1-1-79）。“（农学院）农场分布较广，除总场设在南京外，尚有分场、合作农场、区试验场、推广中心区等，不下十余

[1] 南京大学高教研究所校史编写组：《金陵大学史料集》，南京：南京大学出版社，1989年版，第178~179页。

处。总场面积,共3000余亩,规模宏伟,设备齐全,分散在太平门外五、六处。分场中有开封农事试验场,约200亩,燕京农事试验场1000余亩,以上各地,均以育种并推广小麦、粟子、玉蜀黍等作物为主要工作。合作农场中有华洋义赈会山东分会农场700余亩,安徽宿县200余亩,山西太谷四五百亩。此外,间有自备之安徽乌江农事试验场,约有300余亩,房屋10余间,农具颇称完备。”❶

图1-1-78 植树站(1912)

图1-1-79 农学院及农场一角

此时,金大规模扩张迅速,金陵大学校园的各项建设完备。例如教职员人数从1926年的103人发展到1935年度(当时的年度系从当年7月1日到次年6月30日)的278人,学生数从1926年的555人增加到1916年春季的767人❷,导致连年出现预算困难的局面。

总体来说,1928年到1937年“七七”事变前的金大,处于相对稳定的发展期,各项事业均取得长足的进步(图1-1-80~1-1-81)。

图1-1-80 孙科夫妇莅临金陵大学(1936)

图1-1-81 孙科夫妇莅临金陵大学(1936)

❶ 南京大学高教研究所校史编写组:《金陵大学史料集》,南京:南京大学出版社,1989年版,第60~61页。

❷《金大1926~1927学年度学校概况统计表》,中国第二历史档案馆,档案号:六四九(68)。

图1-1-82　陈校长和金陵大学教员

Chinese Premier Visits Christian University

Left to right: President Y. G. Chen, University of Nanking; General Chiang Kai-shek, Premier of China; Tai Chi-too, President, Examination Yuan; Chen Shu-ren, Secretary, Students of Kuo Min Tang. The Premier spoke to 1,000 students of the University of Nanking and neighboring institutions.

图1-1-83　蒋介石、戴季陶、陈裕光等参观礼拜堂(1936)

图1-1-84　教授别墅群

图1-1-85　外国人公墓

图1-1-86　学生研习传统建造工艺

图1-1-87　学生在实验室做实验

图1-1-88　学生在搅拌灰浆(19xx)

3.全面抗日战争期间(1937-1945)

1937年7月7日,卢沟桥事变发生,抗日战争全面爆发。8月13日,国民政府统治的核心地带上海地区爆发淞沪战争,南京震动。

此时的美国在中国有治外法权,金大的一些西方人士并未考虑迁校。他们认为,即便日本人占领南京,金大仍有美国大使馆保护。国民政府方面态度暧昧,认为公立大学已迁,教会大学迁不迁无关紧要,且需要几个大学、中学撑撑场面。

因此,1937年10月4日,金大按时在南京开学。但开学20多天后,局势严重恶化,只得闭校停课。经过与华西大学协商,金大准备西迁成都。陈裕光校长任命历史系贝德士教授(Dr.M.S.Bates,图1-1-89)[1]以应变委员会主席兼副校长的名义留在南京,承担起守护校产的重任;和他一起留守的还有社会学系史迈士教授(Dr. Lewis S.C.Smythe)、林学院林查理教授(Mr.C.H. Riggs,图1-1-90),以及一些中国籍教职员工。他们中的一部分人参与组建了南京安全区国际委员会(1937年12月~

图1-1-89　贝德士先生

图1-1-90　林查理(1934)

❶ 贝德士,原南京金陵大学美籍教授、历史系主任、文学院院长、副校长。侵华日军南京大屠杀期间,他参与组建的南京安全区国际委员会保护了20多万中国难民,值得铭佩。但是,60多年前,在特定的历史条件下,其却被认作美帝文化特务、南京大屠杀的共犯而遭到讨伐。参见王春南:《被遗忘的贝德士遭遇》,《世纪》2016年第1期,第72~76页。

图1-1-91 南京安全区国际委员会和国际红十字会南京分会部分成员，从左至右为福斯特、米尔斯、拉贝、史迈士、史波林、波德希夫洛夫

图1-1-92 大礼堂被用作救济粮仓(1938)

1938年2月，图1-1-91)❶。

金陵大学校董杭立武提出建立由西方人保护的“南京安全区”建议❷，所设立的安全区成为日寇铁蹄下的难民庇护所(图1-1-92)，展示出伟大的国际人道主义精神。

1937年11月18日，金大停课准备西迁。慌乱中，教育部无法提供运输工具。金大师生只得自己外出寻找车辆、船只，将图书、仪器、家具、行李等装运上船。

1937年11月25日，金大第一批师生在裘家奎、孙明经等先生率领下从南京下关出发，踏上了漫漫的西迁之途。

1937年11月29日，第二批金大师生(203人)踏上西迁。

1937年12月3日，第三批(最后一批)金大师生西迁之路。

1937年12月26日，陈裕光校长在汉口报告，从重庆到成都的汽车票已经接洽妥当，一律7折，金大师生到重庆可借住在求精中学。

1938年1月7日，金大函知教育部，已乘“宜虞轮”入川。入川之前，陈裕光致电重庆大学校长朗庶华，请求经过时在重大借住几日，并希望协助解决重庆、成都间的交通问题。1938年1月底，学校教职员约500人、学生200人陆续抵达成都华西坝。1938年3月1日，借用华大之工程处准时开学。此前理学院的电化教育、汽车等专修科，由理学院院长魏学仁率领留在重庆开办，以服务战时所需❸。

金陵大学在四川开学后，注册学生及到校教职员均只有在南京时的一半。在成都校区，四川省政府拨专款2万元，为金陵大学另建学生宿舍，初步解决了上课与吃饭、睡觉的基本问题(图1-1-93~1-1-102)。华西大学也将办公室及教室、实验室等提供与金陵大学合用(图1-1-103~1-1-114)。在重庆校区，虽求精中学做了很大努力，但其校舍有限，本身学生众多，而金陵大学理学院在重庆的教学事务工作繁多，深感校舍局促，实难施展，于是与求精中学协议，二校合资于1938年12月建成3层实验楼1座，底层

❶ 许倬云、丘宏达主编:《抗战胜利的代价 抗战胜利四十周年学术论文集》，台北：联合报社，1986年版，第241~242页。

❷ 尹集钧:《1937南京大救援——西方人士和国际安全区》，上海：文汇出版社，1997年版，第29页。

❸ 南京大学高教研究所校史编写组:《金陵大学史料集》，南京：南京大学出版社，1989年版，第51页。

为实验室,二层为办公室及教室,三层为教育电影部之工作室。二校议定:待抗战胜利,金陵大学迁返南京时,即将此实验楼留与求精中学作为科学馆,以资纪念❶。

图1-1-93 华西校园医院附属建筑被用作成都金陵大学教室(1937)

图1-1-94 成都金大校舍蒋介石楼(1938,前景是废弃的高射炮台)

图1-1-95 宿舍(1938)

图1-1-96 宿舍院落(1938)

图1-1-97 新建的教工宿舍C楼(1938)

图1-1-98 教职员第二住宅(1938)

❶《金陵大学校刊》,1938年12月12日,第1版。

图1-1-99　教职员第二住宅(1945)

图1-1-100　新建的学生宿舍C楼(1938)

图1-1-101　新建的学生宿舍D楼(1938)

图1-1-102　宿舍内景

图1-1-103　华西坝学生公社开幕典礼(1940)

图1-1-104　春季学生注册(1946)

图1-1-105　华西协和校园内的金大化学实验室（1945）

图1-1-106　华西协和校园内的金大化学实验室（后为戴安邦博士）

图1-1-107　教学楼内的邮局

图1-1-108　教学楼内的邮局员工

图1-1-109　教学楼前广场

图1-1-110
建筑角部,原洗衣房(1939)

图1-1-111　席地就餐的师生

图1-1-112　成都浸礼会教堂内景(1940)

图1-1-113　华西校园课间的学生们

图1-1-114　学生滑索过河(1940)

金大除借用华大校舍外,还自建学生宿舍4座,其他房屋2幢,约可容300人[1]。另外,金大曾建了一些房子拟作教师宿舍,后因多数教职员在华大附近租借民居,故拨其中2间为学生宿舍,而原拟作学生宿舍的房子改作教室和办公室。教室里的条件十分简陋,当时发明了一种"连桌椅",即在椅子的右边装上一个船桨式的木板,代替书桌,供学生记笔记。1938年6月,金大行政会议决定就在这样的条件下进行下学期招生,其时规定,9月7、8、9三日在成都、万县、长沙、桂林、香港、上海等地举行入学考试,名额60~90人。1939年6月11日,敌机袭蓉,全城惨遭轰炸,华西坝共遭四弹。金陵大学校舍、图书馆、教师住宅均遭震毁,农学院植物病理组助教张益诚罹难[2](图1-1-115~1-1-120)。

[1] 《金陵大学校刊》第264号,1939年10月10日。

[2] 李钟梅:《〈金陵大学校刊〉记忆中的抗战生活》,周勋初:《永志毋谖 纪念抗日战争胜利六十周年文集》,南京:南京大学出版社,2005年版,第252页。

图1-1-115 走向大山的学生远征队(1940)

图1-1-116 日寇轰炸毁坏的金陵大学重庆理学院屋面(1940)

图1-1-117 日寇轰炸下的华西金陵大学宿舍(1940)

图1-1-118 日寇轰炸破坏的华西金陵大学教学楼(1940)

图1-1-119 日寇轰炸破坏的电气实验室(1940)

图1-1-120 日寇轰炸破坏的大学汽车修理厂(1940)

因日军大规模轰炸，教学暂停。为恢复教育设施，平静下来的金大在1939年6月组织了临时校舍委员会，借地皮3处，进行较大规模的建设。其中，牛奶房附近向华大借地2亩（旧制，1亩＝666.7平方米）许，建草房1座，计16间，房每间1丈（旧制，1丈=3米）见方，可容小型家庭7~8家；嵩琦中学对面，亦向华大借地8亩许，建草屋4座，每座草房8间，每间宽1丈、长1~2丈，瓦顶，灰壁，铺地板，1座作女生宿舍，另3座作教职员住宅，可容中型家庭10家许；向成都新村委员会借地16亩，除建学生宿舍3座供160人寄宿外，另建教职员宿舍7座，1座供单身教职员寄宿，其余6座40余间，可住10家。金大师生表示："虽不及在京时之华堂美殿，困难时期，借地为家，得此蜗居，亦洋洋大观矣！"❶

因为临时校舍的建设没有什么规划，只能因地制宜，故此时金大校舍相当分散。如在红瓦寺建了一、二年级男生宿舍，距华大明德楼6华里以上，炊事人员中午送饭，往返非常辛苦，但几年间风霜雨雪，从未间断。为解决校内交通，金大组织"筑路委员会"，除雇佣工人外，金大发出倡议，希望师生每人能做1天工❷。陈裕光校长、三院院长均参与劳动，筑成"金陵路"，至今于成都市地图上仍可见到。

此时的南京金大校区损失更为惨重，图书、仪器设备几乎被抢劫一空。1941年，以金陵大学为校址，伪中央大学在汪伪国民政府指示下，奉令接办。农学院仍设于原址，理学院扩充为理工二院，北大楼改名为中大楼，设有文、法、商、教四学院，大楼后东北角上建新屋一座，为新设之医学院，大礼堂照旧。对面祈祷室为教育学院艺术师范专修科音乐组二年级的基本教室，校内有钢琴5架。校内之宿舍，仍为男生宿舍，女生宿舍在小陶园内……南京母校，已全部沦在敌伪的统制之下❸。

抗战八年，金陵大学与全国人民一起，经历了艰难困苦（图1-1-121）。金大师生面对战争、饥饿、贫困，简陋的教学、科研条件，毫不气馁，弦歌不辍（图1-1-122~1-1-124）。

金大人不仅扩大了学校的规模，更取得了一大批国内外瞩目的研究成果，培养了大量我国战时急需的人才，在中国教育史上写下了辉煌的一页（图1-1-125~1-1-129）。

---

❶《金陵大学校刊》第264号，1939年10月10日。

❷《金大校产建筑委员会、筑路委员会、临时校舍委员会会议记录》，中国第二历史档案馆，档案号：六四九（190）。

❸《金陵大学校刊》339号，1944年6月1日。

图1-1-121　迁校成都六周年纪念(1943)

图1-1-122　成都基督教协会代表(1940)

图1-1-123　金大学生缴纳入学费(1945)

图1-1-124　集会演讲

图1-1-125　金大学生注册室(1945)

图1-1-126　金大学生在华西(1944)

图1-1-127　大学医院毕业班(1941)

图1-1-128　华西金陵金女齐鲁联合毕业典礼(1941)

图1-1-129　华西、金陵、金女、齐鲁联合毕业典礼(1941)

4.抗战胜利至中华人民共和国成立(1945-1949)

1945年8月15日,日寇无条件投降,经历了14年艰苦抗战的中国人欢庆来之不易的胜利。历经8年颠沛流离的金大师生,迎来了还乡的喜悦。

在华西坝8年,金大积累下了一些校产;且日本投降时,金大已经放暑假,临时通知学生回宁殊属不易;更重要的是,南京校产一时无法接收。于是,1945年秋季学期,金大在成都照常开学。

1945年10月25日,贝德士抵达南京,立即与各机关接洽金大复校事宜。

1945年11月16日,贝德士代表金大先后与中央大学商量各自的接收范围。结果,商定南京伪中央大学所设立的土木工程系、音乐系、美术系及医学院等院系的仪器设备由中央大学接收,"其他图书杂志以及各院系之设备,仍归本校接管,以其中尚有部分系本校所原有者"。贝德士等人不仅1个多月就办完接收事宜,且经过实地考察发现,全部校舍外部尚完整,尤其是三院大楼和新图书馆等,门窗齐全。然而内部凌乱破败,夹板、物品、用具等均有移动、散失,仪器药品更是损失惨重,图书被人盗卖不少,教职员住宅的一部分被占用(图1-1-130~1-1-135)。另外,抗战胜利后,教育部在南京举办了临时大学补习班,借用北大楼、新科学馆、甲乙、丙丁学生宿舍、体育馆、大礼堂、小陶园、农业经济系等房屋,预计到1946年4~5月间可以全部迁出❶。

图1-1-130　被破坏的房屋屋面(1939)

图1-1-131　被破坏的教室(1939)

1945年11月,金大组织了"迁校委员会",处理有关回宁事宜。该会由朱庸章、谢湘、陈长松、高文、张守义、戴安邦、孙明经、魏景超、李景均等人组成,召集人为总务长朱庸章,后委员增加林蔚人❷。金陵大学校务会议议决:1945~1946学年的第一学期于1946年1月4日

❶《金陵大学校刊》第355号,1946年1月16日。

❷《金陵大学主要人员表及校董会等各委员会名单》,中国第二历史档案馆,档案号:六四九(58)。

图1-1-132　女生宿舍被破坏的楼面

图1-1-133　金陵大学受损的教师宿舍(1946)

图1-1-134　抗战后的清理工作(1946)

图1-1-135　破坏严重的园艺房(1946)

结束,第二学期于1月14日开始,并提前于4月中旬结束,然后利用放长假期间,实施全校人员分批迁校计划[1]。

1946年1月6日,南京校产接收就绪。

1946年4月中旬,金大提前停课"复员",利用长假,实施全校分批迁校(图1-1-136~1-1-142)。为解决师生的回宁交通费,4月7日,金大校务委员会常务委员会决定:随学校返宁师生均享有川资津贴,学生每人7.5万元,教职工及其眷属每人15万元。从抗战胜利到回宁后的一段时间,金大各项工作开展得较为顺利。1946年春,金大有教职员289人,学生1022人,当时,教师队伍的骨干多为国内外知名的中、青年专家;图书馆方面,在承受了抗战时共73928册图书损失的基础上,中文书增加到165230册,西文书38635册,图书资料共计408401册,创历史高峰[2]。

---

❶《金陵大学校刊》,1945年11月16日,第1~3版。

❷ 张宪文:《金陵大学史》,南京:南京大学出版社,2002年版,第108页。

图1-1-136 准备运回南京的箱子(1946)

图1-1-137 第11返校支队(1946)

图1-1-138 安全抵达

图1-1-139 经18天旅行抵宁

图1-1-140 驴子拖回十包书(1946)

图1-1-141 欢迎归来

During the war, when the Japanese army approached Nanking, University of Nanking faculty and students fled inland 2,000 miles to Chengtu where they continued their work. After V-J Day they made the long, arduous trek homeward by bus, train, boats, and even on foot. Here students unpack equipment which has just arrived from Chengtu.

图1-1-142　回迁物资抵校(1948)

1946年9月，新学期来临时，金大准时开学。与此同时，金大附中从万县返回。学校组织上，仍基本沿用1939年的规定，设教务、训导、总务3处，教务处设注册、学籍、成绩、招生4组，训导处设体育卫生、生活管理、奖贷金、女生指导4组，总务处设文书、人事、事务3组。图书馆和会计室自成单位，另设工务室和推广部，鼓楼医院和附属中学自成行政单位。三院院长也作了调整，理学院院长魏学仁因出国，由李方训继任；文学院院长在蔡乐生之后，由陈裕光代理一阵，后由倪青原继任；农学院院长章之汶在卸任代理校长后，继续专任院长(图1-1-143~1-1-149)。

图1-1-143　理学院院长魏学仁

图1-1-144　理学院院长李方训及全家

图1-1-145　陈裕光校长及全家

图1-1-146　农学院院长章之汶及全家

图1-1-147　金陵大学校门(南面)

图1-1-148　由校门看北大楼(1946)

图1-1-149　小教堂东面及钟门

据1947年统计的金大《校产状况》,“本校校址在南京鼓楼,全校面积占地2340亩,位于城之中心,交通便利。建筑物有行政楼一座,图书馆一座(25年蒙国府奖助,由财部拨发国币30万元,为兴建该馆之用),科学馆1座,应用科学馆1座,农学馆1座,附中教室3座,大礼堂2座,体育馆2座,蚕桑馆2座,农业专修科教室及实习室各1座,乳牛房1所,冷藏、作物贮藏,煤气房,水塔各1座,煤气池3座,温室、实习工场各4座,膳堂、厨房各2座,学生宿舍8座,教职员宿舍2座,教职员住宅56座,大运动场3处,网球场及排球场等20余处。此外,附属医院有主要建筑3座,护士宿舍1座,医生及职员住宅10余座,另有各地农场甚多。抗战期间,本校在成都得华西大

学匡助良多，借该校校园为校址，滨临锦江，景物幽美，除借用华大校舍以外，并自行建筑及租赁课室与办公室共3座，自建学生宿舍9座，另与华大、齐大及金陵女院联合建筑化学馆一座，又自建教职员住宅百余间，运动场、篮排球场等甚广，并租借农场园地百余亩，此外理学院假重庆求精中学分设电机系，并创办汽车专修科，自建办公室、课堂、实验室及员生宿舍多幢”❶(图1-1-150~1-1-153)。

1948年11月11日至14日，金大迎来60周年校庆，美、英两国均有庆祝金大建校60周年校庆的广播节目(图1-1-154~1-1-157)。

图1-1-150　金陵大学图书馆阅览室(1946)

图1-1-151　学生民主选举

图1-1-152　毕业生离校前植树纪念(穿长袍者为陈裕光校长,1947)

图1-1-153　医院毕业班,包括护士(1947)

❶ 金陵大学总务处编印:《私立金陵大学要览·校址及校舍》,1947年编,第3~4页。

图1-1-154　60周年校庆，前排左起为福开森、司徒雷登、陈裕光，后排左起为主教沃德夫妇、杭立武(1948)

图1-1-155　金陵大学60周年纪念典礼

图1-1-156　60周年校庆庆典

图1-1-157　60周年校庆学生合唱

从抗战胜利到回宁后的一段时间内，金大的各项工作开展还较为顺利。但金大的希望很快就被“国统区”迅速恶化的政治、经济、军事形势所打破，1947年起，金大的预算再次遭遇恶性通货膨胀的噩梦。

1948年11月20日，校务会议议决：本校任何情势之下，绝不迁移❶。12月6日的教职员会议决定于1949年1月8日正式成立安全委员会，委员会由9名教职员组成，另加学生代表2名、工人代表1名，共分为7个工作组，各任其事。学校储备可供1月之需的柴米，又开掘水井，防止断水。经过周密安排，全校师生决心患难与共，保持安定，继续上课，仅停课2日，以守护校舍，迎接新中国的诞生。

❶《金陵大学校刊》，1949年3月15日第2版。

1949年1月18日,陈裕光校长致胡昌炽函,告以金大决定不迁台湾[1]。

1949年5月,改组校务委员会与学生会。

国共内战时,金大的发展仍在艰难中维持,尽管竭尽全力,但此时的教学、科研始终未能进入正常的发展轨道(图1-1-158~1-1-165)。

图1-1-158　设于女子宿舍旁的金大白天学校(1949)

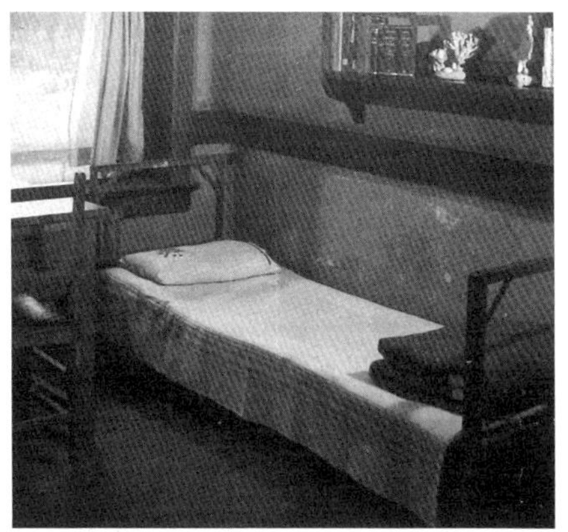

图1-1-159
金陵大学女生宿舍(1949)

图1-1-160　陈裕光校长(1893~1989)

图1-1-161　陈裕光在陶行知纪念会上(1949)

[1] 《陈裕光至胡昌炽函》1949年1月18日,中国第二历史档案馆,档案号:六四九(6)。

图1-1-162　西方人参观陶行知事迹展(1949)

图1-1-163　陈裕光校长在毕业典礼上颁发毕业文凭(1949)

图1-1-164　庆祝八一建军节22周年

图1-1-165　圣诞节礼拜堂楼座上的孩子们(1949)

第四节　传承——金陵大学与金陵女子大学、南京大学先后合并(1950~　)

1.收回教育权(1950)

中华人民共和国成立之初,金大的教学、科研环境依旧,受影响不大。

1950年2月27日,金大成立新的校务委员会。

1950年5月20日,华东军政委员会决定,原由南京高等教育处领导的南京大学、金陵大学、金陵女子文理学院、安庆大学四校,归华东军政委员会教育部直接领导。

1950年7月,金陵大学工会成立(图1-1-166~1-1-169)。

图1-1-166　金大游行队伍

图1-1-167　画家帮学生为游行绘制毛主席像(1950)

图1-1-168　金陵大学工会成立(1950年7月)

图1-1-169　入伍的学生(1950)

1950年9月26日,陈裕光校长奉调赴苏州入华东革命大学高等政治研究院学习。在其离校期间,由教务长及三院院长组织校务主席团,并由理学院李方训院长担任执

行主席，代理校务。

1950年9月，新学年第一学期开学，学生人数计文学院138名、理学院296名、农学院376名、农专43名，共计852名。教师队伍稳定，到职之专任教职员222人。总计人数与上年度无大悬殊❶。

1950年10月，抗美援朝战争爆发。中国人民志愿军赴朝参战，全国掀起"抗美援朝，保家卫国"的运动，声讨美国侵略的浪潮席卷中国大地。这场战争给在华外国教会学校的命运，带来了历史性的变化和根本性的转折❷。

1950年11月18日，校董会召开常务会议，商讨改组校董会问题及改组立案事宜。

1950年12月12日，金大进行了参加军事干校的动员（图1-1-170~1-1-175）。

图1-1-170　图书馆（1950）

图1-1-171　毕业典礼与往年无异（1950）

图1-1-172　李方训先生（1902.12.25~1962.8）

图1-1-173　理学院院长戴安邦全家

❶ 南京大学高教研究所校史编写组：《金陵大学史料集》，南京：南京大学出版社，1989年版，第71页。

❷ 张宪文：《金陵大学史》，南京：南京大学出版社，2002年版，第501页。

图1-1-174　孙明经和吕锦瑗

图1-1-175　植物病理学系主任魏景超全家

1950年底，美国政府宣布冻结中国在美国的资金，并规定非特别许可，将资金汇到大陆是非法的，金陵大学的经济来源断绝。中国政府对此立即作出反应，于12月26日，下令冻结美国在华财产。由于西方教会多数停止了对原教会学校的经济资助，为使原来教会学校的学生能继续其学业，中国政府决定坚决收回教育权。

随着中美关系的急剧恶化，金大美籍教师在1950年前后，相继离开中国。

2.金陵大学和金陵女子大学合并（1951）

1950年12月30日，《人民日报》刊印国家政务院颁布的《关于处理接受美国津贴的文化教育救济机关及宗教团体的方针的决定》，金大师生致电周总理，表示坚决拥护，并正式发表宣言。

1951年1月16日，教育部召开处理接受外国津贴的高等学校会议，重申新中国决不允许外国在我国办学的方针，确定了接收这些学校机关的原则、办法与措施。金大代理校务的李方训及教师、学生代表共3人出席；美国各教会联合托事部来电要求派校代表至香港洽谈经费问题。全校师生通过决议，“不予答复，拒绝邀请”。

1951年2月14日，私立金陵大学向南京市人民政府办理登记手续，并积极酝酿与金陵女子文理学院（即金陵女子大学）合并，改为公立的方案。2月27日，华东军政委员会教育部指示，陈裕光校长另有任用，华东军政委员会教育部指定李方训继任校长，合并工作也由两校负责人相辅进行[1]。

1951年3月3日，陈裕光校长向校董会递交辞呈，校董会准予辞职。3月23日，金陵大学和金陵女子文理学院两校成立了专门的合并筹备委员会，华东教育部委派南京

---

[1] 南京大学高教研究所校史编写组：《金陵大学史料集》，南京：南京大学出版社，1989年版，第73页。

市文教局局长孙叔平参加该筹委会，并主持筹备工作。筹备会很快为两校合并拟出了初步方案。

1951年4月，华东教育部审批拨发学校经费，教职员4月份的工资也即由南京市文教局拨款2亿元发放。

1951年5月3日，华东军政委员会教育部批准金大与金陵女院两校合并筹委会名单。5月15日，由金陵女子文理学院和金陵大学两校合并组成的筹备委员会举行第一次会议，决定于筹委会之下，设秘书、教务、总务三组，以利于工作开展❶。

1951年6月21日，公布《金陵大学、金陵女子文理学院两校合并筹备委员会拟具的两校合并方案》，筹委会作出了以"公立金陵大学"为两校合并后新校名的决定。

1951年8月4日，经华东教育部批准，李方训被指定担任金大校务委员会主任委员，吴贻芳任副主任委员（图1-1-176），学校领导体制实行校务委员会负责制。8月15日，李方训、吴贻芳正式就任金大正、副主委职。是月底，两校合并工作基本告成。

1951年9月19日，在金大礼堂隆重举行"公立金陵大学"成立庆祝大会。根据华东军政委员会教育部的决定及《金陵大学、金陵女子文理学院两校合并筹备委员会拟具的两校合并方案》，两校正式合并（图1-1-177）。

至此，作为私立教会大学的金大和金女大不再存在。

图1-1-176　吴贻芳先生（1893.1.26~1985.11.10）

图1-1-177　庆祝新金大的诞生（1951）

3. 金陵大学与南京大学合并（1952~）

1952年，全国高校开始院系调整。调整"以华北、华东区高校为重点"，办法是全国一盘棋，由中央和各大区统一考虑高等学校的布局与系科设置。方针是以培养工业建设人才和师资为重点，发展专门学院，整顿和加强综合性大学。遵此方针，华东高校院系的调整以上海、南京两市为重点，南京的院系调整又以南京大学（原国立中央大学）和金陵大学两校为中心进行，根据《华东区高等学校院系调整设置方案》，南京在调整

❶ 南京大学高教研究所校史编写组：《金陵大学史料集》，南京：南京大学出版社，1989年版，第78页。

后将设8所院校。

1952年6月，金大农学院与南京大学农学院合并为南京农学院。

1952年7月26日，金大、南大两校校务委员会举行联席会议，通过了《南京、金陵两大学合并、调整工作进行办法》，并呈报华东军政委员会教育部[1]。

1952年7月30日，两校常委联席会议通过为院系调整而设立的有关机构人员名单。

1952年9月8日，华东调委会南京分会第20号通知公布各建筹会主委及委员名单。南京大学建筹会由12人组成，潘菽（图1-1-178）任主任委员，孙叔平（图1-1-179）、李方训任副主任委员。

图1-1-178　潘菽先生

图1-1-179　孙叔平先生

两校合并，校舍多有变动。"课室、试验室与办公室由于合并移动，以及原有美帝侵略遗迹（如礼堂的宗教形式）均需适当改建"[2]。

两校主体校舍分配如下："南京大学设金大现址：估计现有学生宿舍能容900人，再将蚕桑馆、农经大楼等加以利用，可凑足容一900人之学生宿舍。教职员宿舍，除利用南大大钟亭宿舍及金大农学院所让出之宿舍外，再请市政府拨150户之教职员宿舍，即可够用。但明年暑假前仍须添建能容500~600人的学生宿舍，方能容2000学生。"

以下是关于南京大学及金陵大学合并调整后房地产权划分的记录：

> 查旧南京大学及前金陵大学合并调整后，房地产权的划分，在院系调整开始时，即由华东教育部高教处曹未风处长代表华东教育部口头宣布，且已遵照执行。为免以后各校参与调整工作的负责人若有调动，后继人无从查考，特将既成事实补作记录：
>
> A.前私立金陵大学城内房地产全部及旧南京大学大钟新村教员宿

[1] 南京大学高教研究所校史编写组：《金陵大学史料集》，南京：南京大学出版社，1989年版，第89页。

[2] 南京大学高教研究所校史编写组：《金陵大学史料集》，南京：南京大学出版社，1989年版，第81页。

舍，归新南京大学所有。

B.旧南京大学四牌楼本部房地产，归南京工学院所有。惟图书馆书库仍归新南京大学使用，俟新馆建成后，再将存书迁出。

C.前私立金陵女子文理学院房地全部归南京师范学院所有。

D.旧南京大学农学院丁家桥全部房地产及旧南大、金大农学院城外各农场、果园，归南京农学院所有。

E.旧南京大学农学院三牌楼林场、农场及旧南大、金大城外各林场，归南京林学院所有。

上列各房产所有权及管理尚未交代者，应即由当事学校双方交代清楚。

华东区高等学校院系
调整委员会南京分会
1952年11月29日[1]

由此，1952年11月29日，金大、南大两校正式合并成立新的“南京大学”，潘菽任校长。

1952年12月30日，南京大学新的校务委员会成立。成员包括正、副校长，政治辅导处主任，正、副教务长，正、副总务长，正、副图书馆长，正、副校办主任，各系系主任，附设工农速成中学主任，以及工会代表、学生代表共25人。

至此，存在了64年的金陵大学不复存在，其原址上诞生了新的南京大学，融入了金大的血脉、精神、氛围和办学理念。不仅如此，金大的传承，还随着院系、金大师生的分流，融进了更多院校之中并生根、开花、结果，更随着遍及海内外各地的校友而流芳世界。

❶ 南京大学高教研究所校史编写组:《金陵大学史料集》，南京:南京大学出版社，1989年版，第91~93页。

第五节　附录——金陵大学历任校长

附录1:金陵大学历任校长简表

序号	姓名	任职时间	备注
1	福开森(J.C.Fuguson)	1888~1896	美籍,汇文书院院长
2	师图尔(G.A.Stuart)	1896~1907	美籍,汇文书院院长
3	包文(A.J.Bowen)	1907~1910	美籍,汇文书院院长
4	包文(A.J.Bowen)	1910~1926	美籍,金陵大学堂监督;1915年改名金陵大学校❶
5	过探先	1927	兵乱期间,毅然担任校委会主席❷
6	陈裕光	1927~1951	
7	李方训	1951~1952	

注:表格的编制参考了南大百年实录编辑组编《南大百年实录(中卷)》(南京:南京大学出版社,2002年版)第20页有关内容。

❶ 张宪文主编:《金陵大学史》,南京:南京大学出版社2002年版,第16页。

❷ 张宪文主编:《金陵大学史》,南京:南京大学出版社2002年版,第37页。

第二章 中央大学
——“诚朴雄伟”的第一学府

第一节 前言

国立中央大学是我国近代教育史上具有重大影响的高等学府,毕业校友中人才辈出,蜚声海内外。其校区原址分一部、二部两块,一部在南京四牌楼(现址为东南大学所在),二部在南京城北的丁家桥一带❶。

第二节 渊源——仿效日本大学的三江师范学堂(1902~1910)

中央大学肇始于1902年的三江师范学堂。

1902年4月8日,两江总督刘坤一上《筹办江南省学堂大略情形折》❷;5月30日,刘坤一着手筹办三江师范学堂,上《筹备师范学堂折》❸,惜其不幸,在是年9月病逝(图1-2-1)。

图1-2-1 刘坤一

张之洞继任两江总督(图1-2-2),认同首办师范学堂,并就校址、经费、章程、师资等,多方磋商筹办。同年11月,委派缪荃孙等八人考察东瀛师范学校,仿日人办学❹。

1903年2月5日,张之洞给光绪帝上《创办三江师范学堂奏折》❺,提出校名缘于两江总督辖江苏、安徽、江西三省(并称“三江”);在总督辖境内设中心学堂,三省学人入读,上下交便;并对校址、名额、学制等一一说明,准备充分❻。

---

❶ 李志跃:《中央大学二部丁家桥校址的沿革》,《南京史志》1998年第2期,第34~35页。
❷ 中国科学院历史研究所第三所工具书组编辑:《刘坤一遗集》,北京:中华书局,1959年版,第1341~1343页。
❸ 申雄平编著:《萧俊贤年谱》,天津:天津人民美术出版社,2014年版,第35页。
❹ 张留芳主编:《治校治教治学 南京师范大学办学理念寻踪》,南京:南京师范大学出版社,2003年版,第22页。
❺ 杨振亚:《民国史研究散论》,北京:生活·读书·新知三联书店,2014年版,第243页。
❻《张文襄公全集》卷58,奏议58,文海出版社,1963年,第18页。

图1-2-2　张之洞

张之洞于是年，电商日本同文会会长公爵近卫，特派该会总董事根津，会同江苏候补道、三江师范学堂监督杨觐圭，江苏候补道刘世珩，江南陆师学堂俞明震等，共同制定了《三江师范学堂拟聘日本教习约章》，计八款，对各科教习的任务、要求、工资、福利、休假、探亲、奖惩等均作明确规定，总的精神是：待遇从优，要求从严[1]。张之洞任两江总督约百余日即离任，但对三江师范学堂的设立和管理做出了周详规划[2]。

1903年6月，早在其前身三江师范学堂建设之初，时任两江总督张之洞就专调湖北师范学堂堂长胡钧参加三江师范学堂的筹建（图1-2-3），仿照日本东京帝国大学，规划三江学堂的校园，胡钧"精绘图式，详定章程"，自19日起"鸠工建造"。更有意识地利用古城极具代表意义的钟山，作为其校园格局之指引[3]。

图1-2-3　三江师范学堂开学时张之洞与相关人员合影

1903年至1904年，魏光焘任两江总督近一年半时间（图1-2-4），正是三江师范学堂建校和开办的关键期。魏光焘取"萧规曹随"的方略，在硬件和软件两方面，继续推动三江师范学堂建设，取得卓越的成就[4]。

1903年9月，三江师范学堂挂牌开办，选址于江宁府署[5]。同年，移于鼓楼之东、北

❶ 朱斐主编：《东南大学史 1902-1949（第一卷）》，南京：东南大学出版社，1999年版，第21~22页。

❷ 张之洞：《创建三江师范学堂折》，收入陈山傍：《张之洞教育文存》，北京：人民教育出版社，2008年版，第421~422页。

❸ 陈月、阳建强：《历史地段景观协调控制及规划思考——原中央大学历史风貌区的实践与探索》，《建筑学报》2013年增刊（总第10期），第18~23页。

❹ 李晓波、陆道坤：《思想演变与体制转型中国教师教育回眸与展望》，南京：江苏大学出版社，2012年版，第69页。

❺ 张复合主编：《中国近代建筑研究与保护 5》，北京：清华大学出版社，2006年版，第406页。

图1-2-4　魏光焘

极阁前。其时，学堂主要建筑有：三层西式钟楼（主楼），亦名一字房（按形状取名，图1-2-5），后称南高院（目前位于东南大学本部）；二层西式教习房，为外籍教习居室，位于东南大学西校门内；二层西式方形楼，形似“口”字，亦称口字房（图1-2-6），原位于图书馆附近，后焚于火，二十世纪二十年代，在其附近建图书馆；此后又在图书馆对面建科学馆。四座大楼鼎立，在当时南京城内颇为壮观，故俗称此地“四牌楼”（图1-2-7）。学堂在建造的第一年，由缪荃孙（筱珊）任总稽查（总管），一面建设，一面延聘教师（时称教习，外籍教师称洋教习）。学堂建筑仿日本学堂式样建造；学堂制度及课程设置等，也按照日本学堂仿订与仿设[1]。

图1-2-5　两江师范学堂一字房

[1] 杨振亚：《三江师范学堂》，南京市鼓楼区政协文史资料委员会：《鼓楼文史第5辑》，1993年（内部资料），第111~112页。

图1-2-6　两江师范学堂口字房

图1-2-7　1910年摄，两江师范学堂校舍

1904年1月，张之洞奉旨入京。清廷批准张之洞等拟定的《奏定学堂章程》即《癸卯学制》，这是我国第一部全国颁行的学制。1905年9月，张之洞更奏停科举，以学校

代之[1]。

1904年9月15日、16日两天，三江师范学堂举行招生考试，标志正式招生开学[2]。江苏候补道杨觐圭为首任监督(图1-2-8，暂缺)[3]，之前缪荃孙(图1-2-9)、方履中(图1-2-10，暂缺)、陈三立(图1-2-11)曾先后被聘为三江师范学堂总稽查[4]。

图1-2-9　缪荃孙

图1-2-11　陈三立

❶ 白寿彝总主编，周远廉、龚书铎主编:《中国通史 20 第十一卷 近代前编(1840-1919)下册》，上海:上海人民出版社，2015年版，第1147~1148页。

❷ 李晓波、陆道坤:《思想演变与体制转型中国教师教育回眸与展望》，南京:江苏大学出版社，2012年版，第69页。

❸ 徐承德、虞朝东:《南京百年城市史 1912-2012 9 教育卷》，南京:南京出版社，2014年版，第39页。

❹ 申雄平编著:《萧俊贤年谱》，天津:天津人民美术出版社，2014年版，第44页。

第三节　发展——中国规模最大、系科最齐全的大学（1911~1936）

1.两江优级师范

1905年，周馥继任两江总督，为减少三省为省界、经费等引发的矛盾与纠纷，改校名为“两江优级师范学堂”（简称“两江师范”），徐乃昌（图1-2-12）出任学堂监督[1]。

1906年10月，奏请朝廷易名[2]（图1-2-13）。

1905年至1912年2月，先后担任监督的人有杨觐圭（字锡候，1903～1905年），刘世珩（字聚卿，图1-2-14），徐乃昌（字积余），李瑞清（字梅庵，1905～1911年，图1-2-15）。其中，任期最长、最受人爱戴者为李瑞清先生[3]。他被誉为“临川才子”，在书法、美术、诗文诸方面都有着突出成就（图1-2-16~17）[4]。

图1-2-12　徐乃昌

图1-2-13　两江师范师生合影

图1-2-14　刘世珩

❶ 朱斐主编：《东南大学史 1902-1949（第一卷）》，南京：东南大学出版社，1999年版，第20页。

❷ 张宪文、张玉法主编：《中华民国专题史第10卷　教育的变革与发展》，南京：南京大学出版社，2015年版，第103页。

❸ 闵卓：《科学与人文的融会并进——东南大学百年办学传统暨规律探讨》，《东南大学学报（哲学社会科学版）》2002年第5期，第50~56页。

❹ 邹自振：《李瑞清艺术成就与学术建树谫论》，《江西社会科学》2007年第7期，第209~218页。

图1-2-15 李瑞清

图1-2-16 李瑞清先生画作

图1-2-17 李瑞清先生书法

1912年8月，辛亥革命后，两江优级师范被迫关闭。校舍经常被军队轮番占领，校产与设备受到严重破坏。

1913年10月25日，江苏省行政公署发布驻军迁出学堂的训令。

江苏省行政公署训令❶

为训令事。教育司案呈，接准都督函开：顷展大函，嘱转饬将所驻师范学堂军队改驻他处等因。查该堂军队，前于承示后，即经札饬总司令转行遵照。兹准前因，除再传令迅速迁让，其将驻入之军队并即饬勿驻入外，相应函复查照等因。准此。合行训令该保管员知照。此令。

江苏民政长韩国钧（盖章）
中华民国二年10月25日

1914年1月15日，江苏民政长韩国钧训令，学校"封锁备用"。

江苏民政长韩国钧关于封锁学校的训令❷

令两江师范学校保管员李承颐

❶《南大百年实录》编辑组编：《南大百年实录中央大学史料选（上卷）》，南京：南京大学出版社，2002年版，第38页。

❷ 南京大学校庆办公室校史资料编辑组编辑：《南京大学校史资料选辑》，南京：南京大学校庆办公室校史资料编辑组、学报编辑部，1982年版，第23页。

教育司案呈。据呈报察看宁属师范学校校舍情形已悉，仰即会同警察总厅封锁备用。此令。

江苏民政长韩国钧

中华民国三年1月15日

2. 南京高等师范学校

1914年8月30日，江苏省立第二师范学校校长贾丰臻，鉴于"苏省自光复后，中等学校教员大为缺乏，请求设立高等师范学校，致函江苏省巡按使公署。当日即获江苏巡按使韩国钧赞同(图1-2-18)，委任江谦为校长(图1-2-19)，筹办'南京高等师范学校'"❶。

图1-2-18　韩国钧

图1-2-19　江谦

1915年1月8日，新任江苏巡按使齐耀林，饬江谦筹备开学。2月15日，饬令驻军迁出学校。5月13日，接收两江师范学堂。同年8月，批准成立"南京高等师范学校"(图1-2-20)，任命教育司司长江谦为校长，聘郭秉文担任教务主任。此时的南京高等师范学校为民国初年六大国立高等师范学校之一❷。学校"校址宽广，面积至200亩。全校校舍约有百间，规模宏敞。……全校校舍除焚毁洋楼192间外，余皆户牖毁尽，不蔽风雨，至于墙倾屋圮，栋折榱崩者所在皆是。睹此现象，深为踌躇，欲顾惜创造之物力，以备将来应用，正宜及时修理作保存之计划。然局于目前之经济，则又不得不听其状态之自然，嗣经再四斟酌，姑就东南

图1-2-20　南京高等师范学校校门

❶ 杨振亚：《民国史研究散论》，北京：生活·读书·新知三联书店，2014年版，第253页。

❷ 张宪文、张玉法主编，朱庆葆、陈进金、孙若怡等著：《中华民国专题史第十卷教育的变革与发展》，南京：南京大学出版社，2015年版，第103~104页。

图1-2-21 郭秉文

口字型教室,以及正屋之办事各室,西偏之教员室,先后修葺,暂应目前急需”❶。同年9月6日,正式开学❷。

1918年10月,代校长郭秉文(图1-2-21)在关于学校概况的说明中,提及“除估计旧有校舍建造费约156180元外,凡修建房屋,购置图书器械标本用具,共支银13700余元。兹分别列举如下:(一)校舍:师范及中小学三部新建者,平房30余间,楼房一所,余均就旧舍修葺或间有改移之处,共计有810余间,计支银65000余元。……以上各项设备之外,目下正在扩充者分述如下:(五):属于校舍方面者,师范工科现在之发电室,及锻工场、木工场均以旧屋迁就为之,逼窄不堪使用,且锻工、金工、翻砂各场急需布置,现已绘制详图,鸠工建筑。农科旧有农场不敷试验,请领得江苏台营官地局公地,以备扩充。商科尚须筹备商品陈列室及商业实践室。……”❸此时的附属中学,自1918年3月筹备,7月招考,9月开学,“应建筑校舍,于筹备时以度地,绘图拟具施工细则,招匠投标,因时局关系,预算临时费未能发出,不能兴工,暂以师范部房屋修葺充用……添建校舍17幢,修改厨房、膳堂、水灶等20余间……”❹附属小学校舍,“原系请拨旧宁属师范校舍充用,经兵事残破,于5年冬,就东北部改建修葺,另辟校门用为校舍。7年夏,再修葺其西半部,仍由旧时校门出入,计得办公室四间、教员宿舍五间、女教员宿舍四间、自修室七间、主任住宅四间、学生宿舍十五间、音乐室一、实验室一、工场一、图画手工室二、普通教室五、图书室五、校医室一、烹饪室一,其他厨灶、食堂、便所等,差堪敷用,运动场地亦宽广合用,惟雨中操场尚未建筑”❺。

1919年9月,鉴于江谦长期病休,教育部正式任命郭秉文为校长❻。

3. 国立东南大学

1920年4月7日,在“一”字房三层楼召开的第十次南高师校务会议上,提请在本校

---

❶ 南大百年实录编辑组编:《南大百年实录中央大学史料选(上卷)》,南京:南京大学出版社,2002年版,第45页。代校长郭秉文言,学校占地300余亩,同书第52页。

❷《南京高等师范学校概况》(1918年10月),潘懋元、刘海峰编:《中国近代教育史资料汇编·高等教育》,上海:上海教育出版社,1993年版,第709~713页。

❸ 南大百年实录编辑组编:《南大百年实录中央大学史料选(上卷)》,南京:南京大学出版社,2002年版,第53页。

❹ 南大百年实录编辑组编:《南大百年实录中央大学史料选(上卷)》,南京:南京大学出版社,2002年版,第60~63页。

❺ 南大百年实录编辑组编:《南大百年实录中央大学史料选(上卷)》,南京:南京大学出版社,2002年版,第63页。

❻ 张雪蓉:《美国影响与中国大学变革以国立东南大学为研究中心 1915-1927》,北京:华龄出版社,2006年版,第35页。

基础上，筹建东南大学[1]。

1920年4月10日，"郭秉文致为筹议请改南高为东南大学委员会(附名单)函"。

1920年11月21日，为发展农科，南高师"选取农科毕业生在江宁、沙洲围地方试办乡村农业学校一所，采用丹麦成法，变通乙种农科章程，俟有成效再行推广"。此时，"已核准在南京设立国立大学之计划，并以本校教育、农、工、商四专修科改归大学"。[2]

1920年12月6日，教育部委任郭秉文为东南大学筹备员；7日，国务会议一致通过南高师筹建大学的议案，并定名为国立东南大学。其时，东大为长江以南唯一的国立大学，与北大南北并峙，同为中国高等教育的两大支柱[3](图1-2-22)。

图1-2-22　国立东南大学校门

1920年12月20日，《申报》全文登载倡议，在南高基础上创立国立东南大学"其利有十"，与学校建设有关者，如"城北南洋劝业会场面积广阔，地主张君夙愿以地权归之未来之大学，因其基础兴建校舍足容学生万人，他处无此广厦。……故謇等拟就南京高师旧址及劝业会场建设东南大学……"[4]11月18日，黄炎培、郭秉文共同致函教育部

[1] 南大百年实录编辑组编：《南大百年实录中央大学史料选(上卷)》，南京：南京大学出版社，2002年版，第86~87页。

[2] 东南大学高等教育研究所编：《郭秉文与东南大学》，南京：东南大学出版社，2011年版，第222页。

[3] 王德滋：《南京大学百年史》，南京：南京大学出版社，2002年版，第73页。

[4] 李明勋、尤世玮主编，张廷栖、陈炅、赵鹏、戴致君执行主编，《张謇全集》编纂委员会编：《张謇全集　4论说演说》，上海：上海辞书出版社，2012年版，第466~467页。

专门司,"商改东南大学计划书"❶。"南京建立国立大学计划:……三、本大学定名为国立东南大学。四、地址:以南京高等师范学校校址之一部及南洋劝业会会场地址为根基,就两处范围逐年扩充之。商科大学因人材与环境关系,拟在上海择地建设。……七、经费:(一)开办及筹备费:校地校舍校具图书仪器等,除大部分借用南京高等师范学校外,应添置如下:1.教室一座,计2万元;2.学生寄宿舍一座,计25000元;3.教员宿舍一座,计1万元……"❷

值得一提的是,早在1920年6月26日颁布的《南京高等师范学校内部组织试行简章》中,就已明确设立校舍建筑委员会及校景布置委员会,由学校事务处负责修建。9月23日得到教育部批复同意。在10月20日的《南京高等师范学校校务会议细则》中,得到确认❸。12月7日,国务会议"全体通过,并定名为国立东南大学,于是政府方面正式承认。东南大学正式产出。统计自本校校务会议通过组织东南大学筹备委员会,研究筹备以来,至国务会议议决设立东南大学,前后适为8个整月。……校中将于明日起(12月16日),正式组织东南大学筹备处,分下列八股,分别筹备,期三个月内办就大纲。……4.建筑股。……涂羽卿,湖北黄冈人,美国麻省理工大学土木工程科硕士,现任南高机动学教员代理工科主任,建筑计划股股长"❹。

1921年7月14日,"设商科大学筹备处于上海法租界霞飞路。先是筹备处议决本大学除文理、农、工、教育四科设在南京外,其商科大学以人才与环境关系宜设在上海。后以暨南学校亦在上海设立商业专科之计划,由中南协会提议请东南大学、暨南学校合同组织,藉以集中人才节约经费,拟定名称为东南大学、暨南学校合立上海商科大学。其经费由东南、暨南两校酌量分任,报部备案。是日,为合立商科大学筹备处成立之日也(11年,暨南因自办大学即取消合办之约)"❺。

东大筹建时业已议定:南高师自1921年不再招生,待高师学生全部毕业,南高师即与东大合并,停办高师,专办大学。因此,东大刚建立时,高师与东大不分彼此,两校共用一个校园,三四年时间"一校两治"。1923年7月3日,东大校长办公处通告:校行政委员会决议即将南京高等师范学校校牌撤去;附属中小学同时改为东南大学附属中小学,属东大教育科领导❻。此时的东南大学,设文理科、教育科、农科、工科与商科等5科,含23

---

❶ 南大百年实录编辑组编:《南大百年实录中央大学史料选(上卷)》,南京:南京大学出版社,2002年版,第100~102页。

❷ 南大百年实录编辑组编:《南大百年实录中央大学史料选(上卷)》,南京:南京大学出版社,2002年版,第103~104页。

❸ 南大百年实录编辑组编:《南大百年实录中央大学史料选(上卷)》,南京:南京大学出版社,2002年版,第69~73页。

❹ 南大百年实录编辑组编:《南大百年实录中央大学史料选(上卷)》,南京:南京大学出版社,2002年版,第109页。

❺ 南大百年实录编辑组编:《南大百年实录中央大学史料选(上卷)》,南京:南京大学出版社,2002年版,第114~115页。

❻ 冯世昌:《南京师范大学志》,南京:南京师范大学出版社,2002年版,第15页。

个系，成为培善各方面人才的综合大学。郭秉文校长殚精竭虑，做出了杰出贡献。

可叹息者，1923年12月11日凌晨，东大主楼口字房突然失火，完全焚毁，图书、设备等损失甚巨❶。

1925年1月6日，教育部代理部务的教育次长马叙伦，发布解除郭秉文、改聘胡敦复为校长的训令（图1–2–23）。1月8日，东大学生发布“东南大学全体学生宣言”，恳请有关当局收回成命❷。5月30日，东南大学校董会决定在郭秉文校长归国之前，由陈逸凡代行校长职权（图1–2–24）。7月9日，江苏省长公署拟请蒋竹庄代理东南大学校长职务（图1–2–25）❸。

图1–2–23　胡敦复

图1–2–24　陈逸凡

图1–2–25　蒋竹庄

在短短几年内，国立东南大学就成为全国范围内科系齐备、师资优良并深孚众望的高等学府。东南大学自创立之初，即与江苏省教育会（东南学阀）关系密切。北伐军进入南京后，东南大学被国民党视为“东南学阀”的反动大本营，需要进行根本改造❹。

1927年，国民政府定都南京。1927年4月2日，国民革命军江右军总指挥部政治部，给东南大学总务主任卢锡荣训令，查封校产，等待接收。4月8日，国民革命军总司令蒋中正，委任卢锡荣（图1–2–26）为东南大学保管校产委员。此后，东南

图1–2–26　卢锡荣

❶ 朱斐主编：《东南大学史（1902~1949　第1卷）》，南京：东南大学出版社，2012年版，第95页。

❷ 南大百年实录编辑组编：《南大百年实录中央大学史料选（上卷）》，南京：南京大学出版社，2002年版，第181~182页。

❸ 南大百年实录编辑组编：《南大百年实录中央大学史料选（上卷）》，南京：南京大学出版社，2002年版，第182~183页。

❹ 蒋宝麟：《中央大学建校与“后革命”氛围中的校园政治》，《中山大学学报（社会科学版）》2012年第1期，第78~87页。

图1-2-27 齐抚万

大学教授会曾致函国民革命军总司令蒋中正，请求撤出校内驻军。至5月18日，已停课“二月有余，校务由文科主任卢晋侯先生苦心维持”。东南大学学校会计已“结束账目，不再支款”[1]。

多年来的持续建设，东南大学积累了一定的校产与设备[2]。“本校旧有之产业及设备约值40余万元，诚觉不敷应用。开办伊始，承齐抚万上将（图1-2-27）慨允捐助图书馆经费15万元，分期拨付，业经建筑馆舍、添置图书。于11年1月4日举行立础仪式，同时为体育馆及中学第二院立础。此外，如科学馆、博物院等，亦拟分别缓急逐渐添设。至于仪器机械亦尚缺乏，并拟分年添置。兹将现有各项，列表如下：”

全校校地量数表

地别	面积（以亩为单位）	价值（以元为单位）	备注
大学校地	199	39800	
农场	100	20000	系单指地权为本校所有者而言，此外尚有租用地2599亩，他方面购置，供本校用者594亩，详见后附农事试验场一览
中学校地	73	14600	
小学校地	33	6600	
共计	405	81000	

全校校舍价值表

舍别	价值	备注
一字房	30500	
口字房	41700	
教习房	23200	
斋房	27680	
实验室	8500	
工场	15600	
农场	11500	

[1] 南大百年实录编辑组编：《南大百年实录中央大学史料选（上卷）》，南京：南京大学出版社，2002年版，第189~190页。

[2] 南大百年实录编辑组编：《南大百年实录中央大学史料选（上卷）》，南京：南京大学出版社，2002版，第118~120页。

舍别	价值	备注
操室	5200	
昆虫局办事处	1200	
膳堂	2900	
调养室	2700	
梅庵	900	
孟芳图书馆	165000	
体育馆	60000	
中学校舍	80000	
小学校舍	30000	
杂用房屋	70	
共计	5122580*	

*注：原书如此，实际应为478970。

全校校舍数量表

附农事试验场一览：

场名	地点	面积（亩）	地权
东南大学农事试验总场	南京大胜关	1800	租用
农事试验第一分场畜牧部、园艺部	南京城内	120	校有
农事试验第二分场小麦部	南京城内	106	租用
农事试验第三分场蚕桑部、园艺部	南京太平门外	240	租用
农事试验第四分场洪武区棉作部	南京洪武门外花园村	54	租用
农事试验第四分场劝业区	江苏江宁城区三牌楼跑马场	281	
农事试验第四分场江浦区棉作部	江苏江浦永宁镇涧湾里	400	租用
农事试验第五分场杨思区棉作部	江苏上海杨思乡	64	租用
农事试验第六分场引翔区棉作部	江苏上海引翔乡	55	租用
农事试验第七分场郑州区棉作部	河南郑州定安乡	420	租用
农事试验第八分场武昌区棉作部	湖北武昌阚家河	60	租用
农事试验第八分场夏口区棉作部	湖北武昌余氏墩	65	租用
农事试验第九分场保定区棉作部	直隶保定刘守坟	159	租用

国立东南大学校产及设备表[1]

室别	间数	备注
日刊办公室	1	
右办公室		
文理科预备室	12	
工科预备室	2	
右教员预备室		
普通教室	14	
物理教室	1	
体育馆	1	
右教室		
化学实验室	4	
生物教室	1	
右实验室		
金工场	1	
锻工场	1	
原动机室	1	
教育课预备室	2	
农科预备室	7	
机械书教室	1	
化学教室	1	
体育场	2	
物理实验室	3	
天平室	2	
木工场	1	
铸工场	1	
发电室	1	
右实习场		
农场管理室		
农业储藏室		

[1] 南大百年实录编辑组编:《南大百年实录中央大学史料选(上卷)》,南京:南京大学出版社,2002年版,第143~146页。

室别	间数	备注
农夫室		
鸡舍		
猪舍		
温室		
堆肥室		
右农场		
史地陈列室		
化学仪器用品室		
植物标本室		
体育仪器室		
右仪器标本室		
藏书室		
农业制造室		
农产贩卖处		
农具院		
乳牛舍		
孵化室		
磨房	1	
兽医院	1	
物理仪器室	3	
农科用品室	1	
心理仪器室	1	
运动器具室	1	
阅书室	1	
图书部办公室		
右图书室		
教职员寝室		
学生向治会办公室		
毕业同学会办公处		
学生寄宿舍(在校外)		
整容室		

室别	间数	备注
女生休憩室		
西医诊疗室		
中医诊疗室		
右医药室		
教职员厨房		
学生膳堂		
右厨房及厨房		
学生寝室及自修室	80	
学生阅报室	2	
学生休憩室	1	
盥洗室	4	
浴室	2	
日刊编辑处	1	
药品室	1	
调养室	9	
学生厨房	1	
校工膳堂	1	
来宾应待室	1	
右接待室		
交通处	1	
豆乳制造室	1	
校工寝室	22	
右群室		
		以上所列全属大学及师范部校舍,尚有附属中小学校舍未列入,又大学校外宿舍系与崇德公司契约租赁,不属校产,亦不列入

此外,因东南大学成立,南高原有校舍仍不敷用,学校计划扩建校舍。

一、计划建筑。南高校舍,系前两江师范旧址。原甚宽广,但以年来内容扩大,颇感不敷应用。下半年添设东南大学。原有校舍益形局促,于是不得不另筹建筑。近该校校长郭秉文以是项问题关系重要,特聘请杭州之江大学建筑专家美人威尔孙君为校舍建筑股主任。将大学、高师

应有各项建筑，通盘策划，分期进行。暑假中间将先建科学馆、健身房各一座，及附属中小学校舍等；其大学学生宿舍，以经费绌出，特招崇德公司出资建筑，刻已开工；女生宿舍，亦已筹有相当办法。……❶

东南大学校董会开会详情❷

（丙）经费之支配，筹备费须计81000元，现仅领到1万元，设备上最需要者，一科学馆，一健身房，当经筹备处将全校之全，通盘筹划，并请浙江之江大学建筑师威尔逊到校，察看校址形势，绘具草图，先将科学馆、健身房实行开工，故筹备费81000元，仅足供两项之建筑而已。至大学学生宿舍，现经招商承办，订立合同，以供学生租用，工程已在进行中。……（己）讨论南洋劝业会基址问题，黄任之报告，此地捐入大学，地主张步青君有成议，因所商条件尚未办妥，故未得最后之结。此次赴棉兰，曾与张步青君复一度接洽。张君热心祖国教育，并未变更前议。惟事久搁置，须等其弟铭青商量决定。……

当然，仅仅依靠政府的拨款或学校自身的筹款，所得相关建设费用是远远不够的，募捐就成为建设经费的一项重要来源。例如，在经济条件极其困难的情况下，1923年8月12日，学校发表《东南大学体育馆设备及附设游泳池募捐启》。国立东南大学的体育教育为我国现代体育发展做出了不可磨灭的贡献❸。

1. 东南大学体育馆设备及附设游泳池募捐启❹。吾国需要体育亟矣！就其尤显著之事实言之，国人除农工劳动者，举目皆肩欹背曲形孱神蔽之人，古代雄风销沉殆尽。近年参与远东运动会成绩远逊日菲，以视欧西，自更瞠乎其后。民力柔靡，国力何恃？今日之青年使再无良好之体育训练，则异日之国民，即无健全之体格与品性，其关系岂不重乎！本校提倡体育最早，历年延聘国内外体育专家，实施教练，养成体育人才，普及体育学识，亦已粗有成效。前高师创办体育专修科，毕业者50余人，服务各省高等、中等各校，备受社会之赞许。只以设备不周，扩充

❶ 南大百年实录编辑组编：《南大百年实录中央大学史料选（上卷）》，南京：南京大学出版社，2002年版，第171页。

❷ 南大百年实录编辑组编：《南大百年实录中央大学史料选（上卷）》，南京：南京大学出版社，2002年版，第173~174页。

❸ 常杰、刘鹏、朱永军：《民国时期国立东南大学体育教育之研究》，《体育科技文献通报》2014年第1期，第119~121页。

❹ 南大百年实录编辑组编：《南大百年实录中央大学史料选（上卷）》，南京：南京大学出版社，2002年版，第185~186页。

匪易。现正建筑一新式之体育馆，又鉴于国人不谙游泳之术，每年溺水毙者常数千人，知游泳之提倡亦不容缓。且游泳之用不仅救治生命，即平时锻炼体格亦具绝大功能。盖其动作调匀，性质和缓，可藉以改正体力不良之姿势，然无适当之游泳池，则此种运动无从传习。爰于体育馆旁建一游泳池，综计各项建筑及设备共需10万元。其细目如下：

体育馆银5.9万元

浴室暖器室及水管银6000元

运动设备银1万元

游泳室（及游泳池上之房屋）银14000元

游泳池银5000元

汲水管及滤水机银6000元

以上共计10万元

本校体育系所有经费仅59000元，其余41000尚属无着。海内不乏热心好义之士，尚祈慷慨解囊尽心钦助，俾上项计划早日观成，岂惟本校之幸，吾国体育前途实利赖之。

名誉校董 齐燮元

校董 袁希涛 严家炽 黄炎培

蔡元培 陈辉德 江 谦

张 謇 穆桂玥 荣宗锦 同启

沈恩孚

王正廷 余日章 蒋梦麟

聂其杰 钱永铭 郭秉文

1923年8月12日

2.东南大学图书馆计划书[1]。

经费

本馆创立费，由齐督军秉承其太翁孟芳先生独资捐助15万，特定名为孟芳图书馆，以志盛德之不朽。

地点

东南大学校门内西首。

建筑

本馆面积占地7365方尺。

藏书楼一面积占地160方尺，共计四层，可容书架64个，书10万本。

[1] 南大百年实录编辑组编：《南大百年实录中央大学史料选（上卷）》，南京：南京大学出版社，2002年版，第186~188页。

第一层设阅书室二：以为阅览书籍之所，容人240，布告处一——专为揭示有关图书之广告及规划等。

第二层设陈列室：一为成列有关图书之古物，如名人手迹等，以供参考图书收发处；一以为阅书人借还书籍之所，阅报室、杂志室各一，可容100人，另主任室、事务室、编制目录室、购办图书室、地图室、研究室，各楼之四周图书目录柜以备借书人检阅欲借书籍之用。最下层为安置冬日发热机及大小便所。

设备

为指名人志铜像，一为齐太翁孟芳先生，一为齐抚万先生。置馆中，以表纪念。

升降机二，为传送书籍之用。

电灯装最新式反光者，以保护阅书者之目力。

书架用美国钢铁制者，此架可以上下移动，既便利而又耐久。

桌椅仿美国国会图书馆之式样，每桌可容六人，并可安置电灯。

冬日温暖法用发热机蒸发热水气，由气管散布热气与各处。

门面慨用花冈石、地板用软木，俾使行动无声，不致妨害他人之功业且坚固耐久。

以上说明建筑之内容，至各部面积、位置及形式，详载于图，不另赘述。

事业

我国因无规模完备之图书馆，故对于巡回图书虽已有举行，但其效鲜著。至借书推广部、学术研究社、图书学校等尚付阙如。兹拟次第进行，以应社会之需。

巡回图书，就地方之需要择送相当之书籍，按期轮替更换以为教育之辅助。今先从学校入手，渐推及于地方。

借书推广部，书籍浩如渊海，求其完备殊不可得。兹本馆拟联络各图书馆调查其书目，如有人欲借一书而为本馆所未备者，当就所知为之代借，以满副所望。

学术研究补助社，专为研究学术之士参考便利而设。但有五人以上之组合，得妥实人之担保，本馆可随时供给书籍，以资应用。

图书馆学校，欧美各国对于图书馆一科极有研究，并创设学校以培植此项专门人才。吾国近亦渐知图书馆之重要，但此种人才甚为缺乏，今拟就本馆之事业及经验设立图书馆学校以造就此项人才，为将来图书馆之扩充。

此稿由图书委员会草拟注。

10年11月16日第三次评议会修正。

函呈齐督者经行政委员会依此稿重行修正，与此稿略异。

东南大学图书馆募捐启

古代大学一图书馆也,礼在瞽宗,书在上庠。学礼则执礼者诏之,读书则典书者诏之。历代典章文物,悉翠学校,学术以是而兴,人才以是而盛,不其懿欤。欧美贤哲,谓化民成俗之道,莫捷于图书馆。公私营建,厥类孔多,都市之馆,部分林立,而大学及其他各校之差第,尤以图书贫富为衡,秘笈新著,校相高、国相矜焉。盖中外之轨一也。輓近兴学,事多简陋,教科之外,阙焉弗讲,浮诡之士徒,以肤傅之学,炫俗哗众,其有志覃精深造者,乃绌于学校之空疏无具,末由翼其钻研考索之思,微论外籍,即内国恒见之本、成学必资之书,求之黉舍十不获一,此有识者所深悼也。

南京为东南大都会,奕世号文物渊棷。赵氏之建业文房,朱氏之鸿渐学记,盛氏之苍润轩,焦氏之澹园,收藏甲海内,顾迭经兵燹,卷册散佚,流风余泽,仅存于考古家之薄录。最近有官立盔山图书馆,其书贸自丁氏,域外之书,蔑之购也。地既僻左履綦鲜,及当事者严扃深鐍,以杜豪夺巧偷之萌。其与欧美日本之图书馆,为瀹民劝学计者,夙旨固殊焉。东南学子饥渴于学,亦既有年。比甫有大学之设,荜辂蓝缕,万事草创,而建馆购书,为万事中尤急之一。龟甲竹简,封泥贝叶,羊皮之书,氈墨之本,以迨近世万有之学,左形右行谐声象形之文字,凡有资于考究研阅者,宜无不备。然后可以广学府之目,发国光而矿世风。其庋藏之室、成列之所、阅览之地,又非恢弘其基,精严其制,期适万众而垂百禩不可。因陋就简则非体,求多务广则需财,而国用之不暇事此,殆非可以计年而副所期也。语云:工欲善其事,必先利其器。荐绅先生日期吾学子与剑桥、牛津、哈佛、庆应之学者相颉颃,而所以为剑桥、牛津、哈佛、庆应之学者之利器,弗先之备,吾学子宁胜此高心空腹之咎。

是故上稽古制,远揽异国,近式邦人之先进,内觇本校之急务,莫切于图书馆。而创建图书馆,舍同人力求将伯捐资倡导,其道无由。往者南洋高等工业学校(即今交通大学)募金建馆,薄海响应,学林盛事,辉映中外。本校晚进,固不能逮工校之微躅。而大人长者,高资素封,奖掖学校,翼全国学子,广受图书馆之益者,其风义,必与年而携进也,泽被东南,德且无艺。谨具简章,求檀施焉。大雅宏达,乐助其成,请勒鸿名,以彰不朽!

袁希涛 严家炽 黄炎培

蔡元培 陈辉德 江　谦

校董 张　謇 穆桂玥 荣宗锦 同启

王正廷 余日章 沈恩孚

聂其杰 钱永铭 蒋梦麟

任鸿隽教育部代表 郭秉文筹备员

东南大学图书馆募集简章

一、本馆建筑设备等费,经专家计算约需十余万元。

二、国内博施之士,有愿捐资独建者,同人拟仿美国哈佛大学卫谛氏图书馆办法,馆成用捐资人别号为名,并为其人塑像以垂不朽。

三、本馆如用集资建筑办法,同人拟铸铜牌,上镌捐款人姓字,装置正厅壁间,以志盛德。

四、本馆建筑计划,出入账目及其经过情形,同人当随时具报请教。

特别是,由于此时政府财政经费时断时续,学校实际经费捉襟见肘、举步维艰。东大经济濒现窘况[1]。

三、建筑费:东大各项建筑极多。民国五年以前,仅有一字房、口子房两项建筑,所有一切建筑自8年7月起,至14年6月止,依照该校历年临时费内所列各款计共价银33万余元。然对于建筑清帐迄未觅得,无从查核。该校十二年度章程上曾列有每项建筑物之约价□□毫无根基。且该项建筑物合同,在宁时就案卷内索阅,亦未觅得,无从证明其真赝状况。今所能列举者,仅科学馆建筑案卷。该预建筑费本规定为20万元。洛氏基金担任半数。又馆内各种设备计5万元,亦由洛氏基金及中国方面各认半数。又科学教授捐薪基金3万元。以上三项共计28万元。照原议分四次拨款,每次由中国官厅先行缴款35000元,特向洛氏基金保管员验明后,由该基金保管委员照拨。上项办法曾于民国12年内双方议定。13年起江苏省方先拨期票一纸35000元,洛氏基金第一次拨款亦为35000元。后因江浙军事发生,省款无着。洛氏捐款亦渐迁延,迄本年6月底止,仅拨发过73000元。此款悉归科学馆建筑费之用。……

六、火灾捐款:东大口子房民国12年12月12日被毁于火,校中当局于翌年1月发起火灾捐款,组织灾后募捐委员会,校内教职员捐薪一个月就13万,内分12次摊派。查自民国13年1月20日起,迄14年7月底止,就南京本埠计算,共收大学、中学两部教职员捐薪17786元4角,商大教职员捐薪共计3331元9角4分。惟商大捐款并不汇宁,当时并未入账,直至本年度方转账。查火灾捐款一项,结至本年度六月底止,计共收90460.712元。除上述校内教职员捐薪外,由募捐委员会名义向外募集款项,另向上海本埠上海银行开立专户募得款项陆续汇往南京。查该户

---

[1] 南大百年实录编辑组编:《南大百年实录中央大学史料选(上卷)》,南京:南京大学出版社,2002年版,第216~218页。

银行清单结至16年4月5日止，尚存银2055元。2000元即由商大扣作经常开支。实存只55.88元。只此项捐款在宁归张志高君一手经管，有细账及各项收据，一一核对，尚属相符。惟所募款项由上海本埠上海银行拨下者，在理应与南京捐款收支簿册相对应。乃事实上完全不相连贯，殊属不合。

东南大学获得的各项重大捐赠都离不开校董会的努力，如上述为东南大学拟具《东南大学图书馆募捐章程》、为生物馆筹集10万的建设费用等[1]。民国时期，各地高校教师频频发生"索薪"活动，但是南开大学、燕京大学、东南大学这3所高校不仅没有欠薪，且有财力扩大学校规模，这与3所大学校长积极筹集社会资金是分不开的[2]。

4.第四中山大学

1927年春，北伐军进入长江流域后，为纪念孙中山先生，先后改组成立第二中山大学（武汉大学前身）、第三中山大学（浙江大学前身）[3]。

1927年3月，北伐军攻克南京，国民政府奠都，遂逐步调整高等学校院系。这些调整措施改善高等教育体系，奠定了后来中国高等教育的基础[4]。

国民政府定都南京，亟需建立一所规模宏大的大学与之相匹配，即"首都大学当立深造之规模，为全国之楷模"[5]。由此，6月将查封的国立东南大学与江苏（含上海）境内的河海工程大学、江苏医科大学、上海商科大学、江苏法政大学、上海商业专门学校、南京工业专门学校、南京农业学校、苏州工业专门学校共9所高校，合并改组为首都最高学府"首都大学"，初名为第四中山大学（图1-2-28），同时任命江苏教育厅厅长张乃燕为新校长（图1-2-29、图1-2-30）[6]。

1927年7月19日，教育行政委员会批复，"所有前东南大学校舍、校具、图书、仪器、印信、文件及其他关连事项，应准移交第四中山大学校长及筹备委员会接管……"10月7日，第四中山大学补行开学典礼[7]。

---

❶ 霍益萍：《郭秉文和东南大学》，《高等师范教育研究》，1995年第2期，第47~53页。

❷ 张善飞：《民国时期大学校长的筹资特点及启示——以南开大学、燕京大学、东南大学为例》，《医学教育探索》2007年第8期，第677~679页。

❸ 许小青：《南京国民政府初期中央大学区试验及其困境》，《近代史研究》2007年第2期，第40~60页。

❹ 韩晋芳：《南京国民政府时期的院系调整》，《哈尔滨工业大学学报（社会科学版）》2006年第4期，第12~17页。

❺《国立中央大学概况》，《中央大学十周年纪念册》（1937年），中国第二历史档案馆藏，国立中央大学档案（以下简称"中大档案"，并不再注明藏所），648/751，第1页。

❻ 蒋宝麟：《"党国元老"、学界派系与校园政治——中央大学首任校长张乃燕辞职事件述论（1928~1930）》，《社会科学研究》2013年第3期，第165~175页。

❼ 南大百年实录编辑组编：《南大百年实录中央大学史料选（上卷）》，南京：南京大学出版社，2002年版，第257~258页。

图1-2-28　第四中山大学校印

图1-2-29　张乃燕

图1-2-30　张乃燕、邢景陶夫妇

第四中山大学校址，“大学本部各学院设于南京，但得酌量情形分设于本大学区内其他各地”[1]。“第四中山大学共设九个学院和一个统摄全省教育行政的教育行政院。教育行政院设在镇江。九个学院中，医学院和拟议迁宁未果的商学院在上海；农学院在南京三牌楼南京农专旧址；工学院一部分在南京复成桥南京工专旧址，另一部分和其他各院均在南京四牌楼东南大学旧址，统称大学本部，以示与教育行政院的区别”[2]。

5.江苏大学

1928年2月29日，第四中山大学奉令改称江苏大学[3]。

不久又采纳马饮冰的意见，于1928年4月24日召开大学委员会临时会议，决议“江苏大学改称中央大学，得冠以国立二字”[4]。

6.国立中央大学

1928年5月11日，江苏大学改称国立中央大学（图1-2-31），第四中山大学正式改名。7月9日，张乃燕校长为国立中央大学第一届毕业生纪念册作序[5]。

1928年7月14日，因“孟芳”为军阀齐燮元（抚万）父亲之名，孟芳图书馆之“孟芳”

---

❶ 南大百年实录编辑组编:《南大百年实录中央大学史料选（上卷）》，南京:南京大学出版社，2002年版，第246~249页。

❷ 朱斐主编:《东南大学史（1902~1949）第1卷》，南京:东南大学出版社2012年（第2版），第157页。

❸ 南大百年实录编辑组编:《南大百年实录中央大学史料选（上卷）》，南京:南京大学出版社，2002年版，第266页。

❹《大学院大学委员会临时会议录》，《大学院公报》，1928年6月第6期，第75页。

❺ 南大百年实录编辑组编:《南大百年实录中央大学史料选（上卷）》，南京:南京大学出版社，2002年版，第269~271页。

二字被铲除,“迳名图书馆”[1]。

1929年7月2日,国民政府未允张乃燕请辞中央大学校长一职:“著有成绩,正宜继续努力,勉任其难。所请辞去本兼各职之处,应毋庸议”[2]。

图1-2-31　国立中央大学校门

1930年11月29日,国民政府教育部原拟任命吴敬恒为国立中央大学校长,“自奉任命后,坚辞不就”;乃调任国立中山大学校长朱家骅为之(图1-2-32)。同年12月13日,兼理教育部部长职务的蒋中正,发布朱家骅任国立中央大学校长训令;12月20日上午10时,新任校长朱家骅在国立中央大学体育馆宣誓就职[3]。

图1-2-32　朱家骅

1932年1月8日,朱家骅调任教育部长,请辞校长一职,国民政府任命桂崇基为校长(图1-2-33)。1月31日,桂崇基辞任,又任命任鸿隽为中央大学校长(图1-2-34)。5月4日,又以中央大学法学院院长刘光华(图1-2-35)代行校长职务。6月30日,又发布辞任鸿隽校长、刘光华代校长职务,命

❶ 南大百年实录编辑组编:《南大百年实录中央大学史料选(上卷)》,南京:南京大学出版社,2002年版,第272页。

❷ 南大百年实录编辑组编:《南大百年实录中央大学史料选(上卷)》,南京:南京大学出版社,2002年版,第255页。

❸ 南大百年实录编辑组编:《南大百年实录中央大学史料选(上卷)》,南京:南京大学出版社,2002年版,第289~291页。

段锡朋掌校(图1-2-36)。7月29日,段锡朋准辞;8月26日,又任罗家伦为校长(图1-2-37)[1]。

图1-2-33　桂崇基

图1-2-34　任鸿隽

图1-2-35　刘光华

图1-2-36　段锡朋

图1-2-37　罗家伦

中央大学曾设文、理、法、教育、工、农、医、商等8个学院,后商学院划出,保持7个学院包括30多个系科,学生最多时达4700人,是当时中国规模最大、系科最齐全的大

---

❶ 南大百年实录编辑组编:《南大百年实录中央大学史料选(上卷)》,南京:南京大学出版社,2002年版,第291~294页。

学之一[1]。

国民政府成立后，定都南京。政权更替与首都“南迁”，撼动北大之地位。北平虽还是国家学术中心之一，但中央大学取代北大成为首都最高学府之后，一跃而为学界之领袖。此时，中央、中山、武汉等国立大学在国民政府的扶持下均快速发展，较之北大显后来居上之势[2]。

当然，也要客观地认识到，尽管二十世纪三十年代我国大学取得了长足进展，但和邻邦相比还有相当差距。这有其客观原因：从创办东京大学（1877年）开始，日本认真办大学已近60年；而中国正式经营大学当始于南京政府时。即便勉强上溯，也不早于蔡元培长北大之始（1917年）[3]。

校园建设继续进行。

中央大学一年来工作报告[4]

（1930年9月12日）

…………

五、关于营建方面的

本校对于各种营建方面，因为受了经费的限制，不能实现我们理想的计划，可是在可能范围内，无不力谋进展。现在已经建筑完成的有工艺实习场，煤气室，物理仪器工场，化工科，实验工场，中区院（新教室），发电室，电气实验室，学生第六宿舍，生物研究所，牛房，牛乳消毒室，生物馆，蚕桑馆，棉作研究铜上园，稻作研究钢上园。还在建筑中的有大礼堂。这大礼堂的经费，一方面由校中极力节省，一方面由校长向公私募捐的结果，筹得经费30余万元。请工程师打成图样（大礼堂的前廊，有依沃尼克式列柱和三角顶，堂的里面，有欧洲文艺复兴时代式的圆顶，全部面积计25700方尺，从地面到顶尖高104尺，楼上楼下可坐2700人），已于十九年3月28日由新金记康号得标，开工建造，现在工程已经过半，预计明年暑假可以落成。还有上海商学院的院舍，在上海江湾路新体育会路，买得基地11亩，也已动工兴筑快要完工了。尚在计划中的有工业馆、艺术馆、游泳池、新膳厅和教务员宿舍等，在最近期间内，均当先后从事建筑。

---

[1] 胡浩主编：《共和国英才的摇篮（上册）　来自中国大专院校的报告》，北京：教育科学出版社，1994年版，第423页。

[2] 陈育红：《民国时期国立大学教育经费的影响因素》，《高等教育研究》2013年第5期，第88~94页。

[3] 刘超：《中国大学的去向——基于民国大学史的观察》，《开放时代》2009年第1期，第47~68页。

[4] 南大百年实录编辑组编：《南大百年实录中央大学史料选（上卷）》，南京：南京大学出版社，2002年版，第283~286页。

其中，大礼堂的设计出现缺陷，“急剧增加了项目预算，导致后续经费不足而停工。1931年初，时任中央大学校长朱家骅，借国民会议召开之机，并利用自己在南京国民政府中的影响力，获得了国民政府预算额度，拨专款继续修建中央大学大礼堂。当校务委员会专门召开会议讨论由哪一位建筑师负责设计建造时，委员们不约而同首先想到了卢毓骏。卢毓骏欣然领命，仅用了三个多月的时间就完成了大礼堂的续建工作”[1]。

中央大学校舍平面图说明书[2]

(Ⅰ)北极阁前本部

(1)校地面积

计面积:2697000平方尺

(2)校舍面积及座数

(a)科学馆16000平尺

(b)图书馆8400平尺

(c)东南院9100平尺

(d)中山院7200平尺

(e)南高院10400平尺

(f)体育馆12600平尺

(g)方斋14100平尺

(h)北极斋6800平尺

(j)工场15100平尺

(k)敬业斋10800平尺

(l)平斋178000平尺

(m)小学校舍(合计)172800/431300平尺

(3)课室间数

普通教室49个，实验教室21个。

(4)图书馆

藏书一大间，阅书室四大间，办公室4间。

(5)体育场

西操场——露天156400平尺

东操场——露天144000平尺

体院馆——室内12600平尺

---

❶ 袁文薇等:《“建造大半个南京”的卢毓骏的建筑人生片段》,《兰台世界》2015年2月上旬，第26~27页。

❷ 南大百年实录编辑组编:《南大百年实录中央大学史料选(上卷)》,南京:南京大学出版社，2002年版，第294~296页。

(6)寄宿舍
方斋——军事教育班住舍14100平尺
北极斋——教员宿舍16800平尺
敬业斋——教员宿舍10800平尺
平斋——学生宿舍168000平尺
(7)附近状况
北——北极阁山麓宁省铁路通过
东——成贤街马路,路东为民宅
西——河道,河外陆军测量局
南——四牌楼马路,路外民宅
(Ⅱ)宝山县医学院
(1)校地面积
(a)面积171000平尺
(b)校外基地29580平尺
(c)炮台湾基地
(d)苏州妇女医院10余亩
(e)苏州上津桥104亩
(2)校舍教室面积教室7745平尺
宿舍13205平尺
(3)课室8间
(4)图书室2间
(5)实验室5间
(6)宿舍面积13205平尺
(Ⅲ)南京城内红纸廊前政法大学校舍
(1)校地面积约112000平尺
(2)校舍面积约78400平尺
(3)课室10个
(4)图书馆3间
(5)实验室1个
(6)宿舍50间约4亩

中央大学及其前身在文化上持守成态度,民族主义构成其文化内涵的重要成分。作为首都最高学府,抗战的爆发更使其被赋予一种特殊的责任——文化抗战[1]。同此,

[1] 李方来、李霞:《中日战争与中央大学知识分子群体的国史研究——以学衡派、南高史地学派缪凤林为例》,《江西师范大学学报(哲学社会科学版)》2013年第3期,第101~106页。

罗家伦校长可谓夙兴夜寐，体现在其就任中央大学校长的演讲之中（见附录）。

校务会议议决组织校景委员会[1]

校景委员已聘定。

本校校务会议决议，组织校景委员会。已聘请毛宗良先生、周世礼先生、虞炳烈先生、刘福泰先生、李毅士先生、李善棠先生、熊文敏先生等为委员。

本校图书馆新屋落成[2]

建筑费、设备费约20万元。

阅书厅、研究室共可容900人。

本校年来学生逐渐增加，原有图书馆址非常狭小，仅能容100余人，已不敷用；图书亦添加甚少，研究学问，诸感不便。现罗校长为便利师生研究起见，积极充实图书及扩大馆址，乃就经常费中节省款项，加建图书馆共左右两翼及图库四层，较前略大二倍，建筑费连钢窗、卫生、暖气等设备约15万余元，而钢书架尚不在内。图书馆自开工以来，计140日，经日夜加工赶造，已于昨日全部完竣，由本校工程委员会正式接收。惟因天气关系，墙壁尚湿，未能即行油漆，致内部设置不能即时就绪，约一月后，可正式开放。新屋内除两大图书厅外，并有文、理、法、工、教育，各院研究室、教授研究室、善本藏书室、阅报室等，约可容纳900人阅览，为首都最伟大之图书馆云。

国立中央大学布告校景委员会章程（第23号）[3]

为布告事，兹制定本大学校景委员会章程公布之，此布。

校长　罗家伦

国立中央大学校景委员会章程

第一条　本大学设校景委员会，计划及审查本校校景之一切设施事宜。

第二条　本委员会设委员7人至11人，由校长聘任之；主席1人，由

---

❶ 南大百年实录编辑组编：《南大百年实录中央大学史料选（上卷）》，南京：南京大学出版社，2002年版，第306页。

❷ 南大百年实录编辑组编：《南大百年实录中央大学史料选（上卷）》，南京：南京大学出版社，2002年版，第306~307页。

❸ 南大百年实录编辑组编：《南大百年实录中央大学史料选（上卷）》，南京：南京大学出版社，2002年版，第309页。

委员互选之。其任期均为一年。

第三条 本委员会之职务如下:

(一)本校一切有关校景之设计。

(二)本校建筑物,道路,及园景等新设施之审定。

(三)本校建筑物,道路,及园景等之改良及整理。

第四条 本委员会关于校景之计划及审查,以美观、便利及适合卫生为标准。

第五条 本委员会之一切设计及审定方案,经校长核准后施行。

第六条 本委员会每月开常会一次。遇必要时,得由主席召集临时会议。

第七条 本章程于校务会议通过后,公布施行。

中华民国二十二年12月8日

两年来之中央大学[1]

…………

甲、建筑

学校建筑,自多与学术事业有关。或有以为本校校址既迁移郊外,何必再在原址增加建筑者。不知本校新校址,自现在起计划移建,至少尚两三年,方能完成。而自21年秋以至新校址完成止,共计四五年。在此四五年中,本校学术之进展,自不能保守或停顿。且由经常费项下节省余款,以事建筑,未得国家任何特别费之补助,或为关心学术事业者所乐许也。

1. 加建图书馆——221015元(其中钢书架值55500元)。

因本校原有图书馆阅览室及书库容量均太小。新图书馆内大阅览室凡二,计容560人;分院阅览室五,容约200人,合阅报室及现有分图书室,总共约容1000人以上,较前容量,约大4倍。书库容量较前大一倍有半。

2. 新建音乐教室10479元。

此系就梅庵改建,为艺术科音乐组之用。

3. 新建农学院种子室17266元。

农学院搜集各类品种,多至数万,非有专门建筑储藏,无法研究。

4. 新建农学院温室连设备9538元。

农艺园等系研究事业所必须。

[1] 南大百年实录编辑组编:《南大百年实录中央大学史料选(上卷)》,南京:南京大学出版社,2002年版,第314~318页。

5. 新建农学院新教室(即昆虫研究室)9785元。

6. 新建农学院农业化学系、森林系、蚕桑系、农产制造所应用房舍及各农场屋18378元。

7. 新建校门5355元。

国民会议时旧校门拆毁,因全校观瞻所系,不能不改建。

8. 新建实验学校理科新教室23100元。

9. 重修生物馆13700元。

原有生物馆建筑太坏,损毁不堪,地下积水二三尺,不能不彻底重修。

10. 工学院新盖教室工厂及肥皂厂6790元。

11. 重修及加建教育学院(南高院)之教室及实验室14530元。

此为本校最旧之建筑,不能不彻底重修。惟钟楼因恐牵涉他部,未及修理。

12. 重修法学院(东南院)7700元。

13. 重修教习房5785元。

此系本校亦最早建筑,破旧不堪,不能不加修理。

14. 重修学生新宿舍4739元。

此房虽系民国十八年所建,然基础及工料甚坏,只得修理。

此不过举其较大及所费较多者而言,已达368160元;其余尚有较小建筑及兴修工程未能一一列举,约计66849元;至于大礼堂建筑完工后未及付清之款,以及座位设置之款亦经付出14455元;故在此两年内,关于建筑方面实付之款,总计为449464元。此外,尚有新学生宿舍两座,计定标价洋7万元,正在建筑中,可于八月底完成;完成之后,学生宿舍即可从事调整,裨益学风匪浅。此款系取价于原有租赁宿舍之押租及租金,兹暂不列入。关于一切较重要之建筑,均聘请教授,组织工务委员会主持,以凭公开决定,以臻完善。

…………

五、扩大校产面积

两学年来,校产面积有重大之增加。承江苏省政府之盛意,议决将近郊乌龙、幕府两山林场拨赠本校。计乌龙山面积7700余亩,幕府山面积6000余亩,合计13700余亩。又在昆山江浦购地扩充农场,共118亩。并在校本部附近,增购教职员第六宿舍一所,计费11804元(此系二十一年底所购,为时尚在决定建设新校址以前)。此增置校产之大概情形也。

中央大学概况[1]

…………

六、重要之设备之一——建筑

1. 大礼堂：礼堂为全校之集会，能容2700人，两翼为本校行政部分办公处所。

2. 图书馆：二十二年就原有图书馆大加扩充，阅览室容量较前约大4倍，书库容量约大一倍有半。连钢书架共费22万余元。

3. 体育馆：计长180尺，阔66尺，上下两层。上层为健身房，下层为办公室、特别教室、雨浴室、更衣室、储藏室等。

4. 科学馆：理学院之算学系，物理系，地理系，地质系，化学系之一部分，均在馆内。

5. 生物馆：理学院生物系之研究室、教室、陈列室在内。因原来建筑太坏，地下积水恒二三尺，二十二年彻底重修，共费13700元。

6. 中山院：文学院各系之研究室、教室、图书室在内。

7. 东南院：法学院各系之研究室、教室在内。二十二年重修，计费7600元。

8. 南高院：教育学院各系，除体育科设在体育馆，艺术科音乐组在梅庵内单独建有音乐教室外，其余各种研究室、教室均在内。此院为本校最旧之建筑，22年重修，计费14000元。

9. 新教室：工学院各系教室、实验室在内。

10. 工学院各工场：如金工厂、木工厂、电力实验室、电信实验室、水力实验室、风洞室、引擎室等，均在本校之北部。

11. 医学院：二十五年秋季建筑落成，建筑设备费共合5万余元。

12. 牙医院：正在建筑中，建筑费预计合约15万元。

13. 农学院：该院集中在三牌楼。其重要之新建筑为：

(1)种子室：农学院搜集各类品种至数万，非有专门建筑储藏，无法研究。故二十二年新建种子室，共费17000余元。

(2)昆虫研究室：二十二年建筑，共费9700余元。

(3)蚕桑馆：蚕桑研究室、养蚕室等在内。

14. 音乐教室：在梅庵内，二十二年建筑，共费1万余元。

15. 游泳池：在建筑中，建筑费约计15000元。

16. 学生宿舍：本校为集中管理起见，将过去租赁之宿舍退租，另于文昌桥学生宿舍原址，新建学生宿舍二所，二十四年秋落成，共费约11

---

[1] 南大百年实录编辑组编：《南大百年实录中央大学史料选(上卷)》，南京：南京大学出版社，2002年版，第321~339页。

万元。足容数百人,现本校大部分学生均住宿于此,其余受军训学生及体育科学生住校内平房宿舍。此外,有女子宿舍一所,全部女生住宿于内,此宿舍系二十四年修改旧第一男生宿舍而成。

17. 实验学校校舍:在本校之西南角,占地30余亩。除原有之望钟楼,中一院等外,最近添建中小学教室各一所。

(1)雪耻楼:二十二年建成,共费25200元。现作为高中教室暨物理、化学、生物、图画特殊教室之用。

(2)民族楼:小学高级教室均在内。二十三年建筑,共费12000元。

此外尚有其他零星建筑,兹不备列。

…………

十三、郊外校舍进行情形

本校现址逼处都市中心,四面环街,其所包面积,不过三百余亩,湫隘逼窄,实无发展余地,致农学院与校本部分离,教学设备,极不经济。各农事试验场又分散各地,与各系不在一处,于实验研究方面,尤多困难。现在院址,复被新辟之福建、察哈尔、黑龙江等路,纵横割裂,益形凌乱。同时工学院亟待添建之各项实验工厂,尤以机械特别研究班之实验工厂,均需要广大面积。至于教职员学生住舍问题,尤须予以相当之解决,以安教学者之身心。凡此均系事实之迫切需要,幸邀政府垂查,决定分期迁移京师郊外,并定将需要设备地方最急之工、农、理三学院,首先兴建,以副中央提倡实科教育之本旨,而应国家当前迫切之需要。至医学院及牙医专科学校,则拟永设于现在校址之内,以利用现在之校舍;且因其教学设备与他院不同,需要都市中心地点也。现新校址之地点,经多方勘测,业已呈奉政府核准,在中华门外京建路上石子岗附近,占地约五六千亩。该处北对紫金,南连牛首,东倚方山,登高西瞩,则大江在望。校内将来建筑之地,且有山陵环抱,小河前横,林木蓊郁,风景极美,诚为研究学术之理想之境地。而且仍在市区,离城不过三四公里,并非脱离都市,不过于都市之周围,谋得一以集中研究、充分设备、随时扩充之地址。且其交通便利,与首都之各文化学术机关,仍可收彼此合作之效。现在农、工两院之主要建筑,业经招商承建,着手兴工,预计二十七年秋间可以落成,届时即可先行迁移。至于一切关于建筑设备以及经费之保管支配等事项,概由呈准教育部设立之建筑设备委员会负责主持。委员人选,亦由教育部核聘,并请校外机关有学识经验者参加指导,以昭慎重,而示大公。

张乃燕致国民党南京市第八区党部函[1]

径复者:接准惠函,聆悉壹是。贵会关心本区内刊物,于第七次常会并为敝大学日刊,讨论整理之办法二则。具微尊重党义,曷胜纫佩。惟敝大学为学术机关,此项日刊系报告校闻及讨论学术之性质,与宣传性质稍有不同。既以大学命名,应由大学负其责任,编辑之权自难属诸他人。故对于贵会第二项办法,未便接受。至第一项办法,自当多多注意,并希OO贵会君子随时赐稿,以匡不逮。专此奉复,即祈鉴察为幸。此致

南京特别市第八区党部执行委员会

张○○

中华民国十七年10月16日

---

❶ 南大百年实录编辑组编:《南大百年实录中央大学史料选(上卷)》,南京:南京大学出版社,2002年:第339~340页。

第四节　抗战——“鸡犬不留”迁渝的中央大学(1937~1945)

1.本部迁渝

国立中央大学在1935年即派员查看迁校地址,初步选定重庆沙坪坝。1936年春,中大校长罗家伦目睹中日关系日趋紧张,预言一场大战不可避免,预做大批木箱以备日后迁校之用。1937年全面抗战爆发后,罗即向政府建议,将主要大学和科研机构移往重庆。他坚定表示:“武力占据一个国家的领土是可能的,武力征服一个民族的精神是不可能的”[1]。

1937年“七七”事变后,日寇抓紧侵华,妄图短期内迅速占领我国全境。7月15日当夜,中央大学罗家伦校长排除相关阻力,并得到最高统帅蒋介石先生的同意,开始着手迁校[2]。是年8月13日,淞沪会战爆发,国民政府主席蒋介石训示,参加淞沪会战具有多方面战略意图[3]。9月20日,日寇海军第三舰队司令长谷川清中将宣布要对国民政府首都南京进行大规模轰炸[4],南京岌岌可危。罗家伦校长决议迁校。派人考察数地,决意迁校四川重庆。

重庆大学慨然以沙坪坝松林坡的地面借给中央大学营造校舍(图1-2-38)。中大学生宿舍在小龙坎,而上课却在松林坡,有的学生没有宿舍,甚至睡饭厅、礼堂;有的校舍虽为新建,但一间寝室300人以上,十分喧杂、彻夜难眠。就是这样的“陋室”,还遭受到日寇的轰炸。1940年7月4日,日机两次轰炸中大、重大,炸毁校舍百余间,中大死伤员工10余人;暑假期间,学校又被轰炸。经师生努力修复,中大成为沙坪坝最早开学的大学[5](1995年在中大旧址上,建成了校友们捐资修建的纪念亭[6])。

罗家伦力陈迁校之必要 送高等司[7]:

(并先送收发登记)自上海战事发动以来,中央大学曾受敌机三次袭击。第一次为8月15日下午,敌机以机关枪扫射图书馆及实验学校各一

---

❶ 罗家伦:《中央大学之回顾之前瞻》,转引自《抗战时期的重庆沙磁文化区》,重庆:科技文献出版社重庆分社,1989年版,第41~42页。

❷ 罗家伦:《炸弹下长大的中央大学》(节录),《大学之道:东南大学的一个世纪》,南京:东南大学出版社,2002年版,第11~12页。

❸ 余子道:《蒋介石与淞沪会战》,《军事历史研究》2014年第3期,第52~61页。

❹ 杨夏鸣译:《美国〈时代周刊〉1937-1941年有关日军轰炸南京和大屠杀的报道》,《民国档案》2006年第4期,第51~55页。

❺ 常云平:《试论抗战期间内迁重庆的高等院校》,《西南师范大学学报(哲学社会科学版)》1996年第6期,第45~50页。

❻ 邓朝伦:《“沙坪学灯”里的中央大学》,《重庆与世界》2000年第4期,第48~49页。

❼ 南大百年实录编辑组编:《南大百年实录中央大学史料选(上卷)》,南京:南京大学出版社,2002年版,第384~386页。

图1-2-38 国立中央大学在重庆沙坪坝的校园

次；第二次为19日下午，在大学本部投250公斤炸弹七枚；第三次为26日深夜，在实验学校投同样炸弹一枚。又附近教授住宅被毁者四所，校工死者五人。近来因空袭较少，但敌军如有陆地空军根据，则较大规模之空袭恐仍难免。

自被空袭以来，家伦未尝一日离校，以身殉职理所当然。但考察客观事实及为国家保全文化与维持教育事业之有效的继续进行计，似不能不作迁移打算。其简单理由为：

（一）不必将3000以上教职员、学生置于易受及常受轰炸之地。

（二）不必将价值四五百万元之图书、设备、仪器，置于同样之境地。

（三）为教育效率计，应置文化训练机关于较安全地点，方能督促其加紧工作。

但选择迁移之地点，亦须注重下列各项：

（一）地点比较安全，可任其展开及安置图书仪器，至少可作半年至一年之工作打算。

（二）当地须略有高等教育基础，可供彼此合作且可相互利用师资设备，相互充实其训练。

（三）交通比较便利，最重要者系水路可以直达，苟无此项便利，迁至近处之困难且过远处。

（四）比较可以集中，俾便对学生学问、思想、行动作切实训练与指导，树一战争期间刻苦耐劳之新学风。

为此原因，曾由校派请教育学院教授王书林、法学院院长张洸繁、经济系主任吴斡等分赴鄂、湘、川各处选择地址。兹综合各项报告，考察结果以重庆大学地点较为合宜。

（一）地在嘉陵江岸，离重庆城市20余里较为安全。

（二）与重庆大学合作，可凭藉其原基础充实教学之师资与设备。

（三）因在嘉陵江岸，故民生公司轮船可直达该校门口。

根据以上考虑之结果，后与重庆大学及该地其他机关接洽，可得事实上之支配。办法如下：

（一）重庆大学学生宿舍现尚可容学生600人，略挤，尚可稍增。

（二）教室可共用或合班。

（三）工学院有较大建筑一所，理工仪器可即装置。

（四）该校校地1500亩，不敷校舍可建简单房屋，如建100间10月底可完成，200间11月中旬可陆续完成，约费5万元至8万元。

（五）医学院已于重庆最大之宽仁医院商妥，即可在内上课。

（六）农学院重庆大学本曾设置，后经胡校长停办，将来或可利用原址。万一不能，尚可与成都大学农学院商量合作。

（七）牙医专科医院可与成都华西大学之牙医学院合作。万一医学院在重庆有困难时，亦尚可与华西大学医学院合作，俟实际筹划后再定（为教学设备计，如将牙、医、农三部分设在成都尚不至太分散）。

（八）照此办法立即进行，11月1日以准可开学（航空工程研究班可于10月10日开学）。

（九）与工、医各学院院长商酌，本校除训练原有学生外，尚可努力开下列较短期之训练班，以协助战事：

1.航空工程训练班（招大学工科助教）

2.电信工程训练班（训练各大学工学院工学三四年级学生）

3.外科手术训练班（训练普通医生与大学五六年级学生为伤兵医院开刀之用）

其余训练工作可随时与政府军事机关商定。

（十）与民生公司卢作孚先生商定：货运可照资源委员会运价，客运可照南开大学学生票价，计自南京至重庆统舱约需24元（伙食在内）。学生前往，如能本校津贴半价，则12元即可到达，不致十分困难。

以上各条如能实行，恐系最有效率最易实施之办法。为国家大学教育打算，为一未全摧毁之完整大学打算，甚至为树立一后方技术训练机关打算，甚愿钧部加以采纳、施行。此种打算，乃负责处理目前事变及将

来环境演变所必需，如中央政治学校之西迁，亦正系从此项训练计划上打算者也。

又实验学校因学生年龄太幼，不便远迁，已遵钧部意旨，在附近安徽和州与徽州觅取校址，拟将幼稚园及小学低级、暂停高中、初中及小学毕业班迁往，以免荒废学业，务期于最近期间可以开学。

至于家伦个人，拟一切迁移手续办完如期开学后，即将校务委托妥人暂代，请求允许赴淞沪前方军中待命，以免学校安全与个人安全混为一谈，转增良心上之不安。此应预先陈明，仰乞钧部事前有所准备者也。

教育部部长 王

国立中央大学校长 罗家伦签呈

罗家伦校长致函四川政府最高首长，商请房地事宜。

罗家伦商请协助解决房地函❶

公函特字第457

敬启者：案奉教育部令饬预觅安全地点，可备必要时迁地开学之用。兹特请本校法学院院长张洮繁先生、经济系主任吴幹先生来川，接洽相当房地事宜。用特专函奉达，敬祈台誉惠予指示与协助，俾利进行，无任公感。此致

军事委员会委员长四川行营主任

重庆市政府

校长 罗家伦

中华民国二十六年8月26日

形势严峻，中央大学发出校本部迁址的通知。

校本部关于迁校事项的通知❷

敬启者：本大学现蒙教育部核准西迁重庆，借重庆大学于11月1日开学。兹为便利专任教授、讲师同人入川计，特与民生实业公司商订优惠办法。凡我同人务请于10月10日至15日期内，向南京本校农学院（三牌楼）或汉口本校办事处（扬子街大陆坊31号）报到，领取乘轮优待

❶ 南大百年实录编辑组编：《南大百年实录中央大学史料选（上卷）》，南京：南京大学出版社，2002年版，第386页。

❷ 南大百年实录编辑组编：《南大百年实录中央大学史料选（上卷）》，南京：南京大学出版社，2002年版，第386~387页。

证(自南京至汉口无折扣,自汉口至重庆八折;如系联运,南京至汉口统舱,可按3元售票),自行向轮船公司接洽购票。盖以本校虽与民生公司一再接洽,承允尽量予本校同人以便利,但际此非常时期,交通情形殊难预料,无法包定,诚恐届时船只不多致感拥挤也。倘10月15日之前,不克亲自来京或赴汉报到,但预计确可于11月1日以前赶到重庆,则请先行亲笔惠函本校说明,以便编排课程。此次函件,务须10月15日前可分别到达京汉,如11月1日仍不能到达,则本校为整个办事手续起见,无论在如何情形之下,亦只有即认为本年度聘约业已自动解除。事非得已,尚希鉴谅。至于各人家属如须同行,票价方面亦可同享优待。此系公司方面对本校同人之特别优待,本校自应向公司方面负责,绝无不实情事。事关校誉,并祈注意。再则,将来同人住宿一层,现虽尽力筹划,但匆遽之间当然不能完备。单身宿舍恐极简陋拥挤,特先声明,预请原谅。至于眷属住房,自更无法代备。重庆地方本小,近则外来者骤增,极少房屋可以租赁,倘家眷必须同行,最好约集数家合作,暂在万县、沙市、宜昌一带权住,俾得从容布置,可免临时窘困。又最近校务会议关于各院系教授课(讲)师授课钟点,亦曾有所规定。兹将该项决议案一并抄附一份,统希合誊为荷。专此敬颂

道绥

国立中央大学启

1937年9月23日

校本部为商借重庆大学地皮致刘湘公函[1]

公函渝字第三号

敬启者:本校迭被敌机轰炸,校舍损毁,短时期内势难于原地开学。兹奉部命,派员赴渝查勘结果,拟向贵省重庆大学暂借地皮一段,备供建筑临时校舍之用。值此国难严重时期,青年学业关系至巨。素仰钧座提倡教育不遗余力,定荷惠允赞助。特派本校经济系吴主任诣前商洽,敬祈赐予指导,至为感荷。

敬致

刘主席

中华民国26年9月30日

---

[1] 南大百年实录编辑组编:《南大百年实录中央大学史料选(上卷)》,南京:南京大学出版社,2002年版,第387页。

刘湘复中央大学函[1]

敬复者:案准贵校第一零三号公函,除原文有案不录外,后开特派本校经济系吴主任诣前商洽,敬祈赐予指导,至为感荷,等由。准此。查贵校为首都最高学府,兹因避地来渝建筑临时校舍,于川省文化裨益甚多,无任欢迎。重庆大学既有相当地皮可借,应迅速开工,以备应用。除转重大知照外,相应函复贵校,请烦查照。此致

国立中央大学

刘湘拜启

1937年10月2日

罗家伦致教育部函[2]

罗家伦力陈迁校案。查本校因时局影响,暂迁重庆,假重庆大学校址开学。业经呈奉令准并饬将办理实情随时具报备案在案。现在筹备进行大致已经就绪,谨将办理情形分别条陈于后:

一、校址除医学院及牙医专校外,决暂假重庆大学开课。该校理工学院建筑可全部借于本校,学生宿舍亦可分借一部分,足容学生600人。此外,教室、办公室等均可两校共用。再由重大拨借土地,供本校添建临时房屋之用。一切因陋就简,但求合用,预计11月内可以完成。

二、图书、仪器凡可装运者均已尽量装箱,计共1900余箱。已有1700箱运存汉口。下余者最近亦可运出。再由汉口选择开学后急需应用之件,约数百箱,尽先运往重庆,以备应用。

三、教职员方面,专任教授、讲师因罗致匪易,除因事实困难不能赴蜀自动请辞者外,一律请其同往;兼任教授、讲师因其事实上无法兼顾,一律解聘;助教及职员均径大事裁减,计裁去助教59人,职员83人。

四、现定11月1日开学,教职员、学生统限先期赶到。经与民生公司接洽,教职员自汉至渝八折优待,家属随行亦可同享优待。学生一律统舱,八折之后再由校津贴半价,计每生由汉至渝船价仅需11.2元。现南京汉口均有专人负责接洽发给乘轮证,教职员及旧生得在京汉两地报到领证,自行购票入渝。新生定于本月16、17、18三日在汉口集合检查体格,合格者即行办理入学手续,给证赴渝。

五、医学院与牙医专科学校因重大无相同系科,教学设备无法合作,

---

[1] 南大百年实录编辑组编:《南大百年实录中央大学史料选(上卷)》,南京:南京大学出版社,2002年版,第388页。

[2] 南大百年实录编辑组编:《南大百年实录中央大学史料选(上卷)》,南京:南京大学出版社,2002年版,第388~398页。

特商假成都华西大学开课，业承应允。刻已派遣医学院教授蔡翘前往，接洽合作具体办法，并筹备开学。

六、教育学院艺术科音乐组因原有教师外籍居多，不能随同入川，加之各项设备无法搬动，决暂停办一年。所有该组新旧各生，准其转学或借读于国立音乐学院，以及立案之公私大学音乐系。

七、附属实验学校决暂迁安徽屯溪，所有高、初中及小学高级部毕业级，一律于10月10日开学上课。

八、本校迁渝之后，所有京中关于校产保管、校务接洽事务，特设留京办事处，指派专人负责办理。

以上系截至最近本校办理迁渝开学之情形，除以后进行随时呈报外，课合备文先行呈明，仰祈鉴核备案，实为公便。

谨呈

教育部部长 王

国立中央大学校长 罗家伦

关于成立中央大学重庆办事处公函[1]

公函第10号

径启者：本大学奉教育部令并得四川省政府之赞助，派员来渝建筑临时校舍，暂行移渝办学。前经商请贵市府詧照在案并承协助进行，致感深纫。现已在重庆市都邮街紫家巷成立本大学重庆办事处，自本6日起开始办公。用特备函奉达，即希詧照并饬属协助为荷。此致

重庆市政府

中华民国26年10月6日

中央大学关于即日动工建筑临时校舍公函[2]

公函第11号

径启者：本大学奉教育部令并得四川省政府之赞助，派员来渝建筑临时校舍。兹经觅得贵县境内沙坪坝重庆大学校址一部，即日开始动工建筑，用特备函奉达，即希詧照并饬属随时协助为荷。此致

巴县县政府

中华民国26年10月6日

---

[1] 南大百年实录编辑组编：《南大百年实录中央大学史料选（上卷）》，南京：南京大学出版社，2002年版，第390页。

[2] 南大百年实录编辑组编：《南大百年实录中央大学史料选（上卷）》，南京：南京大学出版社，2002年版，第390页。

罗家伦关于医学院暂假华西大学开学致刘湘函[1]

公函第1402号

敬启者:本校因时局关系,经呈准暂时迁地办学。荷承慨予赞助,惠假重庆大学校舍并拨地供临时建筑之用,又承特拨专款补助农学院牲畜运费,供给场地,俾与贵省建设厅合作,举办试验推广事业。先生扶植教育、奖掖学术之盛意,感荷无既。现在本校医学院及附属国立牙医专科学校,因师资设备合作便利起见,拟另假成都华西大学开学,业经商得该校同意,允以合作,以后叨承受护之处益多。用特函达,敬希亮詧是幸。此致

四川省政府主席刘

校长 罗OO

中华民国26年10月7日

罗家伦致华西大学函[2]

公函特字第五五五号

径启者:本校医学院及附属国立牙医专科学校,拟暂假贵校校舍开学,经派请蔡翘、郑集两教授前来面洽。倾得蔡、郑两先生来电,欣悉业荷慨允合作,至深感纫。除详细办法容再商定外,特先函达致谢,敬希台詧中荷。此致

成都华西大学

校长罗OO

中华民国26年10月7日

高显鉴致中央大学函[3]

四川省立教育学院公函事字第一0一号

径复者:接准贵校10月21日公函略开:本校奉令移渝办学,惟农场地址苦无适当场所可供建设,拟商借农场备供学生实习试验之用,藉谋技术合作,并拨空房数间暂作农场人员办公栖止等由。准此。值此国难严重、全民抗战之际,保存我国文化、充实抗战力量,实为今日要图。贵校来渝开学,本院自应尽力帮助。兹划出房屋四间用供贵校农场人员寄

[1] 南大百年实录编辑组编:《南大百年实录中央大学史料选(上卷)》,南京:南京大学出版社,2002年版,第390~391页。

[2] 南大百年实录编辑组编:《南大百年实录中央大学史料选(上卷)》,南京:南京大学出版社,2002年版,第391页。

[3] 南大百年实录编辑组编:《南大百年实录中央大学史料选(上卷)》,南京:南京大学出版社,2002年版,第391页。

宿办公之所，农场范围及现有设备，亦均可备供贵校学生实习试验之用。至技术方面事项，并希贵校农学专家随时指导，以利进行。准函前由，相应函复，至希查照为荷。此致

国立中央大学

院长 高显鉴

中华民国26年10月28日

中央大学选定的校本部在沙坪坝松林坡（图1-2-39），与重庆大学校园毗邻，地处磁器口、小龙坎、嘉陵江和歌乐山之间。松林坡为一青松满布的小山峦，山清水秀，林木葱郁，诚为办学胜境。图书馆建于山顶，可俯瞰校园，遥观市区。沿山坡建造教室、办公室及宿舍。另有部分宿舍建在小龙坎。环山坡筑一马路，是校中要道。每天上下课调换教室，学生们犹如跑马般在山坡间上下奔跑。有几个球场，无大操场。全部工程分18个包工组，1700名工人日夜劳作。可容千余学生的全部校舍，42日之内完工。各类房舍均为竹筋泥墙、瓦顶（图1-2-40~1-2-41）[1]。

图1-2-39 国立中央大学西迁重庆沙坪坝

[1] 朱斐主编：《东南大学史（1902~1949 第1卷）》，南京：东南大学出版社2012年版，第194~195页。

图1-2-40 国立中央大学在重庆沙坪坝的校园

图1-2-41 位于松林坡的原国立中央大学校舍

成都华西坝校区包含医学院、农学院的畜牧兽医系，以及附属牙医专科学校，为商借的华西大学土地、房舍，以资办学(图1-2-42~1-2-45)。1938年7月，又与华西大学、齐鲁大学合办"联合医院"作为三校医科学生的实习医院。1941年中大脱离，与四川省政府合办"公立医院"，作为中大医学院的实习医院[1]。

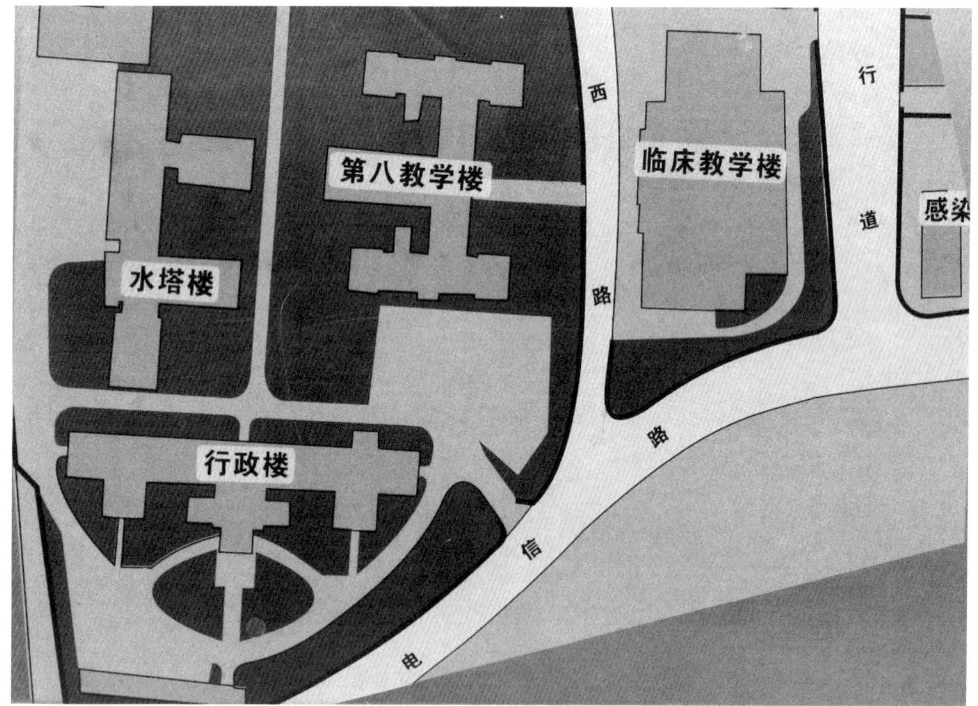

图1-2-42 国立中央大学在成都华西坝商借的校区平面图(局部)

[1] 朱斐主编:《东南大学史(1902~1949 第1卷)》，南京:东南大学出版社2012年版，第195页。

图1-2-43　成都华西坝历史建筑群之行政楼

图1-2-44　成都华西坝历史建筑群之第八教学楼

图1-2-45 成都华西坝历史建筑群之水塔楼

顺便提及，近来有一些研究提出，中央大学抗战中迁校，基本没有甚或完全没有遭受任何损失。尤其是校工王西亭勉力携“动物大军”西迁——“鸡犬不留”，感天动地（图1-2-46~1-2-47）。实际上，国立中央大学的整体损失仍然较大，国破家亡之际，个体或团体遭受损失本不可避免。仅就地质系一个系而言，就颇为巨大。譬如：

地质系关于迁校财产损失情况的报告[1]

径启者：敝系自京师迁渝时，器具、仪器、标本等一部分未曾运出，虽一部分已经运到，然以途中破坏及受潮湿，不可复用，总计损失照现在时价估计，共约527120元。兹附上财产损失报告单三份，请贵院存一份备查，其余二份请呈报校方为荷。此致

理学院

地质系启

1937年12月31日

附财产损失报告表三份（略）

[1] 南大百年实录编辑组编：《南大百年实录中央大学史料选（上卷）》，南京：南京大学出版社，2002年版，第392页。

图1-2-46　1930年的王酉亭先生

图1-2-47　西迁入川的农学院牧场的乳牛

2.设立分校

中央大学迁校重庆后，安顿下来的学校发展顺利，师生人数不断增加。租借、新建的校舍不敷使用，乃议决择地新建磐(柏)溪分校，遂订立章程。

校长办公室关于在磐溪建立分校的通知❶

便函特字等五百一十一号

径启者：关于下学年学生增加校舍不敷，应如何办理一案，兹经校务会议决议："按照下列原则办理：(一)在对江磐溪附近觅地添建校舍，可备一部分之迁移；(二)为应目前需要，暂在附近农场觅地，添建临时教室；(三)航空工程系应尽先迁往；(四)推卢孝侯、罗荣安、原素欣、高警寒四先生组织委员会，办理磐溪觅地建筑事宜"。等语。记录在案。相应录案函达，即希查照为荷。此致

总务处

事处组

校长办公室启

中华民国28年9月4日

中央大学分校章程❷

第一条　本大学柏溪校舍称为国立中央大学分校。

第二条　分校设立分校校长办公室，为校长驻分校办公地点。

第三条　分校校长办公室设置主任一人，秉承校长综核分校事务。

第四条　分校事务得以校长办公室通知行之。其重要者经校长核准后，以校长布告行之。

---

❶ 南大百年实录编辑组编：《南大百年实录中央大学史料选(上卷)》，南京：南京大学出版社，2002年版，第407~408页。

❷ 南大百年实录编辑组编：《南大百年实录中央大学史料选(上卷)》，南京：南京大学出版社，2002年版，第408~409页。

第五条 分校设置教务室，置主任一人，为教务长驻分校代表，办理分校教务事宜。

第六条 分校设置总务室，置主任一人，为总务长驻分校代表，办理分校总务事宜。

第七条 分校设置主任导师室，主持分校训导事宜。

第八条 分校设置军事管理分处，其主任由校长兼任之。设置副主任一人，秉承校长处理分校军训事宜。

第九条 分校军事管理分处下置副总队长、大队长、中队长等职，其规则另定之。

第十条 分校设置分校行政会议，由校长、教务长、总务长、分校校长、办公室主任、主任导师、军事管理分处副主任、教务室主任、总务室主任、本校注册组主任、事务组主任组织之，处理分校一切行政事宜。分校行政会议由校长主席，校长缺席时，由分校校长办公室主任主席。分校副总队长得列席分校行政会议。

第十一条 分校行政会议重要决议，应由校长核准公布施行。

第十二条 分校各部分主任、副主任职务，得由校长选聘兼任之。

第十三条 分校设置职员若干，由校长任命之。

第十四条 分校每一日或二日举行会报一次，由各主任、副主任举行之，并得请有关各部分之教职员列席。

第十五条 分校主任导师室，应按期举行导师会议，其规则另行之。

第十六条 关于分校学生风纪生活事宜，主任导师得随时指导之。

第十七条 本规则经校务会议议决公布后施行。

柏溪分校占地约148亩，山上有广柑林1500余株。中间平洼处原有楼房8间、平房5间，均作价购得，作为办公之用。在其对面建饭厅，兼作分校集会之用。两建筑之间，辟为操场。近饭厅建宿舍，为生活区。教室集中建于坡道两旁，为教学区。当年10月动工，11月完成宿舍、饭厅、厨房、水炉、舆洗室、厕所、合作社等生活设施，共建有19座房舍。12月完成教室、图书馆。新生入学上课后，又续建实验室等。前后共建房44座，建筑费13万余元（图1-2-48~1-2-51）[1]。

时人谓曰：国立中央大学柏溪分校美景如画。“则沿长江西迁，在重庆西郊沙坪坝松林坡建立校本部，后又在柏溪创办了一个分校，一年级同学都在那里上课。……柏溪离沙坪坝北面约二十里，在嘉陵江东岸，原是一个只有二十来户人家的小山村。中大在那里征得约一百五十亩土地，创办了分校，可以容纳一千多学生。那里丘陵起伏，环山临江，有茂密的树林，潺潺的流泉，自然环境很不错，是一个教学读书的好地方。

[1] 朱斐主编：《东南大学史（1902~1949 第1卷）》，南京：东南大学出版社2012年版，第195页。

从码头往上沿山腰有一条石板路(也算是村里唯一的一条街吧),弯弯曲曲,直通分校大门口,两旁有茅舍和小瓦房,小商店,小饭馆。分校整个校舍分布在一座山谷里较宽敞的地方,高高低低,一层一层,学生教职员宿舍、教室、实验室、图书馆、大操场、游泳池等等,都安排在绿树掩映着的山谷平台间。我特别喜欢那里有一股清泉,从深谷流涌出来,沿山坡直入嘉陵江中。冬天水少,春夏间,尤其是暴雨时,那溪水便哗啦啦地奔流着了。我一到柏溪就住在分校最高点教师第五宿舍,真是运气,登高远眺,可以欣赏江上风帆,隔岸山色。从宿舍东头走出去,是一条幽径,有丛丛竹子;三月里油菜花开时,一片金黄色,香气四溢,真是美得很。"❶

图1-2-48 国立中央大学柏溪分校

图1-2-49 国立中央大学柏溪分校最后的校舍正面

图1-2-50 中大柏溪分校纪念碑

图1-2-51 国立中央大学柏溪分校最后的校舍

❶ 赵瑞蕻:《梦回柏溪——怀念范存忠先生,并忆中央大学柏溪分校》,《新文学史料》1998年第3期,第92~99、79页。

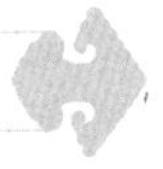

至1939年，国立中央大学在重庆办学，俨然走向正轨，学生人数逐年增加："本校在京时学生人数最多不过一千二三百人，迁渝后逐年增加。计26年度共1352人，27年度共1944人，28年度共2497人……"[1]此时的校舍规模，基本稳定至抗战结束。

国立中央大学要览[2]

（1939年）

一、沿革

……

二、校址

本校校址，原设南京四牌楼（农学院设三牌楼）。二十六年秋抗战军兴，遵令西迁，择地于重庆沙坪坝，建造简陋之临时校舍。除医学院因与华西大学合作，农学院之畜牧兽医系因与四川省立家畜保育所合作，其二、三、四年级学生，均在成都上课外，其余各院系学生均在重庆上课。二十七年夏，农艺学生人数增加，沙坪坝原址已不敷用，乃又在离校20余里之柏溪霸地另建分校。

沙坪坝与柏溪，均沿嘉陵江岸，群山环抱，景致极幽。由重庆沿江而上，有轮舟可达。另有公路直达沙坪坝，行驶公共汽车，交通甚便。由沙坪坝至柏溪，除冬季水枯不通轮舟外，平时有民生公司专轮开行。另由本校备一木船，每日往返一次。教职员往来授课及办公者，并由校置备公用滑竿，以资节约时间。

……

七、附属实验学校

本校自始即设有一附属实验学校。在京时，自幼稚园以至高中，班级齐全。抗战军兴，该校始则前往安徽屯溪。不久首都沦陷，皖南告急，又西迁至长沙。二十七年夏，因湘垣终非常久之计，乃决定再迁贵阳。承黔省当局鼎力赞助，搬地在贵阳南门外马鞍山自建校舍。该校现有小学、初中、高中各五班，学生共580余人。主任杨希震先生（抗战胜利后，复迁回南京市三牌楼，仍为中央大学附属学校[3]）。

值得说明的是，在全民同仇敌忾、众志成城之时，大多数高校师生们艰苦朴素、奋发图强，争分夺秒、竭力报国。尤其是抗战时期西南联大的奇迹，至今深入人心，并激

[1] 南大百年实录编辑组编：《南大百年实录中央大学史料选（上卷）》，南京：南京大学出版社，2002年版，第415页。

[2] 南大百年实录编辑组编：《南大百年实录中央大学史料选（上卷）》，南京：南京大学出版社，2002年版，第411~415页。

[3] 朱斐主编：《东南大学史（1902~1949 第1卷）》，南京：东南大学出版社2012年版，第195页。

励国人向前。毋庸讳言，任何时候都有个别浑浑噩噩之辈，令人痛惜。譬如，1945年4月10日，中大学生代表上书，关于本部学生考试作弊，甚至有人“根本请人代考，混过四年”[1]。

图1-2-52　顾孟余

此期之重大事件，莫过于校长罗家伦先生的突然去职。1941年10月，罗家伦先生奉命任滇黔考察团团长，巡视三边，考察滇缅公路。此后任西北建设考察团团长、新疆监察使等。1945年8月，他辞去新疆监察使职，旋即赴欧美等地参加联合国教科文组织的筹组活动。1969年逝世[2]。

接任者顾孟余先生（图1-2-52），经行政院6月15日例会决议继任国立中央大学校长。此项任命于1941年6月8日由国民政府明令发表[3]。1943年2月18日，顾孟余先生辞去中大校长一职[4]。

图1-2-53　蒋中正

此后，国民政府主席、军事委员会委员长（特级上将）、行政院院长、国民党总裁蒋介石，曾经兼任一段时间的国立中央大学校长，至1944年8月卸任[5]，转任“名誉校长”[6]。1943年2月18日，《中央日报》在显要位置登载《蒋委员长兼长中大》[7]（图1-2-53）。蒋介石担任校长期间，最喜欢巡视的地方是食堂和学生宿舍[8]。

1944年8月15日，顾毓琇先生由教育长转被任命为国立中央大学校长（图1-2-54）。18日，顾校长到校视事[9]。

1945年8月4日，国民政府准予顾毓琇先生辞去校长职务[10]。

1945年8月14日，吴有训先生继任校长（图1-2-55）。

❶ 南大百年实录编辑组编：《南大百年实录中央大学史料选（上卷）》，南京：南京大学出版社，2002年版，第449页。

❷ 柳和城：《抗战中的罗家伦》，《世纪》1996年第3期，第46~49页。

❸ 南大百年实录编辑组编：《南大百年实录中央大学史料选（上卷）》，南京：南京大学出版社，2002年版，第431页。

❹ 南大百年实录编辑组编：《南大百年实录中央大学史料选（上卷）》，南京：南京大学出版社，2002年版，第435页。

❺ 刘敬坤：《蒋介石出任中央大学校长始末》，《世纪》2007年第1期，第48~50页。

❻ 史飞翔：《蒋介石钟情当大学校长》，《芳草：经典阅读》2014年第7期，第53页。

❼ 王运来：《蒋介石兼任中央大学校长始末记》，《民国春秋》1996年第4期，第31~34页。

❽ 季为群：《蒋介石大学食堂吃“沙子饭”》，《文史博览》2013年第7期，第21~22页。

❾ 南大百年实录编辑组编：《南大百年实录中央大学史料选（上卷）》，南京：南京大学出版社，2002年版，第441页。

❿ 南大百年实录编辑组编：《南大百年实录中央大学史料选（上卷）》，南京：南京大学出版社，2002年版，第449页。

图1-2-54　顾毓琇

图1-2-55　吴有训

3.准备复员返校

1945年8月15日,中华民族伟大的抗日战争胜利结束。中央大学立即着手成立复原计划委员会,组织师生还都复校。

第95次行政会议记录(节选)[1]

一、本校复员工作应如何计划案

决议:(一)正式组织本大学复员计划委员会,以校长为主任委员,推下列人员为委员会委员:……

(六)在交通可能时,应先派员接收校产,修缮校舍。(七)本大学抗战后学生名额增至四倍,非原有校舍所能容纳,应请政府尽先拨款,添建校舍(图1-2-56)。

10月17日,复原计划委员会第一次会议召开,"测量校本部及柏溪分校、成都各部分校舍面积,以供复原之参考案。决议:由总务处与工学院共同商洽进行"[2]。

[1] 南大百年实录编辑组编:《南大百年实录中央大学史料选(上卷)》,南京:南京大学出版社,2002年版,第479页。

[2] 南大百年实录编辑组编:《南大百年实录中央大学史料选(上卷)》,南京:南京大学出版社,2002年版,第479~481页。

图1-2-56　国立中央大学复员建校工程组全体工作人员合影

加强复原工作方案❶

（1946年8月9日，第七次行政会议修正通过）

一、修理工程之进行

1. 大礼堂、图书馆、生物馆、科学馆、牙医大楼、体育馆及运动场等，由工程组速会同各有关单位洽商修理计划后，即行招标承修。须于8月20日以前完成计划，10月15日以前修理完竣。

2. 各厕所之拆除及改装，须于10月15日以前完成。

3. 各系办公室及实验室等，由各系科自行拟具计划后，与工程组及总务处会商办理。须于9月10日前全部办妥。

4. 丁家桥校舍之修理，俟校舍分配办法决定后，由各有关单位拟具修理计划，须于9月15日以前提出。（图1-2-57）

二、校具之整理（包括各系科用具，课桌、课椅之清点及添置等）

1. 清点接收物品并造具清册，此项工作须于8月20日前办妥。

2. 将所有接收物品重新予以合理分配，此项工作须于8月31日前办妥。

3. 登记已添置之用具后，再行拟具添置计划，此项工作须于9月15日前办妥。

此三项工作，拟请张更、程邦杰、沙学浚三先生负责推动进行。

三、校景之布置（以校本部先行布置为原则）

1. 拟定修理及布置计划，限于8月20日以前完成。

2. 估计人工及经费后即行动工，全部工作限于10月15日以前完成。

此两项工作拟请邹孟千先生与总务处商定后，负责办理。

---

❶ 南大百年实录编辑组编：《南大百年实录中央大学史料选（上卷）》，南京：南京大学出版社，2002年版，第482~483页。

图1-2-57　中央大学丁家桥二部

四、水电修理工程之进行

1.防止水电两项之浪费，由孙希鲁及蒋振两先生负责切实办理，且须于8月底以前完成。

2.在9月底以前，由工程组负责与各有关部分洽商，决定全部水电工程整理计划后，由该组负责在9月底以前完成。

五、校舍之分配

1.各院之校舍分配，统限8月16日以前决定。

2.各系校舍分配，由各院自行分配，统限8月底前决定完毕。

六、宿舍之分配

1.统计下年度教职员人数及家属情况，尤须注意各家人口确数，此项统计工作，须于8月20日前完成。

2.调查现有宿舍之详细情形，此项工作期于8月25日前完成。

3.8月底前彻底清查寄居校内之校外人员。

4.估计最低限度所需要之宿舍数目及其欠缺情形，此项工作须于9月15日前完成。

上列五项工作统拟请郑礼宾、吴功贤两先生负专责办理，由张义尧先生协助之。

七、教室之调查计划

包括：(1)现有之教室数目；(2)下年度必须之教室数目；(3)家属宿舍未完成前之过渡办法。此项工作拟请李海晨先生会同注册组负责办理。此项工作须于9月底前完成。

八、校内马路及下水道之整理

拟请土木系推荐助教或讲师主持，由总务处拨工办理。此项工作须于9月底前办理完竣。

九、公共卫生之改进

包括：(1)环境整理；(2)浴室管理；(3)膳厅之消毒检查；(4)厕所之清洁消毒。此项工作由训导处、总务处及卫生室推派专人负责，限于9月底前完成计划并实施之。

4.沦陷区中央大学

1940年3月，汪伪南京国民政府成立后，伪教育部长赵正平建议恢复“中央大学”。4月，伪行政院通过建立中央大学案，随后接收前南京维新政府在国府路设立“南京大学筹备处”；并在位于紫竹林的市立第二中学旧址，成立“中央大学复校筹备处”，由汪伪教育部长赵正平为主任。另设秘书处，钱慰宗任秘书长。5月，复校筹备处举行临时会议，决定“中央大学”暂设文、法、商、教育、理、工、农、医8个学院，条件具备时增设药学院。7月下旬宣布“中央大学复校”，迁至建邺路中央政治学院原址[1]。

南京沦陷区中央大学首任校长为樊仲云。第一年招收学生630多人，绝大多数都来自沦陷区的省份[2]。以后每年都招收学生1000多人。“中央大学”成为华中日占区规模最大、系科最全、人数最多的一所综合性大学[3]。

图1-2-58　沦陷区“中央大学”毕业生合影

1942年8月，复迁至原金陵大学校舍(图1-2-58)，而建邺路房屋则改充附属实验中小学校校舍[4]。利用金大留下的图书、设备办学，学校规模有所扩大。此后校址未变，直至抗战结束。

1945年8月15日抗战胜利后，重庆国民政府教育部于同年9月下旬下令解散南京“中央大学”，并按照《伪专科以上学校学生、毕业生甄审办法》对学生进行甄别。所有学生均入“南京临时大学补习班”(不久改称“南京临时大学”)补习。这

❶ 邱从强，张炳伟：《试论抗战期间日本在华东沦陷区的奴化教育——以伪中央大学为个案研究》，《南京中医药大学学报(社会科学版)》2002年第3期，第133~136页。

❷ 邱从强：《铁蹄下的抗争——记抗战中的南京中央大学学生》，《江苏地方志》2003年第2期，第27~28页。

❸ 朱守云：《南京中央大学的驱樊运动》，《钟山风雨》2008年第3期，第55~56页。

❹ 南大百年实录编辑组编：《南大百年实录中央大学史料选(上卷)》，南京：南京大学出版社，2002年版，第590页。

一办法公布后，学生们认为这是对沦陷区学生的歧视，进行了反甄审斗争。南京“中央大学”学生组织游行集会和请愿等活动，反对歧视，反对甄审。由于学生们的反对，临时大学作了一些变动，取消甄别考试，改由学生自己按原来年级程序，选择相应院系就读[1]。

1946年，按照国民政府教育部命令，南京、北平、上海、平津四所临时大学撤销，应届毕业生修业期满者，发毕业证，授予学士学位。南京临时大学未毕业者，则按其所学院系与地区，分配到中央大学、安徽大学、上海交大、江苏医学院等校继续学习。在上海临时大学未毕业的原沦陷区“中央大学”学生，土木系和机电系学生大都留在交通大学，少数转入中央大学；化工系学生则分到浙江大学、交通大学和中央大学[2]。近有研究者甚或认为，南京“中央大学”（1940~1945年）应成为中央大学的组成部分[3]，值得商榷。

侵华期间，日寇采取各种手段破坏我国的教育文化机关，特别是对我国的高等学校进行大肆破坏，高等教育的损失达到极其惊人的程度[4]。

---

❶ 古丽娜·阿扎提：《浅论抗战后南京市教育事业的恢复与发展》，《学理论》2013年第11期，第206~208页。

❷ 曹必宏：《汪伪统治下的南京中央大学》，《钟山风雨》2005年第5期，第45~47页。

❸ 朱斐主编：《东南大学史(1902~1949 第1卷)》，南京：东南大学出版社，2012年版，第210页。

❹ 宫炳成：《略论抗战初期国民政府高校的内迁》，《长春工业大学学报(社会科学版)》2003年第3期，第75~77页。

第五节　东还复校——排名亚洲第一的最高学府(1946~1949)

1945年8月15日,日寇无条件投降,举国欢腾。新任校长吴有训到校不久,便着手筹备学校复员东还。9月底,中央大学复员委员会成立。吴有训任主任,江良规、胡家健任副主任。江良规负责重庆复员事宜,胡家健负责南京校产的接收与修缮。成都的医学院和畜牧兽医系的复员工作独立进行。全国教育善后复员会统筹教育部门的复员工作,原定中央大学于1945年年底第一批复员,因水道拥塞、运输工具缺乏、沿途不甚安全及战时各级学校原校舍绝大部分被征用,不能顺利接收等,只得推迟到第二年初进行。全校一万二千多名师生,分八批返京,最后一批师生抵京时,已7月底[1]。

1945年11月28日,校长吴有训赴南京,办理四牌楼校舍接收。同年12月起,复员后的中央大学分一、二两部。文、理、工学院等迁回四牌楼原址,称校本部、一部;医学院、农学院和新生迁到丁家桥,为二部[2]。

吴有训校长十分重视对外交流,他深知交流必须建立在增强自身科学研究实力的基础上。为此,他积极支持教授出国进修、考察,同时促成国外专家、教授来华访问讲学[3]。据此,复员后的中央大学,科研条件有所改善,研究水平也有新的提高[4]。

复员后的中央大学[5]

(1946年)

……战前校舍仅容学生千余人,教职员眷属则均住校外。今学生增加四倍,教职员及眷属因校外无法租屋,亦须居住校内,乃就成贤街东农场旧址,建筑学生宿舍七座,可容3000余人。又接收丁家桥校产整理建设,于是文理法师工五院及农学院一部分与附属医院设于四牌楼,称为本校第一部;医农二院及一年级与先修班设于丁家桥,称为第二;附属中学设于三牌楼前农学院旧址;附属小学分设两处,一设大石桥前实验学校旧址,一设丁家桥本校第二部内。至11月部署完成,开学上课。惟战时残破之余,因陋就简,捉襟见肘,故设备之补充,与校舍之整理,尚在积极妥筹。本校至南高迄今历32年,其沿革之大概及战时迁川与战后复

---

❶ 王德滋主编:《南京大学百年史》,南京:南京大学出版社,2002年版,第255~256。

❷《南京农业大学发展史》编委会编:《南京农业大学发展史历史卷》,北京:中国农业出版社,2012年版,第84页。

❸ 张留芳主编:《治校治教治学南京师范大学办学理念寻踪》,南京:南京师范大学出版社,2003年版,第134页。

❹ 龚放、冒荣编著:《南京大学》,长沙:湖南教育出版社,1995年版,第82页。

❺ 南大百年实录编辑组编:《南大百年实录中央大学史料选(上卷)》,南京:南京大学出版社,2002年版,第484~488页。

原之情形，略述如上。

二、现在的校址

本校与35年夏复员，自重庆成都迁回南京四牌楼及三牌楼，同样并接收丁家桥前南洋劝业会原址之房舍及场地，一并整理。现四牌楼为本校第一部校址，丁家桥为本校第二部校址，三牌楼为附属中学校址。兹分述如下。

（甲）第一部由前两江师范及宁属师范旧址扩充，东至成贤街、西至大石桥、南至四牌楼、北至钦天山，总面积约400亩。又成贤街文昌桥之东与小营接壤，有地百亩，为宿舍区域。本校前门设在四牌楼，此区有文、理、法、师、工五院及农学院之一部分，与医学院之开症医院。其重要建筑物如下：

（1）大礼堂：正对校门，位居中央。礼堂内可容3000人，两翼为本校行政部分办公楼。

（2）图书馆：在大礼堂之西南，原有书库，已于沦陷时为敌改造，藏书钢架，荡然无存。恢复旧观，殊非易事。其时前面有平房两排，农学院之一部分在此。

（3）体育馆：分上下两层，上层为健身房，下层为办公室、教室、淋浴室、更衣室、储藏室等。游泳池在其北，运动场在其东。

（4）科学馆：在大礼堂之东南，理学院之数学系，物理系，地质系，地理系及化学系，心理系之一部分设于此。

（5）生物馆：在科学馆之南，理学院生物系之实验室、标本室、教室、研究室等在此。

（6）中山院：在校门之东，文学院各系之教室、研究室、图书室等在此。

（7）东南院：在中山院之东，法学院各系之研究室、教室、图书馆等在此。

（8）新教室：在东南院之北、科学馆之南，工学院各系之教室、实验室、图书室等在此。

（9）工学院工场：金工厂、木工厂、电力实验室、电信实验室、水力试验室、材料试验室、风洞室、引擎室等，均在大礼堂及运动场之北。

（10）南高院：在运动场之南，师范学院各系除体育系设在体院馆，艺术系之音乐教室设在六朝松下梅庵外，其余各研究室、教室、图书室等在此。又理学院地理系及心理系之一部分，亦设于此。

（11）牙科大楼：在科学馆之北，症医院设于此，校医室在其后。

（12）旧医学院：医学院院址今设在丁家桥，所遗旧址，供理学院之气象系、化学系及其他教室之用。

(13)学生宿舍:在成贤街之东,与小营接壤,共有宿舍七座,可容学生3232人。膳堂、浴室、理发室等附之。

(14)教职员宿舍:(一)在成贤街文昌桥之东,学生宿舍之南。(二)在校门之西,新建活动平房,名曰自治新村。(三)旧教习房,在体育馆之西,六朝松之南。

(乙)第二部 在丁家桥之北,为南洋劝业会原址,由华侨张煜南先生捐赠。抗战以前,北部空地辟为农场,南部房舍为交辎学校所借用;沦陷期间成为敌军仓库。受降后先由国防部接收,本校复员后交涉,向国防部收回加以整理。35年11月医学院全部及农学院之一部分,与一年级之先修班先后迁入,为本校第二部校址。南至丁家桥、北至筹市口、东至芦席营、西至模范马路,全部成长方形,面积约1000余亩。医学院位于西南,有校舍30余幢,较为完整。农学院位于东南,亦有校舍30余幢,靠东一部分划为药业校址。一年级及先修班居于中,校舍皆是木房仓库,尚未改造,教职员宿舍建于木房之后。北部空地为农学院之苗圃及农场,此区面积宽广,位置适宜,将来可建成理想之校舍。公则因陋就简,尚在草创时期也。

(丙)附属中学 地址在三牌楼校门口,原为清将弁学堂,旋改称陆师学堂,光绪末改设江南实业学堂,鼎盖后以改为江苏省立第一农业学校。民国16年国府建都南京,该处划归本校,指定为农学院院址。复员以后拨作附中校舍。该处总面积约300余亩,福建路亘其中,将校址划为二区。南部占地约百余亩,有西式楼房四幢,西式平房八幢,旧式平房五幢,多数系逊清时建造,最后加以修葺,已焕然一新。35年秋,新建学生宿舍一座,厨房、浴室各一所,厕所三所,活动房屋六幢,平房30余间,全部划作附中校舍,尚感拥挤,不敷分配。北部占地200余亩,计有西式楼房四幢,平房十六幢,现为国防部后勤部军医署第一卫生材料库,及国防部联勤部经理署马政司兽医材料库所借住,闻不久将归还本校使用云。

(丁)附属小学

(1)大石桥附小 复员后仍设在大石桥,前实验学校旧址。现有西式楼房两幢,计大小18间,排为第一院第二院;西式平房二幢,计大小14间,排为第三院及东平房。共有办公室一间,幼儿园二间,教室十一间,教职工宿舍二间,又门房及杂屋共四间。

(2)丁家桥附小 校址在丁家桥大学第二部内,现有西式平房三排,计有教室八间,幼儿园一间,办公室一间,教职员宿舍三间,杂屋一间。

三、历任校长

……

总务处报告事项[1]

（1947年5月3日）

本校自上届校务会议以后，迄今一年，在此期间学校集中全部精力办理复员事宜。先成立复员委员会，由吴校长任主任委员，江良规、胡家健两先生任副主任委员。江良规先生在重庆主持复员还都事宜，胡家健先生在南京主持准备复校事宜。嗣后重庆方面，又设立留渝办事处主持结束事宜。南京方面于34年秋季成立接收委员会，主持在京校舍校产之接收事宜。继为加强本校复校与建校工作起见，又先后设立各种委员会，分别主持各项工作。例如，本校复员开始，又成立建筑委员会及工程组，主持校舍之修建及大宗设备添置事宜；教职工宿舍管理委员会，主持教职工宿舍之分配与管理事宜；校具保管委员会，主持校具之保管分配事宜；丁家桥接收建设委员会，主持丁家桥校舍接收及建校等工作。总务处一年来之工作，即配合上列各机构，集中全力以赴之。兹举其荦荦大者数端，分重庆、南京两方面，略述于后：

甲、重庆方面

一、复员经费之筹划及申请——复员开始首须确认经费，本处由前胡总务长会同复员委员会及会计室编制复员经费预算，呈请教育部核列国立各学校迁校费用，并请从宽分配。经继续呈请，继续领用，截至目前止，共领到复员经费81亿余元。

二、调查及制做装运公物之木箱——本校规模宏大，公物极多，本处事先将各院系处组室所需木箱数量及种类详加调查，包工制做，共计甲乙丙及特种木箱1400余只，按时分发各单位应用。

三、派员参加复员委员会处理复员工作——本校计有员生及眷属12000余人，复员工作至为繁重，除总务处职员全体参加工作外，复员委员会复于本处调派人员协助办理。如重庆、南京两方面公私物品之收运、庶务之处理及参加各交通站，办理转运事宜等。

四、拆运校具来京装配——本校存渝校具择其较易运输者，以木船运京装配，以应急需。计双层床446张（已改制方凳1800张及两屉桌1100张），办公桌222张，绘图板1200块，尚有试验桌面、黑板及图书馆书架等200余件。其不能运京及不必运京之剩余物品，则由留渝人员集中保管，待命处理。

重庆校舍之移交——本校重庆校舍经本处会同校产清理委员会及

---

[1] 南大百年实录编辑组编：《南大百年实录中央大学史料选（上卷）》，南京：南京大学出版社，2002年版，第496~500页。

留渝办事处人员分别移交，计柏溪及小龙坎之校舍（地产保留）移交青民中学接管，松林坡之校舍分交于重庆大学及中央工校接管[1]。

乙、南京方面

一、校舍之接收——本校校本部胜利前被敌人占作军事医院，胜利后被国防部接收改为陆军医院。后经本校接收委员会几经交涉，始行迁让。而本校丁家桥校产则为国防部联合勤务总司令部接收，作为仓库。经本处会同丁家桥接收委员会交涉多次，后经陈辞修部长饬联勤部迁让。并除将本校原有校产归还外，又将原劝业场旧址及房屋，一并拨交本校，为扩充之用。该地面积计有800余亩，房屋100余幢，虽甚破旧，但为数不少，亦可稍解本校房屋缺乏之恐慌。

二、收购土地及房屋——本校战前原无教职员及眷属宿舍之供给，此次复员还都，住房问题严重，且学生亦增加5倍有奇。为解决员生住宿问题，须筹建宿舍，更须先行收购地皮。爰经建筑委员会决定，先后分别收购四牌楼、兰园、九华山、高楼门等处土地，共计83亩余，及西式楼房七幢，共计价款50756.460万元。

三、活动房屋之交涉——行政院善后救济总署，由美运到之军用活动房屋材料甚多，经迭向行政院交涉，始获准拨发152栋。除分拨医学院、农学院、及附中、附小共30余栋为学生宿舍外，分建于图书馆前、九华山及丁家桥等处。两层楼房为教授住宅，一层者为职员宿舍。

四、校舍之建筑修理及校具之添置——此次复员还都，以京市房荒问题严重，本校教职员及学生住宿问题，如不解决，则根本无法开学。爰经复员委员会决定，除上述活动房屋外，又在文昌桥兴建学生宿舍大楼七幢，及饭厅、浴室、厨房、厕所等，同时校内各院办公室、教室等亦均大致修整（由工程组办理）。复员委员会工程组与总务处公务组工作范围之划分，前经行政会议决定，凡工程价款在500万元以上者由工程组办理，500万元以下者由公务组办理。所有较大之建筑及修理工程由复委会工程组办理，另有工程组书面报告外，其由总务处公务组办理者，除零星较小工程由组雇工自做者外，计招商承包之房屋修缮及校具添置工程共51案，计共经费16586万元。嗣以上学期亟待开学，而各院系需要修理之建筑及设备甚多，公务组实难以应付。为能迅赴事功，爰经行政会议议决将复员费之修建及设备经费由各院分配，其修建及设备事项可由各院视本身需要，自行办理。

五、水电设备之修整——本校之水电工程，其新建筑房屋前均由工

[1] 南大百年实录编辑组编：《南大百年实录中央大学史料选（上卷）》，南京：南京大学出版社，2002年版，第497页。

程组办理,嗣成立水电设备股办理水电工程。除工程组办理者由工程组报告外,水电股经办者如第一部、第二部等之架设路灯,改换全部旧杆,整理全部内外线,改装各房舍进火线,拆除旧水管,整理水龙头,修整电话,总机架设分机,及分别装设或修理各教职员宿舍、学生宿舍、科学馆、生物馆、牙科大楼、医学院、生理生化两科等各处之水电工程。

六、还都员生之接待——本校此次复员还都之员生及眷属12000余人,还都后一切供应均感不便,自所必然。经学校决定,将全部校舍暂作员生及眷属临时宿舍,以解决住宿问题。每批还都员生到京时,由本处派车接待来校,随由宿舍管理委员会派定教职员宿舍,训导处派定学生宿舍,再由本处勤务股代为搬运行李。至膳食及水电等一切供应,均力求增加同仁之方便。

七、公私物之收运及提送——各院系处组室之公物木箱,及私人行李衣物于重庆交公私物收运股点收后,由交通组交民生公司代为运京,并由南京方面公私物收运股于每批公私物到京时,办理提运、保管及分送各院系处组室。截止目前止,已运到4700箱,如加私人行李,当在万件以上。

八、文书工作之处理——自上年7月至目前止,计共收文1645件,登文1864件,归档2108件,调卷1426件。至重庆运回之历年档卷,因战前原有卷柜60全部损失,现尚未制作,致未能启箱整理,故检卷至感困难。

九、校具之查点及登记——校具为学校财产之一部,此次复员后一切均等于创始,各处分散凌乱之校具,亦亟须查点登记,列造清册。此项工作经由保管组专人办理,除少数部分之校具尚未清查登记外,现已登记列册者计有14944件。

十、配合招生委员会办理招生事宜——35年度第一学期,为本校复员后第一次招生,所有校舍均已为员生及眷属住满,而投考学生达万余人,即考试一项已至困难(计考区12处,考场100余个)。本处在招生委员会主持下,配合办理、适应需要,一切尚能顺利蒇事。

十一、成立工务、管理、保管三组——本校复员后,范围已较在渝为大,事务亦更较繁重复杂。所有工务、勤务、保管三方面工作,均集中于事务组,颇感难以应付。学校当局为加强组织、增进效率起见,于35年11月8日提经行政会议决定,将工务、勤务、保管三股改为工务、管理、保管三组,直辖总务处,现三组已先后分别成立。

十二、裁减超额工友——本校还都伊始,工友原未超额;嗣以公物运到而各院系亦均急谋恢复,以便开学,以事实需要,工友遂逐渐增加,且丁家桥接收后范围至大,环境不整,需待大事清理,始可应用。故去年10月份仅有工人145名,而12月份骤增337名,因之全校工人总数达1238

名。与教育部规定名额相较，计超过200名。此项超额工友之工资，前系于复员费内开支，现复员会结束，此项工资无由报销。经行政会议决定，将超额之数予以裁减。本处亦已遵照办理，计裁减62名，现尚余1176名，与教育部核准数相较，仍超138名。现将公务组之水、木、漆、铜及水电股之水、电等技工，均作临时雇工计算。

十三、计划收购丁家桥被圈民地——国防部移交本部丁家桥地产内，有于沦陷时期被敌伪圈用之民地共181户，计309亩，包括于本校地产内。为应本校目前之需要及将来之发展，此项地产应按收复区土地权利清理办法之规定予以收购。现已协议成立，给付价款，办妥收购手续者有孙慕欧一户，计土地五分一厘一毫，西式平房一幢，共计价款1500万元。其余各户，屡次来校交涉，要求免收，将来能否顺利收购，尚成问题。

十四、本校火灾经过——本年一月间，报载各地学校连续被奸人纵火，情形极为紧张。总务处曾经召集有关人员会商对策，经将手摇救火机修理，并向震旦购有灭火弹及灭火机多架，本拟购置番布水带，因需价数千万元，而本校经费困难，无力负担此项费用，故作罢论，经依消极之防范，各重要房屋设有堆沙储水之准备，并由负责员警时加戒备。本年3月22日，复以庆文字第二六九四号呈文，呈请教育部将本校所有校舍、仪器等件保险，尚未奉准。讵料本月16日晨四时五十分，大礼堂后西排木平房、第二排中央存贮图书馆用尚待油漆木椅之室内，突然起火。当时因无员工居住该处，无法及时灭火。迨居住附近之员工闻讯赶至，已成燎原之势。致该排前后毗连之木房四座，悉付一炬，幸承各消防队及救火会及时赶至，未至蔓延。此次受火灾损失较大者为工学院电力实验室。至起火原因，经再三研究当时情况，起火室中向无人居，亦未安设电灯线，并经查询有关人员，始终无失慎线索可寻。且本月15日晚十一时，总务处处长曾率人巡视各处，未发现任何可引起自燃之物，显为宵小纵火使然。兹已将经过及损失列册，呈报教育部，请求特拨紧急救济费，籍资补救云。

复员委员会工程组报告事项[1]

（1947年5月3日）

查本校自胜利复员以来，由胡前总务长、刘前工学院长奉吴校长之命，继接收委员会之后，先后飞京筹划复员修建工程事宜。而本校人员

[1] 南大百年实录编辑组编：《南大百年实录中央大学史料选（上卷）》，南京：南京大学出版社，2002年版，第500~501页。

之众、幅员之大，举凡食宿教习之需，必须大量建筑，方可供应；亦需专门组织，始能进行。爰奉命设工程组隶复员委员会，聘刘院长主其事，任正主任，分函各地本校建筑、土木系各毕业同学，归为母校服务，先后应聘者计18人。而工作繁重时，人员每感不敷分配，复借调土木建筑系助教及各该系高材生十人，分任其事。

工程地点散处丁家桥、三牌楼、九华山各地，而各项原有建筑，均经历年敌伪盘据，破坏特甚。全部数量不敷实巨，修缮之外，尤赖新建。综计经办工程，约有校本部、丁家桥、三牌楼、附中等处之各项教室、图书馆、体育馆、办公室等之修理，文昌桥学生宿舍、膳室、浴室、厕所等，及九华山、校本部、分校等处之教职工宿舍之建造，以及水电、家具等项。上述工程之设计用材均基于经济实用之原则，以撙节经费。后复经学校当局之接洽，由善后救济总署拨关岛式活动房屋152幢，配装为宿舍及其他用途，节省经费不少。

本组成立伊始，即承建筑系诸教授设计学生、员工宿舍、膳堂等计划，着手勘地丈量，监督施工，并补绘各项工程详图。嗣后各项修建工程之计划、图说，测绘土地，配装房屋。本校第一部家具之设计、监制，水电之修理、装置，与编制预算、审核估帐，以及一切招标、签约与行政之处置，均由本组策划处理，戮力以赴，幸无陨越。后以工作过于繁重，签准将水电工工程交水电工程股，一部修理工程，交事务组(现为公务组)办理，以增效率。

自去岁筹备动工以后，迄今适一易寒暑。经办工程包括修理、新建计133幢，铁床木器计16560件，以及水电零星等项，共计造价国币485101.6745万元。零星工程系采取比帐方式，余均呈准预算，由审教两部派员监视，及本校有关各方，会同招标、决标，以符法令，而昭郑重。至于参加之营造、木器厂商，亦均公开登报登记，审查合格。营造厂有六合新亨、新金记、大华、茂泰等，木器厂有沈金泰、张泰记、文元等。所有工作大致与图说符合完工者，均经有关各方验收完竣。

各项修建工程已完工验收者56幢，木器铁床完工验收者12560件，零星工程均已验收。年来因受时局、币值、物价等影响，致人工几经调整，材料迭次飞涨，尤以去岁年终为甚。查去岁动工迄今，人工已三度调整，涨达三倍，木料已涨三倍余，水料涨四倍余，五金涨七倍余。本校未完工程之厂商，因调整工资问题未获解决，相率与本京各厂停工，达二月余。现经分别催促，一部已呈准将未付款项提前支付，会同总务会计室监督付款，办料付工、先行动工。最近转奉国防最高委员会通过关于营造商调整工资核算办法四项，经本组拟具意见，提交本校修建工程处理委员会，由审教两部派员监核，想不久即可解决。除大地部分已由校方

委请律师法究外，其余工程当可如约完工。

1947年，吴有训先生出国公干，由戚寿南先生代理校长（图1-2-59）。

此期的中央大学持续发展。值得骄傲的是，在1948年普林斯顿大学公布的世界大学排名中，中央大学"力压东京帝国大学（现在的东京大学），成为亚洲第一"[1]。

1949年元旦前，中央大学接到教育部有关迁校的密电。校长周鸿经（图1-2-60）奉命派人分赴广州、厦门、台湾寻觅校址，并将图书、仪器等装箱，准备搬迁[2]。1949年1月15日，胡焕庸在厦门大学寻得校舍[3]。1月21日，校长周鸿经即要求教育部协助寻觅新校址而呈函[4]。23日，周鸿经校长在校务会议上提出迁校厦门案，被当场否决[5]。

图1-2-59　戚寿南

图1-2-60　周鸿经

校长周鸿经、训导长沙学浚、总务长戈定邦遂于1月25日弃职离校。周鸿经等出走后，教授会决议，成立校务维持委员会，选出欧阳翥、郑集、张更、蔡翘、刘庆云、梁希、吴蕴瑞、胡小石、楼光来、吴传颐、刘敦桢等11名委员，推定胡小石、梁希、郑集为常务委员。校务维持委员会代行校长职权，"维持"校务[6]。

---

❶ 王鑫：《重回民国上学堂》，武汉：湖北人民出版社，2013年版，第123页。

❷ 徐承德、虞朝东：《南京百年城市史 1912-2012 9 教育卷》，南京：南京出版社，2014年版，第159页。

❸ 南大百年实录编辑组编：《南大百年实录中央大学史料选（上卷）》，南京：南京大学出版社，2002年版，第522页。

❹ 南大百年实录编辑组编：《南大百年实录中央大学史料选（上卷）》，南京：南京大学出版社，2002年版，第523页。

❺ 中共南京市鼓楼区委宣传部、中共南京市鼓楼区委党史工作办公室编：《虎踞群英》[苏宁出准字第（97）011号]，第131页。

❻ 朱斐主编：《东南大学史 1902-1949 第1卷》，南京：东南大学出版社，2012年版，第233页。

第六节 拆分与合并——化一枝独秀为漫天星斗的高校航母

图1-2-61 国立南京大学校门

1949年4月23日，南京解放。8月8日，南京军管会决定将国立中央大学的校名改为“国立南京大学”。1950年10月10日，据教育部有关通知，又改校名为“南京大学”(图1-2-61)❶。

1952年7月26日，全国高校院系调整中，公立金陵大学与南京大学合并❷。南大文、理、法学院与金陵大学文理学院合并，仍名南京大学(图1-2-62)。10月1日，在原金陵大学校门举行调整后的南京大学横匾揭幕典礼❸。

图1-2-62 1952年，在拆分后的南京大学校门前合影

据此，“南京大学各学院拆分为南京大学、南京工学院、南京农学院等诸多学校，名噪一时的超级大学从此解体”❹。其中，南京大学实力超群。据不完全统计，我国近千位中科院院士中，有200多位在南京大学学习或工作过❺。

鉴往知来，有比较才有鉴别。对中国大学现状及其趋势的理解，需以历史为参照。所谓比较，主要有二，一为横向，一为纵向；二者交融，进行纵横交错的比照考察有其必要。中国大学的改革，自然可以借鉴域外的经验，但最直接且最有效的资源很可能还是民国的大学❻。

中国现代大学教育起步虽晚，但正如一些有识者所指出的，中国现代大学教育的起点并不低。这其中的原因很多，一方面得益于中国固有的私人讲学和书院制度；更重要的还在于那时的大学校长们所特有的办学精神。这种精神集中体现在，他们以自己的人格力量，在内忧外患、民不聊生的时代，为中国现代大学的发展做出了不朽的贡献，为中国现代大学的形成构建了雏形。中国现

❶ 闵卓主编，东南大学人文学院编：《东南大学文科百年纪行》，南京：东南大学出版社，2003年版，第54页。
❷ 季为群：《百年沧桑百年发展——南京大学百年史略》，《江苏地方志》2002年第4期，第39~40页。
❸ 杜闻贞：《一个幸运知识分子的坎坷》，南京：江苏人民出版社，1999年版，第21页。
❹ 王鑫：《重回民国上学堂》，武汉：湖北人民出版社，2013年版，第123页。
❺ 徐立刚：《百年学府——南京大学》，《档案与建设》2002年第4期，第29~32页。
❻ 刘超：《中国大学的去向——基于民国大学史的观察》，《开放时代》2009年第1期，第47~68页。

代大学以1888年为起点,1928年为转折,1949年终结❶。

民国著名大学校长们的办学理念与治校方略虽不尽相同,有的甚至还截然相反,但是却都持之有据、自成一家,真实地体现出大学校长办学的自主性和思想的多元化❷。

综上所述,我国现代史上的新兴大学,在价值取向上追求"思想自由""学术独立",在组织管理上推行"教授治校",恰恰适应了这种文化传递的要求。在这样的管理体制下,大学学术自由在一定程度上得到保障,教授群体所拥有的学术权力得以很好发挥。在当时,相应的教授会、评议会等组织制度为教授参与学校管理提供了制度上的支持,大学教授群体方得以在教育方针、课程编制、学位授予甚至教务行政人员的任免等诸多方面,都有决策权,充分实现对大学的"内行"治理;大学内部从而涌现出诸多学术大师,培育一代又一代精英人才。这些均对当前我国高校内部管理体制的改革,有着极为重要的启示❸。

---

❶ 王建华:《中国近代大学的形成与发展——大学校长的视角》,《清华大学教育研究》2000年第4期,第159~166页。

❷ 王运来:《民国著名大学校长办学之道撷要》,《现代大学教育》2015年第3期,第86~92页。

❸ 赵章靖、刘晓晓:《民国时期"教授治校"体制分析——罗家伦时期的清华大学》,《大学(学术版)》2009年第11期,第66~75页。

第七节 附录——《中央大学之使命》与中央大学历任校长

附录1:罗家伦《中央大学之使命》

中央大学之使命[1]

(罗校长于10月17日在本校总理纪念周演讲)

当此国难严重期间,本大学经停顿以后,能够以最短的时间,由积极筹备至于全部开学上课,并且有今天第一次全体的集会,实在使我们感觉得这是很有重大意义的一回事。

这次承各位教职员先生的好意,旧的愿意继续惠教,新的就聘来教,集中在我们这个首都的学府,积极努力于文化建设的事业,这是我代表中央大学要向各位表示诚恳谢意的。

本人此次来长中大,起初原感责任之重大,不敢冒昧担任。现在既已担负这个重大的责任,个人很愿意和诸位对于中大的使命,共同树立一个新认识。因为我认为办理大学不仅是来办理大学校普通的行政事务而已,一定要把一个大学的使命认清,从而创造一种新的精神,养成一种新的风气,以达到一个大学对于民族的使命。现在,中国的国难严重到如此,中华民族已临到生死关头,我们设在首都的国立大学,当然对于民族和国家,应尽到特殊的责任,就是负担起特殊的使命,然后办这个大学才有意义。这种使命,我觉得就是为中国建立有机体的民族文化。我认为个人的去留的期间虽有长短,但是这种使命应当是中央大学永久的负担。

本来,一个民族要能自立图存,必须具备自己的民族文化。这种文化,乃是民族精神的结晶,和民族团结图存的基础。如果缺乏这种文化,其国家必定无生命的质素,其民族必然要被淘汰。一个国家形式上的灭亡,不过是最后的结局,其先乃由于民族文化和民族精神上的衰亡。所以今日中国的危机,不仅是政治社会的腐败,而最要者却在于没有一种整个的民族文化,足以振起整个的民族精神。

我们知道:民族文化乃民族精神的表现,而民族文化之寄托,当然以国立大学为最重要。英国近代的哲学家荷尔丹(Lord Haldane)曾说:“在大学里一个民族的灵魂,才反照出自己的真相。”可见创立民族文化的使命,大学若不能负起来,便根本失掉大学存在的意义;更无法可以领

[1] 南大百年实录编辑组编:《南大百年实录中央大学史料选(上卷)》,南京:南京大学出版社,2002年版,第296~301页。

导一个民族在文化上的活动。一个民族要是不能在文化上努力创造,一定要趋于灭亡,被人取而代之的。正所谓"子有钟鼓,勿鼓勿考;子有廷内,勿洒勿扫;宛其死矣,他人是保。"其影响所及,不仅使民族的现身因此而自取灭亡,并就是这民族的后代,要继续创造其民族文化,也一定不为其他民族所允许的。从另一方面看,若是一个民族能努力建设其本身之文化,则虽经重大的危险,非常的残破,也终久可以复兴。积极的成例,就是拿破仑战争以后,普法战争以前的德意志民族。我常想今日中国的国情,正和当日德意志的情形相似。德国当时分为许多小邦,其内部的不统一,比我们恐怕还有加无已;同时法军压境,莱因河一带俱分离而受外国的统治。这点也和我们今日的情形,不相上下。当时德意志民族历此浩劫还能复兴,据研究历史的人考察,乃由于三种伟大的力量:第一种便是政治的改革,当时有斯坦(Stein)哈登堡(Hardenberg)一般人出来,把德国的政治改良,公务员制度确立,行政效能增进,使过去政治上种种分歧割裂散漫无能的缺点,都能改革过来。第二种是军事的改革,有夏因何斯弟(Scharnhorst)和格莱斯劳(Gneisnau)一般人出来,将德国的军政整理,特别是将征兵制度确立,并使军事方面各种准备充实,以为后来抵御外侮得到成功的张本。第三种便是民族文化的创立,这种力量最伟大,其影响最普遍而深宏,其具体的表现便靠冯波德(Wihelm von Humbodt)创立的柏林大学,和柏林大学的弗斯德(Fichte)一般人,对于德国民族精神再造的工作。所以现代英国著名的历史家古趣(G.P. Gooch)认定创立柏林大学的工作,不仅是德国历史上重要的事,并且是全欧洲历史上重要的事。尤能使我们佩服的便是当年柏林大学的精神。在当时法军压境,内部散乱的情况之下,德国学者居然能够在危城之中讲学,以创立德意志民族文化自任。弗斯德于1807年至1808年间在对德意志民族讲演里说:"我今天乃以一个德意志人的资格向全德意志民族讲话,将这个单一的民族中数百年来因种种不幸的事实所造成的万般差异,一扫而空。我对于你们在座的人说的话是为全体德意志民族而说的。"现在我们也需要如此,我们也要把历史上种种不幸事实所造成的所有差异,在这个民族存亡危迫的关头,一扫而空,从此开始新的努力。德意志民族的统一,就是由于这种整个的民族精神先打下了一个基础。最后俾士麦不过是收获他时代的成功。柏林大学却代表当时德意志民族的灵魂,使全德意志民族都在柏林大学所创造的一个民族文化之下潜移默化而形成为一个有机体的整个的组织。一个民族如果没有这种有机体的民族文化,决不能确立一个中心而凝结起来;所以我特别提出创造有机体的民族文化为本大学的使命,而热烈诚恳的希望大家为民族生存前途而努力!

讲到有机体的民族文化，我们不可不特别提到其最重要的两种含义：第一，必须大家具有复兴中华民族的共同意识。我们今日已临着生死的歧路口头，若是甘于从此灭亡，自然无话可说，不然，则惟有努力奋斗，死里求生，复兴我们的民族。我们每个人都应当在这个共同意识之下来努力。第二，必须使各部分文化的努力在这个共同的意识之下，成为互相协调的。若是各部分不能协调，则必至散漫无系统，弄到各部分互相冲突，将所有力量抵消。所以无论学文的、学理的、学工的、学农的、学法的、学教育的，都应当配合得当，精神一贯，步骤整齐，以趋于民族文化之建立的共同目标。中国办学校已若干年，结果因配置失宜，以致散漫杂乱，尤其是因为没有一个共同民族意识从中主宰，以致种种努力各不相谋，结果不仅不能收合作协进之功效，反至彼此相消，一无所成。现在全国的大学教授及学生，本已为数有限，若是不能同在一个建设民族文化的目标之下努力，这是民族多大的一件损失?长此以往，必至减少，甚至消灭民族的生机。人家骂我们为无组织的国家，我们应当痛心。所以我们所感觉的不仅是政治的无组织，乃是整个的社会无组织，尤其是文化也无组织。今后我们要使中国成为有组织的国家，便要赶快创立起有组织的民族文化，就是有机体的民族文化来。

我上面就德意志的史实来说明我们使命的重要，并不是要大家学所谓“普鲁士主义”，而是要大家效法他们那种从文化上创造独立民族精神的努力!

我们若要负得起上面所说的使命，必定先要养成新的学风。无论校长、教职员、学生都要努力于移转风气。由一校的风气，转移到全国的风气。事务行政固不可废，但是我们办学校，不是专为事务行政而来的，不是无目的去办事的。若是专讲事务，那最好请洋行买办来办大学，何必需要我们?我们要认识，我们必须有高尚的理想以为努力的目标，认定理想的成功比任何个人的成功还大。个人任何牺牲，若是为了理想，总还值得。我认为必须新的学风养成，我们的使命乃能达到。

我们要养成新的学风，尤须先从矫正时弊着手。兄弟诚恳的提出“诚朴雄伟”四字，来和大家互相勉励。所谓诚，即谓对学问要有诚意，不以为升官发财的途径，不以为文饰资格的工具。对于我们的使命更要有诚意，不作无目的的散漫动作，坚定的守着认定的目标去走。要知道从来成大功业成大学问的人，莫不由于备尝艰苦，锲而不舍的做出来的。我们对学问如无诚意，结果必至学问自学问，个人自个人。现在一般研究学术的，都很少诚于学问。看书也好，写文章也好，都缺少对于学问负责的态度。试问学术界气习如此，文化焉得而不堕落?做事有此习气，事业焉得而不败坏?所以我们以后对于学问事业应当一本诚心去做，至于

人与人间之应当以诚相见，那更用不着说了。

其次讲到朴。朴就是质朴和朴实的意思。现在一般人皆以学问做门面，作装饰，尚纤巧，重浮华；很难看到埋头用功，不计功利，而在实际学问上作远大而艰苦的努力者。在出版界，我们只看到一些时髦的小册子，短文章，使青年的光阴虚耗在这里，青年的志气也销磨在这里，多可痛心。从前讲朴学的人，每著一书，往往费数十年；每举一理，往往参证数十次。今日做学问的和著书的，便不同了。偶有所得，便惟恐他人不知；即无所得，亦欲强饰为知。很少肯从笃实笨重上用功的，这正是庄子所谓"道隐于小成，言隐于荣华"的弊病。我们以后要体念"几何学中无王者之路"这句话，复须知一切学问之中皆无"王者之路"。崇实而用笨功，才能树立起朴厚的学术气象。

第三讲到雄。今日中国民族的柔弱萎靡，非以雄字不能挽救。雄就是"大雄无畏"的雄。但是雄厚的气魄，非经相当时间的培养蕴蓄不能形成。我们看到好斗者必无大勇，便可觉悟到若是我们要雄，便非从"善养吾浩然之气"着手不可。现在中国一般青年，每每流于单薄脆弱，这种趋势在体质上更是明显的表现出来。中国古代对于民族体质的赞美很可以表现当时一般的趋向。譬如诗经恭维男子的美，便说他能"袒裼暴虎，献于公所"；或是"赳赳武夫，公侯干城"。恭维女子的美，便说他是"硕人颀颀"。到汉朝还找得出这种审美的标准。唐朝龙门的造像，也还可以表现这种风尚。不知如何从宋朝南渡以后，受了一个重大的军事打击，便萎靡不振起来。陆放翁"老子犹堪绝大漠，诸君何至泣新亭"的诗句，虽强作豪气，已成强弩之末。此后讲到男子的标准，便是"有情芍药含春泪，无力蔷薇卧晓枝"一流的人。讲到女子的标准，便是"帘卷西风，人比黄花瘦"一流的人。试问时尚风习至此，民族焉得而不堕落衰微?今后吾人总要以"大雄无畏"相尚，挽转一切纤细文弱的颓风。男子要有丈夫气，女子要无病态。不作雄健的民族，便是衰亡的民族。

第四讲到伟。说到伟便有伟大崇高的意思。今日中国人作事，缺乏一种伟大的意境，喜欢习于小巧。即论文学的作风，也从没有看见谁敢尝试大的作品，如但丁的《神曲》，哥德的《浮士德》，而以短诗小品文字相尚。我们今后总要集中精力，放开眼光，努力做出几件大的事业，或是完成几件大的作品。至于一般所谓门户之见，尤不应当。到现在民族危亡的时候，大家岂可不放开眼光，看到整个民族文化的命运，而还是故步自封，怡然自满?我们只要看到整个民族生存之前途，一切狭小之见都可消灭。我们切不可偏狭纤巧，凡事总须从大的方向做去，民族方有成功。

我们理想的学风，大致如此。虽然一时不能做到，也当存"高山仰止，景行行止"的心理。若要大学办好，学校行政也不能偏废，因为大学

本身也是有机体的。讲到学校行政,不外教务行政和事务行政两方面。关于前者,有四项可以提出:第一要准备学术环境,多延学者讲学。原在本校有学问的教授,自当请其继续指教,外面好的学者也当设法增聘。学校方面,应当准备一个很好的精神和物质环境,使一般良好的教授都愿意聚集在本校讲学,倡导一种新的学风,共同努力民族文化的建设。在学生方面,总希望大家对于教授有很好的礼貌。尊师重道,学者方能来归。

第二是注重基本课程,让学生集中精力去研究。我们看到国内大学的通病,都是好高骛远,所开课程比外国各大学更要繁复,更要专门,但是结果适得其反。我们以后总要集中精力,贯注在几门基本的课程上,务求研究能够透沏,参考书能看得多。研究的工具自然也要先准备充足。果能如此,则比较课目繁多,而所得者何止东鳞西爪的要更实在。

第三是要提高程度,这是当然必要的。但我们如果能做到上面两项,也自然提高。我们准备先充实主要的课程,循序渐进,以达到从事高深研究的目标。

第四是增加设备。中大前此行政费漫无限度,不免许多浪费的地方。所以设备方面,自难扩充。我们以后必须从这点竭力改良,节省行政费来增加设备费。这是本人从办清华大学以来一贯的政策。

关于学校事务行政,亦属重要。现在可以提出三点来说:

第一是厉行节约,特别是注重在行政费之缩减。要拿公家的钱用来做自己的人情,是很容易的事。一旦节约起来,一定会引起许多不快之感。这点我是不暇多顾的,要向大家预先说明。

第二是要力持廉洁。我现正预备确立全校的会计制度,使任何人无从作弊,并且要使任何主管也无从作弊。本校的经费,行政院允许极力维持,将来无论如何,我个人总始终愿与全校教职员同甘苦。大家都养成廉俭的风气,以为全国倡。

第三是要增加效能。过去人员过多,办事效能并不见高。我们以后预算少用人、多做事,总希望从合理化的事务管理中,获得最大的行政效能。使每一个人员能尽最大的努力,每一文经费获得最经济的使用。

本人自九月五日方才视事,不及一月,而十月三日即已开学,十一日已全校上课。在此仓猝时间,自有种种事实上的困难,许多事未能尽如外人和本人的愿望。这种受时间限制的苦痛,希望大家能够有同情的谅解。不过居然能全部整齐开学上课,也是一件不容易而可以欣幸的事。希望以全校的努力把中大这个重要的学术机关,一天一天的引上发展的轨道,以从事于有机体的中国民族文化的塑造。我们正当着民族生死的关头,开始我们的工作,所以更要认清我们的使命,时刻把民族的存亡一

个念头存在胸中，成为一种内心的推动力，由不断的努力中，塑造有机体的民族文化，以完成复兴中国民族的伟大事业。愿中央大学担负复兴民族的参谋本部的责任。这是本人一种热烈而诚恳的希望。

附录2:中央大学历任校长简表

中央大学时期及之前历任校长表

姓名	任职时间	备注
缪荃孙	1902	总稽查
方履中	1902	总稽查
陈三立	1902	总稽查
杨觐圭	1903~1905	时称监督
刘世珩	1905	时称监督
徐乃昌	1905	时称监督
李瑞清	1905~1914	两江师范学堂，时称监督
江谦	1914~1919	
郭秉文	1920.12.6~1925.1.6	
胡敦复	1925.1.6~1925.7.	
陈逸凡	1925.3.19~1925.4.18	代行校长职权，校务委员会主席
蒋竹庄	1925.7.3~1925.9.16	两度代理东南大学校长
秦汾	1925.10.14~不详	暂行兼任东大校长
蒋维乔	1925.7.~1925.	
汪精卫	1927.4.25~不详	
张乃燕	1928.5~1930.11	1927年7月9日任第四中央大学校长；四次辞职
朱家骅	1930.12.13~1931.12.8	三次辞职
桂崇基	1932.1.8~1932.1.26	遭拒被驱
任鸿隽	1932.1.26~1932.6.28	拒不到职
刘光华	1932.1~1932.6	代理校长，至6月间坚辞
吴稚晖		拒不到职
段锡朋	1932.6.28~1932.6.29	遭拒被驱
李四光	1932.7.6~1932.8.23	代校长
罗家伦	1932.8.23~1941.8.13	中央大学21年历史上任期最长的校长，对学校贡献巨大

姓名	任职时间	备注
顾孟余	1941.8~1943.	
蒋介石	1943.3.4~1944.8	基本一周左右到校巡视一次
顾毓琇	1944.8~1945.8	
吴有训	1945.8.14~1948.7.21	1945年9月任复员计划委员会主任委员
戚寿南	1947.11~1948.6	1947年11月下旬，吴校长出国公干，由戚寿南暂代校长
周鸿经	1948.7.22~1949.1.27	弃职离校

资料来源：王德滋主编：《南京大学百年史》，南京：南京大学出版社，2002年版，第80页；朱斐主编《东南大学史(1902~1949 第1卷)》，南京：东南大学出版社，2012年版，第2版等。

附录3：沦陷区“中央大学”历任校长简表

南京“中央大学”校长一览表

序号	姓名	任期	备注
1	樊仲云	1940.7~1943	
2	李圣武	1943~不详	
3	陈柱	1943~1944	四个月后被免职委以他任，坚辞不赴，1944年病逝于上海[1]
4	陈昌祖	1944~1945	汪精卫妻弟，陈璧君幼弟

[1] 梁艳青：《陈柱文学思想研究》，北京：人民日报出版社，2016年版，第18页。

中篇

校园规划与
重要历史建筑

第一章 金陵大学

第一节 校园规划

1. 已有成果

目前,有关原金陵大学校园规划的主要研究成果,可见下表(表2-1-1)。

表2-1-1 与原金陵大学规划建设相关的研究论文举要[1]

序号	作者	论文及出处
1	冷天,赵辰	《冲突与妥协——从原金陵大学礼拜堂见近代建筑文化遗产之修复保护策略》,2002年中国近代建筑史国际研讨会
2	冷天,赵辰	《原金陵大学老校园建筑考》,《东南文化》2003年第3期
3	楚超超	《理性与浪漫的交织——解读原金陵女子大学校园建筑》,《华中建筑》2005年第1期
4	阳建强	《历史性校园的价值及其保护——以东南大学,南京大学,南京师范大学老校区为例》,《城市规划》2006年第7期
5	赵辰	《论大学建筑文化中"场所精神"的缺失》,《中国高等教育》2007年第Z2期
6	谢文博	《中国近代教会大学校园及建筑遗产研究》,湖南大学硕士论文2008年
7	冷天	《得失之间——从陈明记营造厂看中国近代建筑工业体系之发展》,《世界建筑》2009年第11期
8	陈璐	《论中西文化的交融和碰撞——南京高校建筑比较谈》,《华中建筑》2009年第12期
9	冷天	《金陵大学校园空间形态及历史建筑解析》,《建筑学报》2010年第2期
10	缪峰、李春平	《原金陵大学校园规划与设计思想评析》,《山西建筑》2010年第4期

---

[1] 相关著作均已在书中各处列出,不另统计。

序号	作者	论文及出处
11	张进帅、马晓	《人性化视角下的南京近代大学校园规划——以南京三所大学老校区为例》,《华中建筑》2011年第12期
12	赵辰	《大学博物馆——校园场所精神的实现》,《城市环境设计》2012年第Z1期
13	张进帅	《场所视角下的中国当代大学校园规划浅议——以南京大学为例》,“城市时代,协同规划——2013中国城市规划年会”
14	彭展展	《民国时期南京校园建筑装饰研究——以原金陵大学、金陵女子大学、国立中央大学校园建筑为例》,南京师范大学硕士论文2014年
15	姜凯凯、林存松	《教会大学文化遗产的保护与利用研究——以金陵大学为例》,“城乡治理与规划改革——2014中国城市规划年会”
16	叶雅慧	《以南京民国建筑的保护现状为例看文化遗产的价值》,《赤峰学院学报(汉文哲学社会科学版)》2014年第1期
17	黄松	《中国高校遗产的历史文化寻绎》,《中国文化遗产》2014年第1期
18	杨健美、胡金平	《中国近现代教会大学校园文化特色研究》,《中国人民大学教育学刊》2014年第1期
19	戚威、姚力	《南京大学戊己庚楼改造》,《城市环境设计》2014年第6期
20	曹伟、高艳英、张培	《诚朴雄伟 励学敦行 儒雅博爱 厚重大气——中国最温和的大学南京大学人文建筑之旅》,《中外建筑》2014年第11期
21	南京甲骨文空间设计有限公司	《重塑岁月 南京大学戊己庚楼改造》,《室内设计与装修》2014年第11期
22	汪晓茜	《历史补遗:民国南京教会建筑师齐兆昌》,《南方建筑》2014年第6期
23	侍非等	《仪式活动视角下的集体记忆和象征空间的建构过程及其机制研究——以南京大学校庆典礼为例》,《人文地理》2015年第1期
24	冯琳	《南京民国建筑中的中国传统建筑元素应用》,《大舞台》2015年第6期
25	戚威、蒲伟、方运平、姚力	《南京大学戊己庚楼改造项目 南京》,《城市环境设计》2015年第10期
26	邵艺	《陈裕光:华人校长第一人》,《中国档案》2016年第10期

上述研究成果除追忆先贤外，余者多归属两方面内容：一，分析校园规划与建筑特点，探讨其沿革，建设者、设计者及其思想与历史文化价值；二，解析历史校园现状，围绕历史文化遗产的保护与利用，提出具体措施或建议等。

2. 规划沿革

金陵大学初立，以干河沿汇文书院旧址为校址（图2-1-1）。1910年，金大在鼓楼西南坡购得大片土地建设新校址（即今南京大学鼓楼校区）。

1912 年出版的 *Hallowed Halls: Protestant Colleges in Old China* 登载美国建筑师克尔考里（Cady X. Crecory）所作的规划方案（图2-1-2）。方案自入口区域，桥跨东西向水池后，基本沿南北向中轴线展开，中轴线上为几何式花园，轴线东侧自南而北依次排列预科部、师范专修科、运动场、花园、医科等；轴线西侧为各种开放式花

图2-1-1 金陵大学堂干河沿校舍（现金陵中学办公楼）图片来源：南大百年实录编辑组：《南大百年实录》（中卷），南京：南京大学出版社，2002年版。

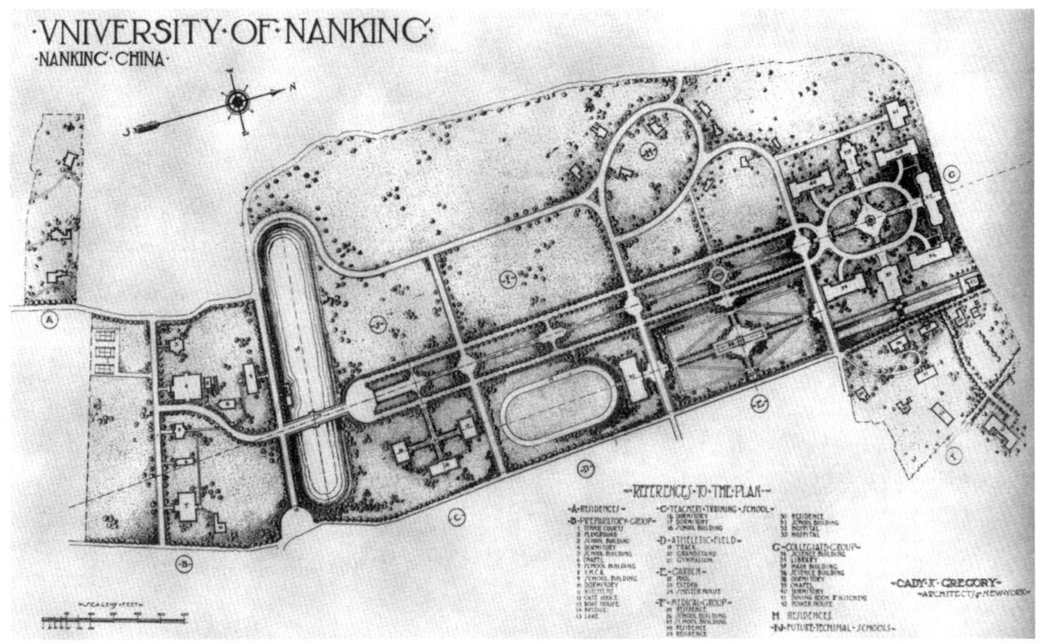

图2-1-2 1912年绘制的金陵大学校园规划平面

图片来源：T Johnston, D Erh, *Hallowed Halls: Protestant Colleges in Old China*, Hong Kong: Old China Hand Press, 1998:48.

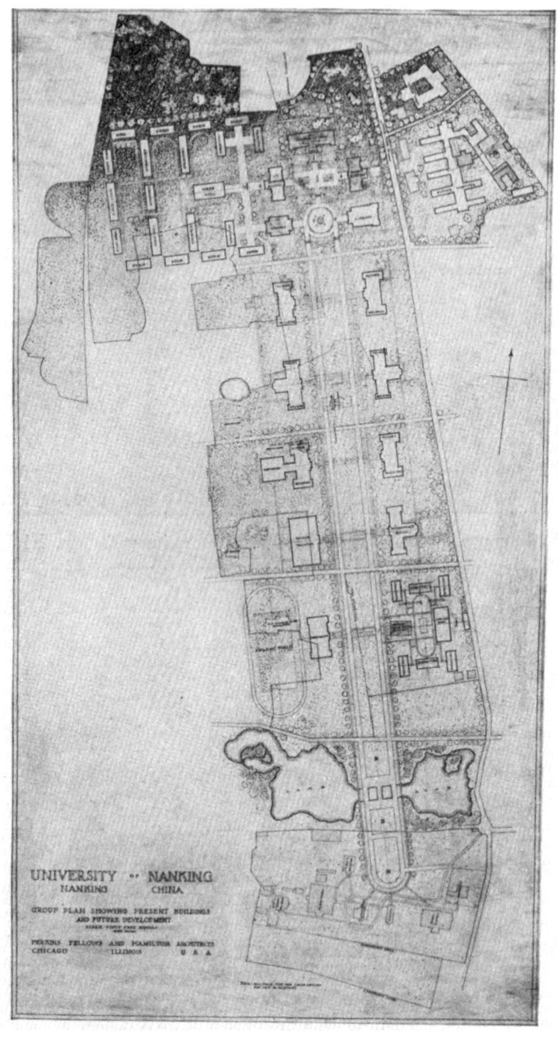

图2-1-3 1913年帕金斯建筑事务所设计的金陵大学规划方案图

园；轴线尽端为对称的大学部，每学区都有独立的宿舍❶。此时，金陵大学基地为南北向的长方形用地，南北长约900余米。规划方案设计贯穿南北校园的主轴，通过狭长的开放式公共绿地，进一步渲染中轴线的纵深，无疑深受美国本土校园规划的影响，具体而言，是借鉴了美国弗吉尼亚大学校园的设计手法。此时，中轴线两侧并非全然对称，其西侧几乎均为花园，校园空间较空旷，单体建筑相对较少。建筑、道路与绿化等规整，深受美国校园几何式构图的影响。

1913年，帕金斯建筑事务所修改金陵大学校园的规划方案（图2-1-3）❷。主要改动有：延伸中轴线，贯穿整个校园；轴线最南端是中学；轴线东西两侧均布置建筑，进一步加强中轴对称感；大学部西侧增加宿舍、东侧医科增设医院及医学院，将大学部的单一院落改为教学与宿舍分设的两个院落，丰富大学部的空间层次，便利学习与生活，功能更合理；南端水池由规则的几何形，改为自然曲折状的人工湖，合于我国传统园林堤岸处理手法等。总平面规划愈加有美国大学，特别是弗吉尼亚大学校园的影子。此时已建成6幢建筑。

1914年，美国芝加哥帕金斯事务所设计的另一方案❸（图2-1-4），又有几处较大的修改：中轴线两侧的建筑体量明显加大；大学部东侧的医院及医学院、西侧的学生宿舍均有较大的改动；大学部的单体造型均有变化等。

1913年方案与1914年方案基本一致，后者显然是对前者的完善与深化，后者更近

❶ 南大百年实录编辑组：《南大百年实录（中卷）》，南京：南京大学出版社，2002年版，第18~19页。

❷ Perkins Fellows & Hamilton, *Educational Buildings*, Chicago: The Blakely printing company, 1925:144.

❸ 此图现存南京大学档案馆。

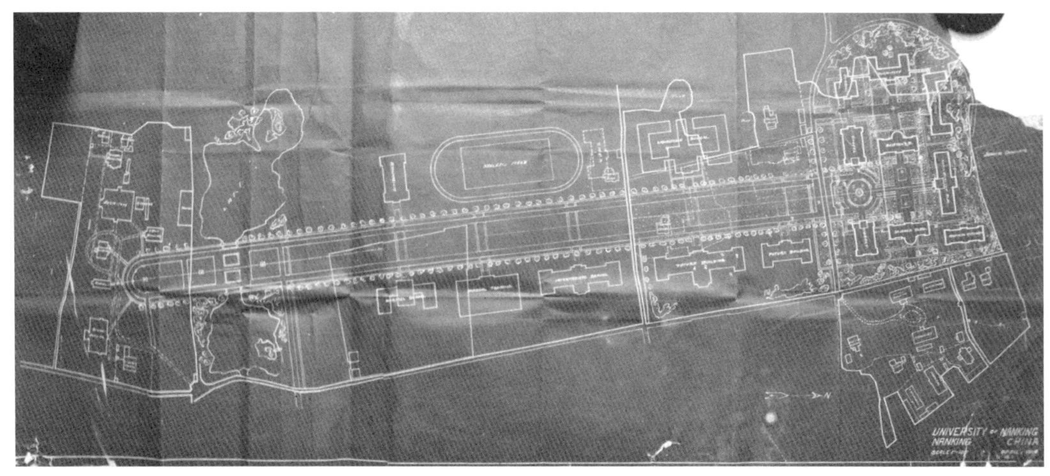

图2-1-4　1914年帕金斯建筑事务所绘制的金陵大学校园规划平面图
图片来源：南京大学档案馆

于现状。方案对轴线终端的大学部北大楼，其两侧的西大楼、东大楼、大礼堂及部分学生宿舍等进行深入设计，成为金陵大学校区规划中最高潮、最精华的部分。且此处得以实施，遗惠至今。

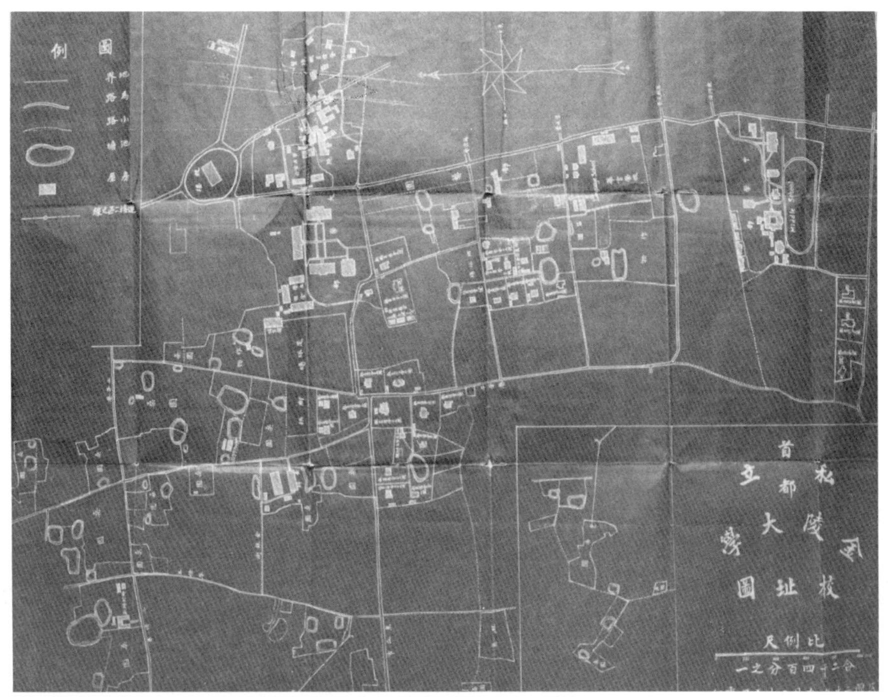

图2-1-5　私立金陵大学校址图(1931年重印)
图片来源：南京大学档案馆

由南京大学鼓楼校区现状可知，金陵大学的规划没有贯彻下去，遗留下1931年的金大地图可以佐证(图2-1-5)。该《私立金陵大学校址图》重印于中华民国二十年9月25日，中轴线最北端除完成大学部的“北大楼、东大楼、西大楼、大礼堂、甲乙丙丁戊寅庚、校门”等以外，其余轴线两侧建筑均未建设。由此，南北向长达1公里左右的中轴对称的空间场景，仅尽端大学部完成(此处仍然是整个校园的灵魂)，大礼堂、小礼堂、校门等建筑偏于西侧，没有再向南延伸轴线，整个校园内部显得较为零散。

与现南京大学鼓楼校区占地面积有限、内无一处池塘水面不同，此时的金大校园占地广阔，内部保留着较多的水面，散落在教职员工的独栋别墅、校园其他建筑物之间；此外，校园内还有着面积不小的作物、桑园、农场等。此时的校园景观大气、空旷，原生、幽美。

我们在南京大学档案馆还发现了一幅《金陵大学校校舍全图》，由时任金陵大学工务处主管的齐兆昌先生❶将校园内已建成的建筑融入原先的规划方案，并对基地扩大后的此时期校园进行整合绘制而成(图2-1-6)。该图未注明绘制年代，但图中已有陶园南楼(国语学院，1933年建)，未见金大图书馆(1936年建)，故其绘制时间应在1933~1936年之间。此图清晰标注按照原初规划已完工的校舍、已筹款但未动工之校舍、未

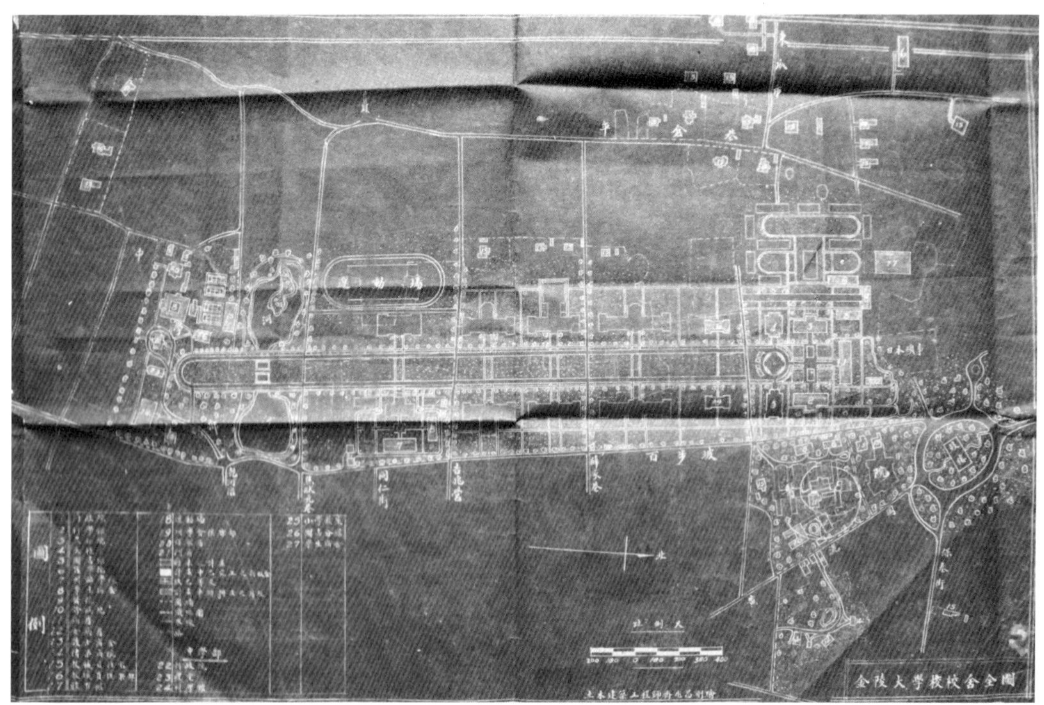

图2-1-6　金陵大学校舍全图
图片来源：南京大学档案馆

❶ 汪晓茜：《历史补遗：民国南京教会建筑师齐兆昌》，《南方建筑》2014年第6期，第16~21页。

来规划之校舍等，这是二十世纪三十年代金大人描绘的美好蓝图。

3. 规划特色——轴线开放式

金陵大学校园规划几乎是美国弗吉尼亚大学校园规划的翻版。规划主旨、手法与最终效果均颇为相似，强调中轴线对称、几何式大草坪，可谓轴线开放式的空间场所。由南向北、由低到高呈中轴对称，重要建筑分列两侧，以尽端钟楼式制高点建筑为结束，塑造出层次丰富、步移景移的空间效果(图2-1-7~2-1-8)。

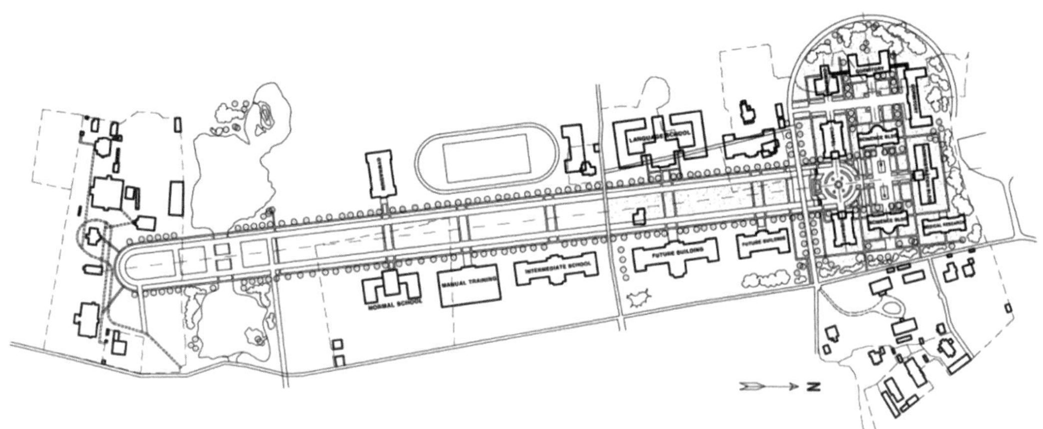

图2-1-7　1914年绘制的金陵大学校园规划平面

图2-1-8　原规划轴线布局终端的大学部主院落
张进帅摄于2012年02月18日，经过phtoshop拼接处理

金大的大学部格局类似于美国大学院，由教学区、宿舍区两个主次分明的半封闭院落配套而成。中轴线上的主院落为教学区，每个学院占据一栋大楼，正中文学院(现北大楼)、东侧理学院(现东大楼)、西侧农学院(现西大楼)组成品字形，形成教会大学校园中常见的三合院式格局❶。西侧次院落为大学部宿舍区。

整体规划顺应自然地势，由南而北逐渐抬升。由空间场景而言，中轴线上的空间有大小变化，两侧建筑群每栋建筑形体及其相互之间的空间大小同样变化丰富，南北主轴

❶ 据此，金陵大学校歌歌词有："三院嵯峨，艺术之宫，文理与林农；思如潮，文如虹，永为南国雄。"

线导向高耸的钟楼，而体量最高的钟楼也成为整个校园空间的统领与视觉焦点，塑造出庄严而神圣的场所氛围。独具匠心的是，南北向中轴线最北端的北大楼，不与南京历史上遗留下的鼓楼在一条轴线上，而是错位一段恰当的距离，使得沿轴线注目北大楼时，北大楼占据绝对的主导地位，远处的鼓楼仅是个不大的剪影。在青岛路、中央路等远观鼓楼时，北大楼更难以察觉。因此，作为轮廓线的北大楼前塔楼顶部的十字脊歇山顶，与鼓楼的重檐歇山顶遥相呼应，相得益彰。可惜的是，金陵大学规划仅部分完成。

金大的校园空间又是中西合璧的。校园内方正的路网、几何形的花园、规则的草坪，具西式景观特色。而其单体建筑风格，又是我国清官式建筑与南京地域建筑的融合体。如此一来，教会大学的神圣与地域建筑文化的亲和相得益彰。

金大在校区规划上，着重于“大学社区”氛围的营造，北、东、西3座大楼呈三合院布局，中为如茵的绿地，适合师生课余交流，增进感情（图2-1-9~2-1-12）；40余处建筑周边均为园林化的广场、花坛、树木、草坪，精致且适合大学师生徜徉、流连，极易勾起毕

图2-1-9 1928-1952年现存校园空间形态

图2-1-10 1953-1977年现存校园空间形态

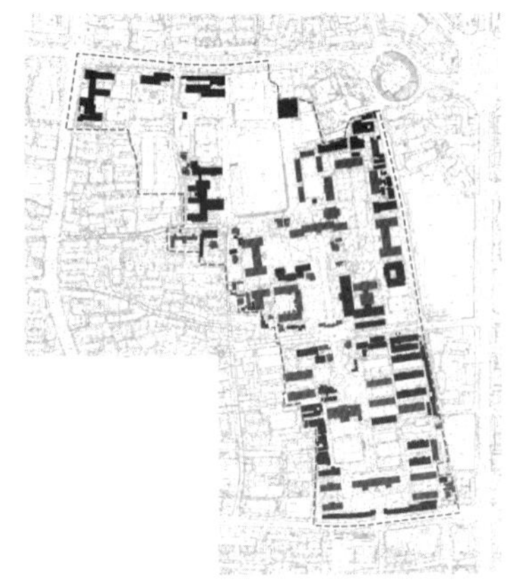

图2-1-11 1978-1999年现存校园空间形态

图2-1-12 2000-2012年现存校园空间形态

业校友的怀念之情；住宅区呈水滴状，被农林实验场的田园风光和校舍区绿树掩映中的漂亮屋顶、连绵的公共绿地所包围。计划修建的住宅均为独立式。生活在如此环境中的金大师生，怎不心旷神怡？❶

目前的南京大学鼓楼校区，不仅呈现金陵大学初创时的空间形态，还是中华人民共和国建国以来不同时期建筑物的空间叠加（图2-1-13），新老轴线空间相得益彰、浑然一体（图2-1-14~2-1-15）。

图2-1-13　金陵大学不同时期建筑与道路变迁图
图片来源：金陵大学历史风貌区保护规划

❶ 张进帅：《基于场所精神的南京近代大学校园规划初探——以原金陵大学为例》，南京大学建筑与城市规划学院硕士学位论文，2012年。说明：本节中的原方案设计图，均来自南京大学档案馆，由张进帅重新绘制。

图2-1-14　新老轴线相融合

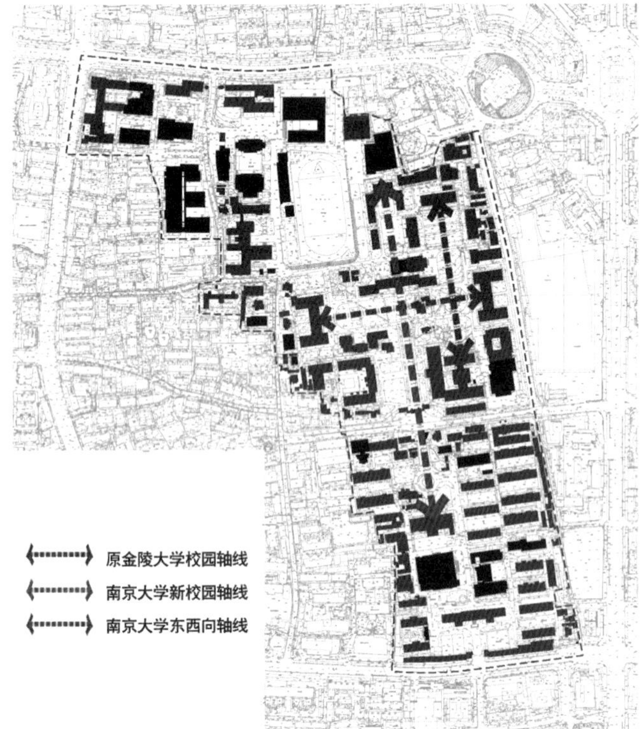

图2-1-15　南京大学鼓楼校区新老轴线示意图

第二节　重要历史建筑(1912~1949)

目前已有的研究成果中,有关金陵大学校园建筑的设计者、承建商、建设时间等,多有不一致之处。本书在梳理文献、建筑奠基碑刻、历史照片等基础上,有所推定。

1. 东大楼(理学院)

全国重点文物保护单位。东大楼,又名科学馆。因斯沃士先生(Mr Ambrose Swasey)捐资,故英文又名Swasey Hall。美国芝加哥帕金斯事务所设计[1](齐兆昌先生监理[2]),陈明记营造厂承建。东大楼(科学馆)是金陵大学校园所有建筑中最先竣工者,有趣的是其建成时间说法不一[3]。依据南京大学档案馆收藏的设计图纸所标时间为1914年,对照历史照片,其建成于1915年。

初建的"科学馆"为砖木结构楼房,地上两层(不含屋顶层),地下一层。因地势落差较大、西高东低,故由西往东看,西立面两层;由天津路自东往西看,东立面三层。平

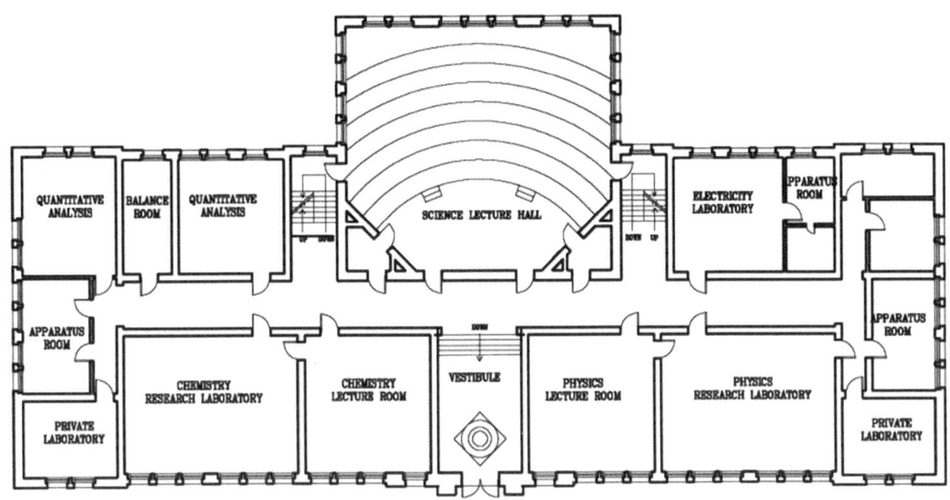

图2-1-16　原东大楼设计方案一层平面

---

❶ 汪坦主编:《第三次中国近代建筑史研究讨论会论文集》,北京:中国建筑工业出版社,1991年版,第168页。

❷ 不少资料均误为"齐兆昌建筑师设计"。例如张宏编著:《南京建筑MAP》,北京:中国戏剧出版社,1999年版,第48页;韩巍主编:《中国设计全集 第2卷 建筑类编 城垣篇》,北京:商务印书馆,2012年版,第380页。

❸ 例如《金陵大学史料集》(南大百年实录编辑组:《南大百年实录(中卷)》,南京:南京大学出版社,2002年版,第20页)称,科学馆建于1912年;也有称建于1915年(王德滋主编:《南京大学百年史》,南京大学出版社,2002年版,第575页);甚或晚至1926年(刘先觉、张复合、村松伸、寺原让治主编:《中国近代建筑总览 南京篇》,北京:中国建筑工业出版社,1992年版,第102页)。

面长方形，内廊式布局。楼内设物理实验室、化学实验室、教室、器材室、图书室、科学报告厅等。除中部报告厅东前凸较多外，东大楼平面与西大楼几乎对称。

东大楼为清水砖墙身、明城砖墙基座，西式开窗，屋顶采用筒板瓦、歇山顶，唯屋顶中部数间凸出悬山顶，造型奇特，正脊两端各有一对鸱吻(图2-1-16~2-1-19)。

可惜的是，二十世纪五十年代，科学馆因火灾被毁，已非原建筑。1958年，由南京工学院(今东南大学)建筑系参照原貌重新设计，建筑结构、立面细部、层数等均有所调整。其最大改动是增加一层(变为四层)，内部木楼梯改为钢筋混凝土，立面在每一间正中独立开一窗，相对尺寸改大。现为南京大学地理与海洋科学学院办公楼。

历史上的东大楼见证过不少重要的历史时刻。譬如，我国电化教育诞生的标志性事件，就是金陵大学东大楼前的校园电影专用放映场地的建立[1]。

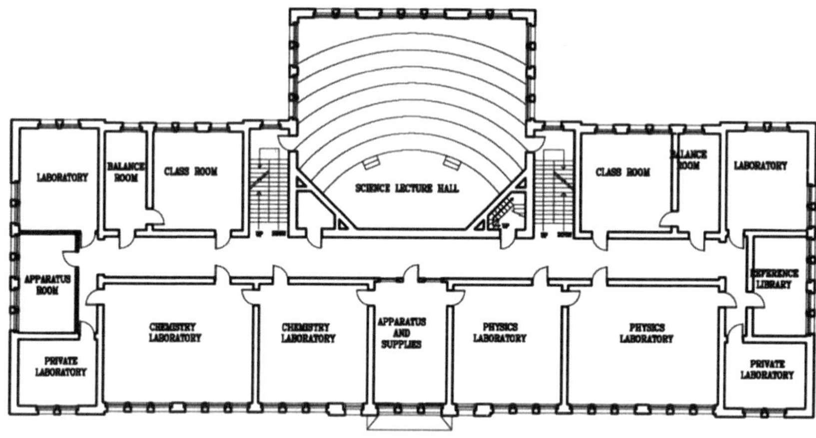

图2-1-17 原东大楼设计方案二层平面

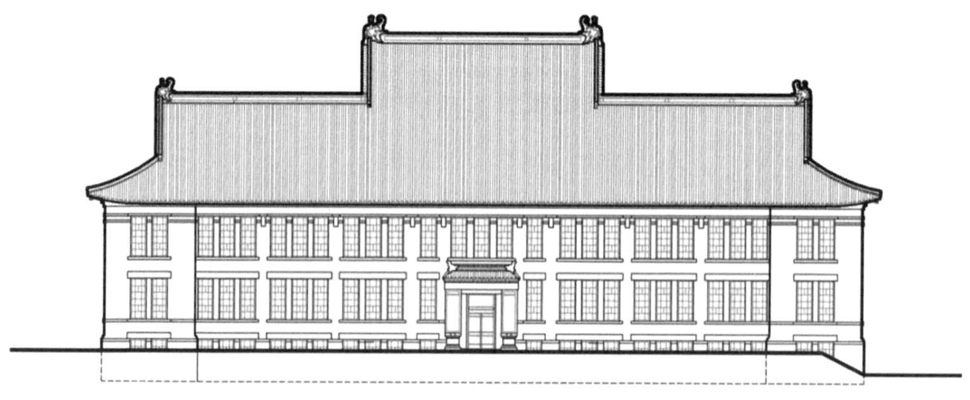

图2-1-18 原东大楼设计方案正立面(西立面)

[1] 李龙、谢云:《我国电化教育诞生的标志性事件考证》,《电化教育研究》2012年第10期,第17~22页。

图2-1-19 原东大楼历史照片

2. 北大楼(文学院)

全国重点文物保护单位。北大楼建成之初称“行政院”,校长办公室、秘书处、教务处、会计处、事务处、工程处等均在内。其余大部为文科、理科的教室和实验室。1930年,文科改为文学院,北大楼随之称为文学院;1941年,伪中央大学时期称“中大院”。

北大楼位于金陵大学校园中轴线的尽端,为空间最高点、控制点,是全部空间场景的视觉焦点、金大的标志性建筑、南京大学鼓楼校区的灵魂。

北大楼建于1919年,由美国人赛万伦斯先生(Mr.Severance)及其子捐资而建,故也称Severance Hall。美国建筑师司迈尔(A.G.Small)设计,陶馥记营造厂施工,地上两层,地下一层[1],建筑面积3473平方米,砖木结构,以我国传统建筑形式为主要元素,同时融合西方建筑布局[2]。

北大楼歇山顶,青色筒板瓦,正脊饰鸱吻,大楼墙体采用明城砖砌筑,刚刚落成的北大楼是当时南京城内规模最大的建筑之一。大楼中部正南方凸出五层方形塔楼,形成纵横对比强烈的立面效果。大楼整体设计受到美式教会大学建筑的深刻影响,但其本体及塔楼屋顶的做法、细部装饰等皆由我国宫殿式建筑及南京地域传统建筑而来,

[1] 江苏省地方志编纂委员会编:《江苏省志 建筑志》,南京:江苏古籍出版社,2001年版,第665页。

[2] 中共南京市委宣传部编著:《行走南京城市慢读 新金陵48景》,南京:南京出版社,2013年版,第57页。

细节比例精当。塔楼为十字脊歇山顶，有鸱吻、走兽，檐下四周24朵斗栱，出双抄。原设计图示第五层外为一圈外廊，清式石栏杆样式（现立面为每一面正中有三段栏杆）。主入口白色大理石门框、门前两侧抱鼓石各一，白色石材、青色墙身，十分协调而又主次分明。门厅较幽暗，顶部有天花。现为南京大学行政办公楼，不久将改造为南京大学博物馆，可谓名副其实、独具匠心（图2-1-20~2-1-24）。

此外，我们在南京大学档案馆还发现了较早的北大楼另一设计方案，此方案与实施方案构思基本相同，仅大楼东西两尽间各凸出一些，平面、立面成三段式构图。主体歇山顶，两侧小歇山顶，山面朝前（形似抱厦）。此方案稍显复杂，庄严不足（图2-1-25~2-1-26）。

北大楼无疑是民国时期出现的优秀城市设计作品[1]。唯近来有人认为北大楼的"设计留下了模仿或拼凑的痕迹，不伦不类"[2]。此论值得商榷。

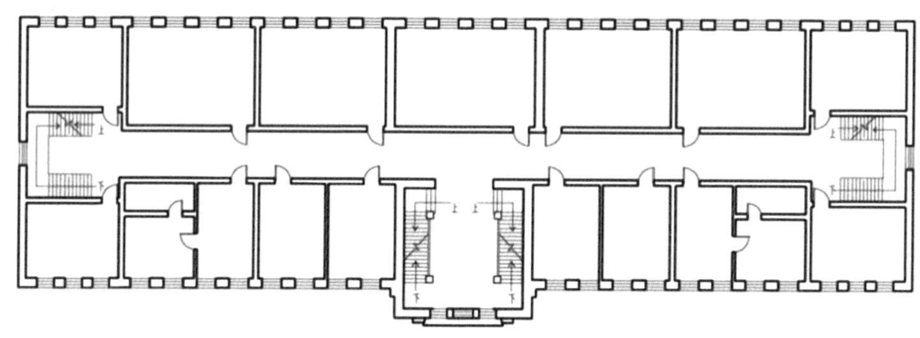

图2-1-20　北大楼设计方案一层平面

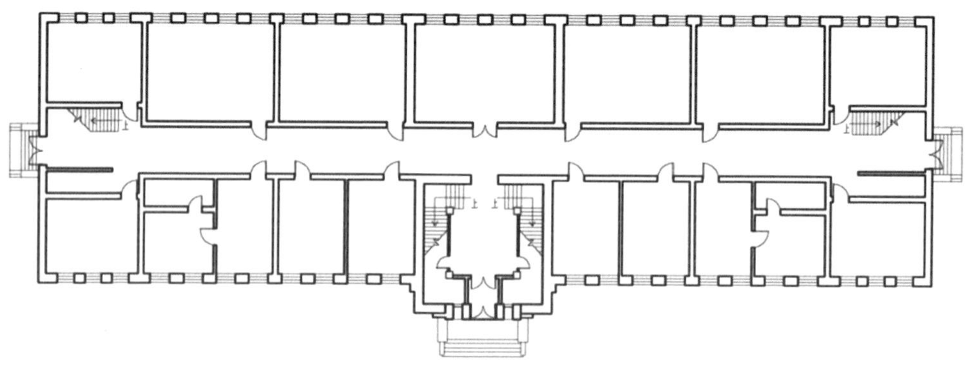

图2-1-21　北大楼设计方案二层平面

❶ 汪德华：《中国城市规划史》，南京：东南大学出版社，2014年版，第509页。

❷ 朱瑞波：《凝神设计的触点》，北京：中国水利水电出版社，2015年版，第67页。

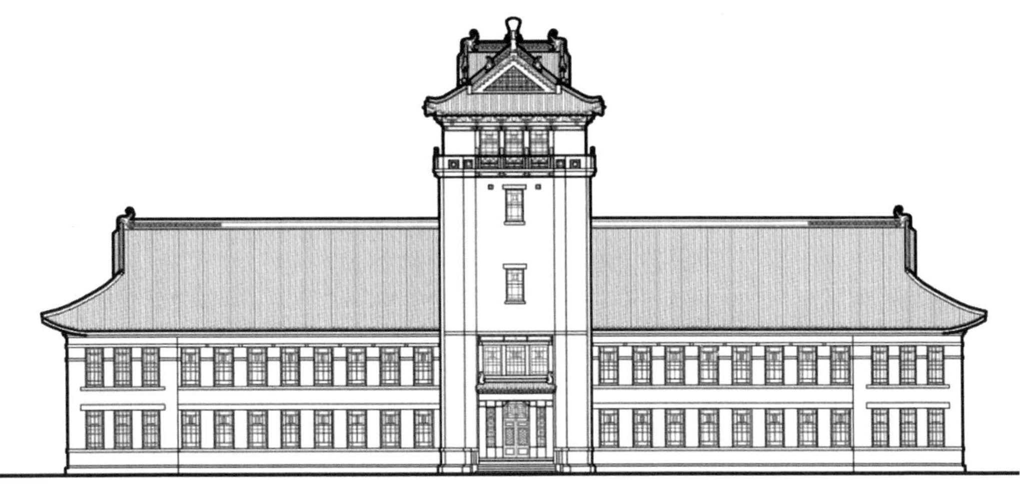

图2-1-22　北大楼设计方案正立面(南立面)

图2-1-23　北大楼历史照片

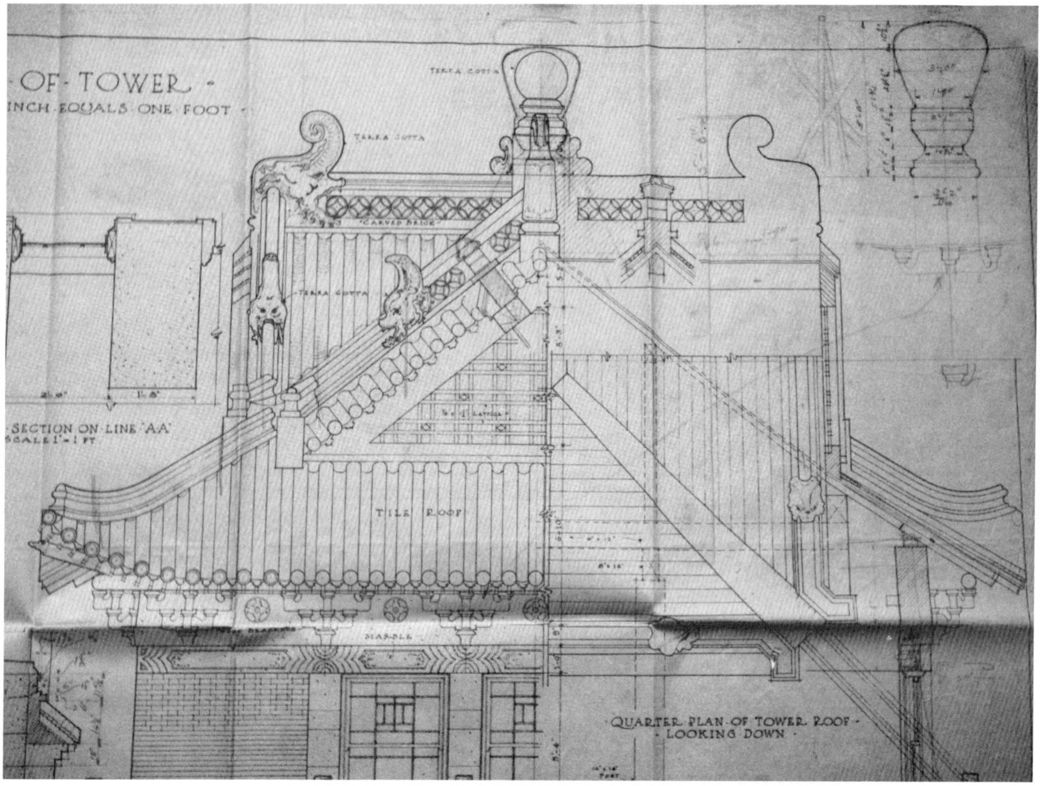

图2-1-24 北大楼屋顶大样及修改图
图片来源：南京大学档案馆

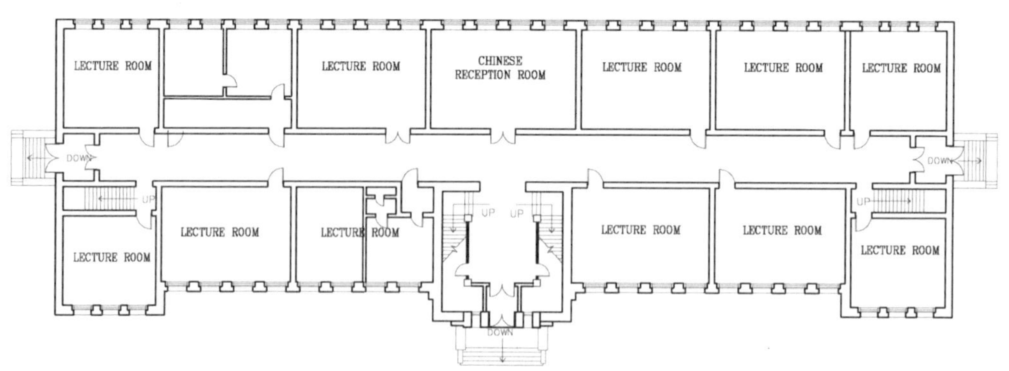

图2-1-25 北大楼未实施方案一层平面

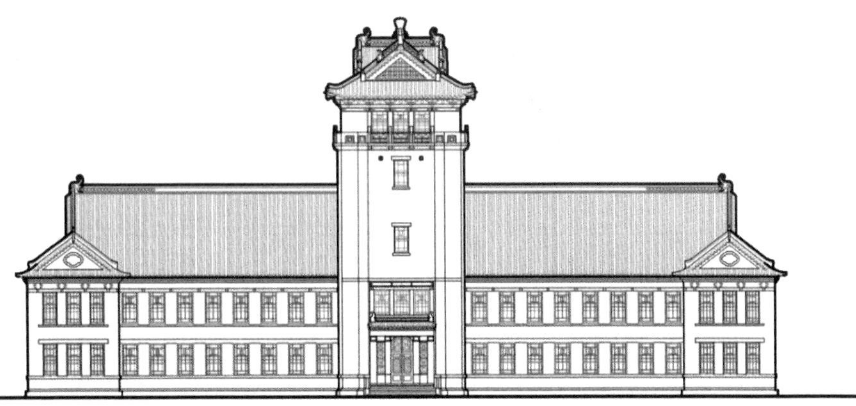

图2-1-26　北大楼未实施方案正立面

3.西大楼(农学院)

全国重点文物保护单位。西大楼由美国洛克菲勒基金会的中国医学委员会、对华赈款委员会及部分美国友人捐赠所建[1]。位于北大楼西南侧,由美国芝加哥帕金斯事务所于1924年设计,1925年建成,与东大楼相对、造型相似。因纪念金陵大学农林科创始人、美国人裴义理教授(Joseph Bailie),又名裴义理楼[2]。

1930年,金陵大学农林科改称农学院,下设农艺学、乡村教育、森林学、农业经济学、园艺学、植物学、蚕桑学7个系及农业专修科和农业推广部,这些专业在民国时皆占据领先地位[3]。西大楼被称为农学院。之后数经变更,但内部结构几无变化。1959年、1985年,南京大学对西大楼两次修缮,仍保持初建时原貌。现为南京大学数学系教学办公楼。《私立金陵大学一览》1933年6月刊有记载:“院之位置适与理学院相对,分四层:第一层除作物实验室及种子储藏室外,均为办公室;下层为教室及实验室;第二层为研究室、实验室及标本室;第三层为大讲堂、绘图室、储藏室及交际室。院内布置,汲取最新的科学方法,朴实合用。”[4]

西大楼平面长方形,面积3604平方米,地上二层(不包括屋顶层),地下一层[5]。内廊式布局,因所在地势东高西低,故东立面两层、西立面三层。西大楼平面中部较东大楼突出较少,山墙开窗方式也略有不同(图2-1-27~2-1-29)。

东大楼、北大楼和西大楼三幢建筑的设计手法洗练、比例精当、端庄大气。立面装

---

❶ 董黎:《中国教会大学建筑研究 中西建筑文化的交汇与建筑形态的构成》,珠海:珠海出版社,1998年版,第104页。

❷ 卢海鸣、杨新华主编:《南京民国建筑 图集》,南京:南京大学出版社,2001年版,第160页。

❸ 董宝良主编:《中国近现代高等教育史》,武汉:华中科技大学出版社,2007年版,第100页。

❹ 龚良:《古迹遗址行》,北京:文物出版社,2012年版,第178页。

❺ 中共南京市办公厅等编:《南京百科全书 下》,南京:江苏人民出版社,2009年版,第1099页。

饰点缀恰如其分、朴实浑厚，其建筑用材质朴、色彩沉着，白色条石用在勒脚、门窗过梁部位，与青砖墙面形成对比。

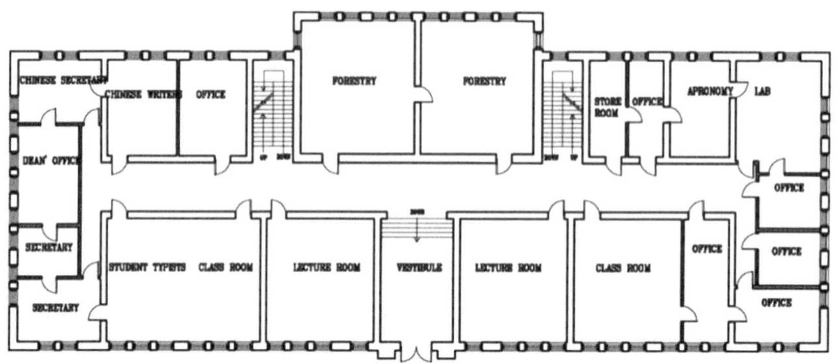

图2-1-27 西大楼设计方案一层平面

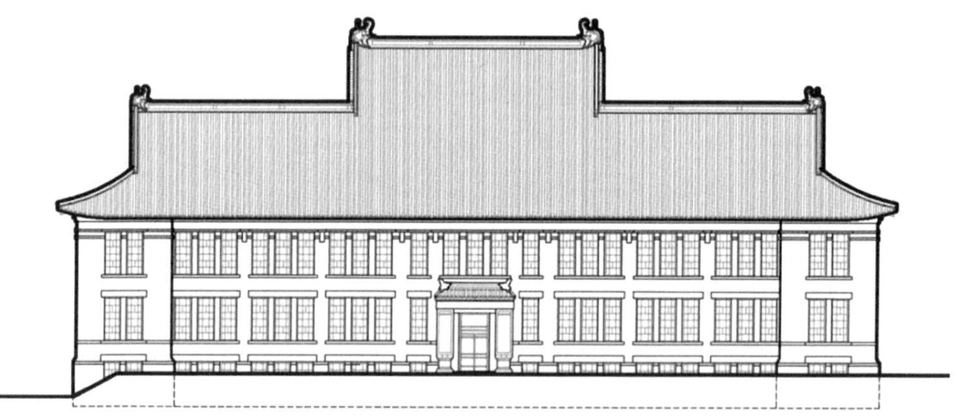

图2-1-28 西大楼设计方案正立面(东立面)

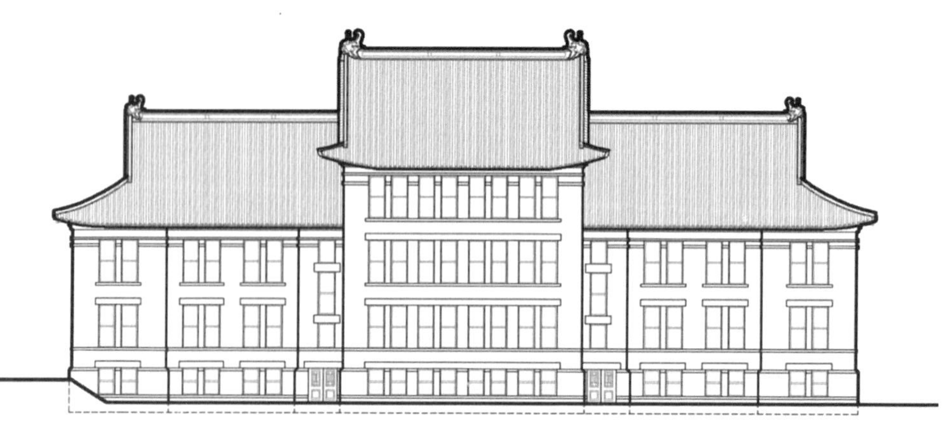

图2-1-29 西大楼设计方案之背立面(西立面)

4.大礼堂(礼拜堂)

全国重点文物保护单位。礼拜堂(今大礼堂)位于西大楼南面,始建于1918年,由戴先生(Mr.Day)捐资所建,因此又称Day Chapel。此楼由美国芝加哥帕金斯建筑事务所于1917年完成设计,陈明记营造厂承建[1]。

礼拜堂的设计部分汲取我国古代庙宇造型,严谨庄重。平面为西式巴西利卡式教堂平面,单层大空间,砖木结构。主体屋顶为歇山顶,其余部分有六个小硬山顶,歇山山面朝东,与主入口一致。原设计方案及建成后的礼拜堂,在正脊两端正面,用教会建筑特有的十字架(已不存),代替我国传统建筑鸱吻。外墙均为明城砖砌筑,并创造性地用砖石建材代替(象征)我国古建筑中木质的建筑构件、雕刻等,清水砖墙身,底部数道线脚。歇山顶垂鱼部位、硬山顶山花,砖雕盘长"卐"字如意纹图案,精致工整。大礼堂经多次改造,原初形状与现状略有不符(图2-1-30~2-1-34)。现为南京大学鼓楼校区大礼堂,一直以来均为师生聚会及举行大型纪念性活动的重要场所。

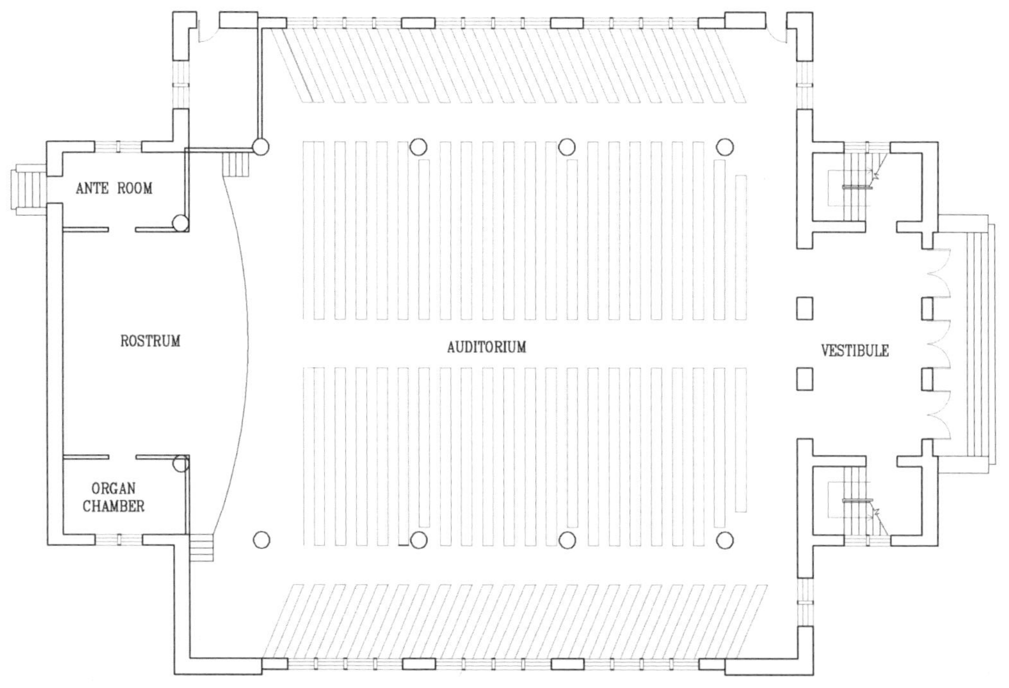

图2-1-30　大礼堂设计方案一层平面

---

[1] 《鼓楼区文物志》编纂委员会编:《鼓楼区文物志》,江苏文史资料编辑部,1999年版,第55~56页。

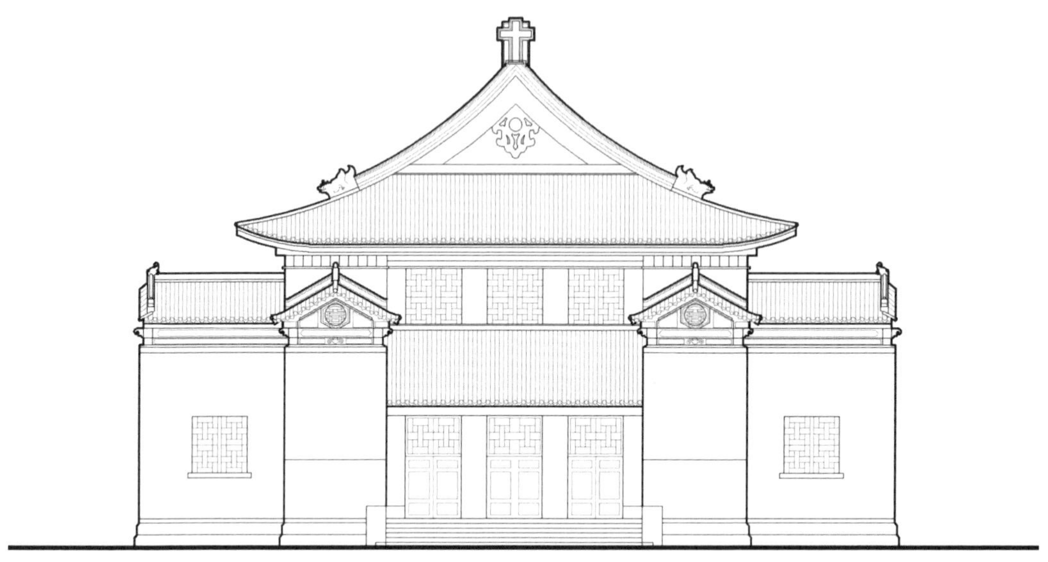

图2-1-31 大礼堂设计方案正立面(东立面)

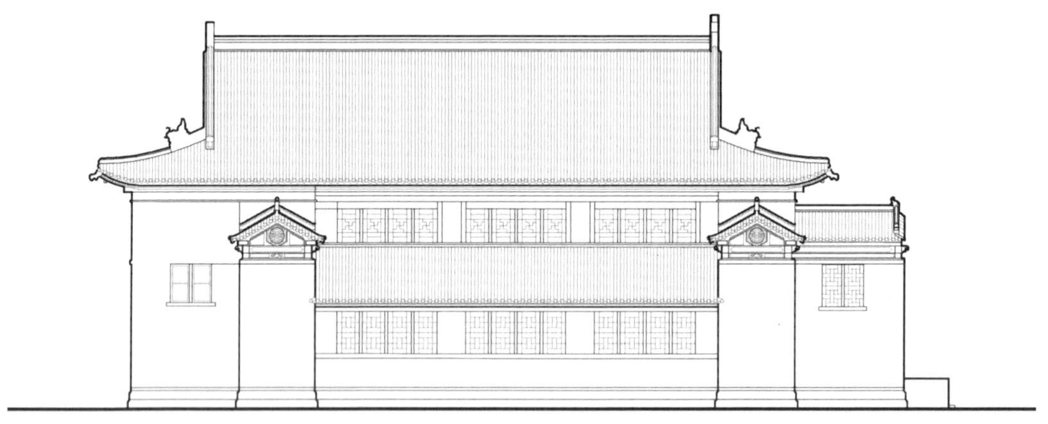

图2-1-32 大礼堂设计方案侧立面(南立面)

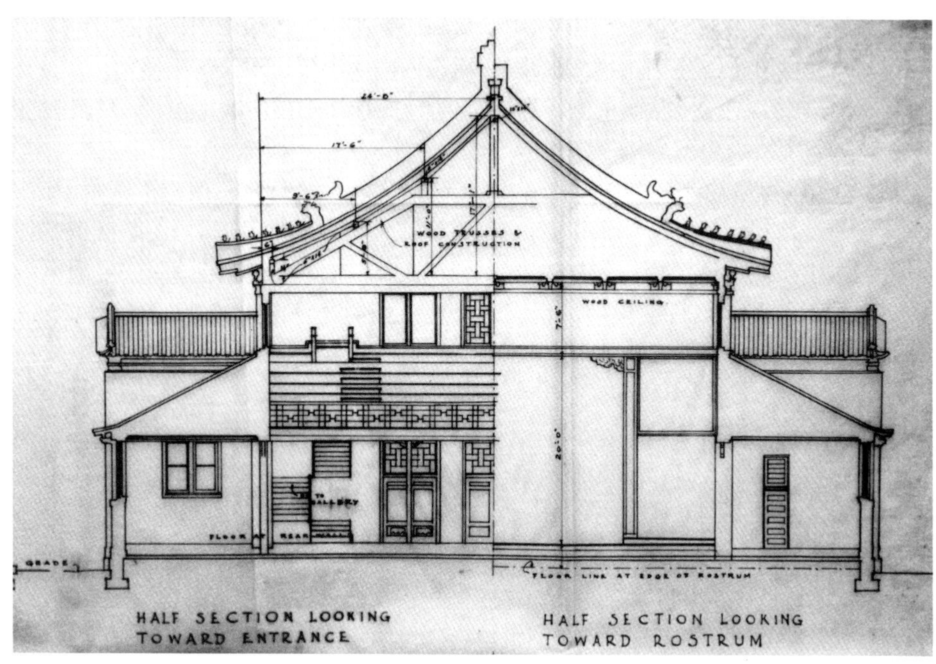

图2-1-33　金陵大学工程处绘制的大礼堂剖面图
图片来源:南京大学档案馆

图2-1-34　大礼堂历史照片

1949年后，“礼拜堂”作为南京大学大礼堂使用至今。

二十世纪五十年代进行第一次改造，增设西侧两层后台建筑。

1981年再次改造，拆除东侧入口立面，加盖两层门庭建筑，破坏了原有建筑的外形。

2001年，为迎接南京大学建校一百周年，对大礼堂进行维修改造。工程由南京大学建筑与城市规划学院赵辰工作室负责，在完成结构加固、全面整修的基础上，拆除二十世纪八十年代外加部分，二层东端局部改为钢结构，外饰木质装修。安装通风设施，防治白蚁。加装火灾自动报警、自动喷淋、应急照明等消防设施。扩建面积350平方米，修复其旧貌。

5. 学生宿舍楼

全国重点文物保护单位。原金陵大学主教学区西侧为学生宿舍区，包括甲乙、丙丁、戊己庚、辛壬等四幢楼，三合院格局，共计九个单元，美国芝加哥帕金斯事务所设计，陈明记营造厂承建。现为南京大学各职能部门办公楼。

此时“金大的学生宿舍很讲究，两个人一个房间”❶。“屋内设备和装置很完善。每间房住两个学生，配有从美国运来的钢丝床以及两人合用的衣橱、箱架、书桌。每人一张靠背椅，一盏台灯。”❷其中，甲乙、丙丁两楼建于1915年，大小相同，皆为两单元宿舍楼，建筑面积755平方米（以下皆不含屋顶阁楼）。戊己庚楼和辛壬楼为3层，建筑面积各1685平方米。不少资料误认为四楼同期建设于1925年❸，并误认为由中国基泰工程司建筑师杨廷宝设计❹。甲乙楼东西向，丙丁楼南北向（图2-1-35~2-1-37）。

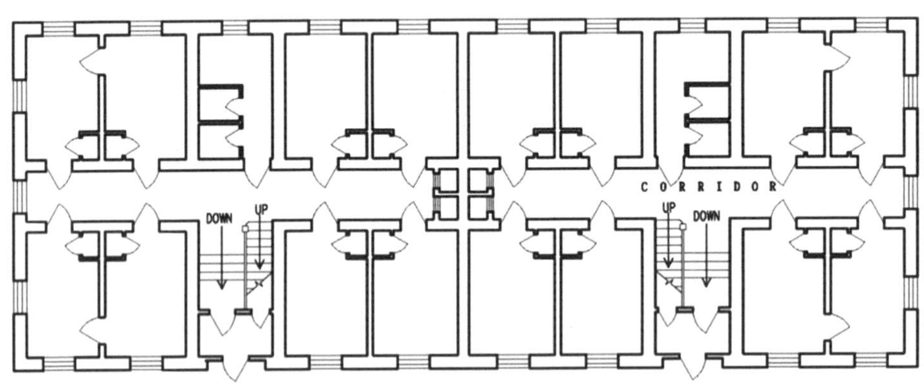

图2-1-35　甲乙楼、丙丁楼设计方案之一层平面

❶ 南京大学校友口述历史计划工作组：《1949—1952年：红色政权在云南的建立与巩固（上）——中央大学、金陵大学校友口述“西南服务团”历史》，《江淮文史》2014年第2期，第106~124页。

❷ 刘仰东编著：《去趟民国 2》，北京：生活·读书·新知三联书店，2015年版，第87页。

❸《鼓楼区文物志》编纂委员会编：《鼓楼区文物志》，江苏文史资料编辑部，1999年版，第56页。

❹ 南京市鼓楼区地方志编纂委员会编：《鼓楼区志 下》，北京：中华书局，2006年版，第1300页。

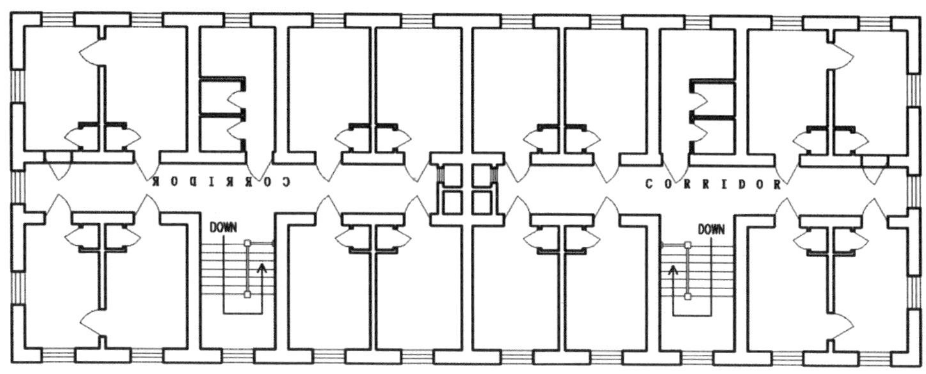

图2-1-36 甲乙楼、丙丁楼设计方案二层平面

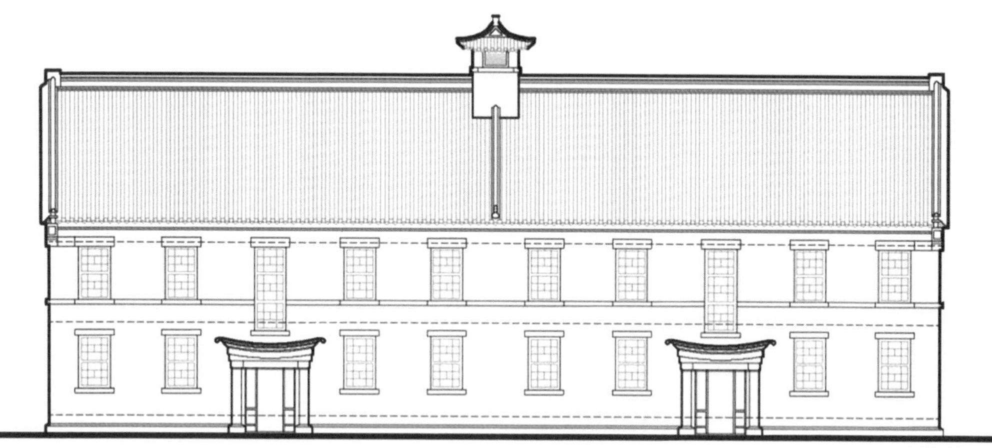

图2-1-37 甲乙楼、丙丁楼设计方案正立面

戊己庚楼建于1927年,为三单元宿舍楼(图2-1-38~2-1-41)。

辛壬楼建于1936年,为两单元宿舍楼,由金陵大学基建处按照已建宿舍楼建造,戊己庚楼和辛壬楼都为东西向三层建筑。2013年,对戊己庚楼进行了现代化改造[1]。

四座建筑风格统一,砖木结构、木屋架、卷棚顶,城墙砖黑瓦、青石门罩(来自于南京地域传统建筑文化)。室内地板、楼梯皆为木质,底层地板架空,屋顶设气窗,檐部有通风孔,注重通风防潮。上下推拉式窗户,窗棂为简化的中式传统图案。它们与大礼堂、西大楼、北大楼、东大楼等一起,构成了原金陵大学校园风貌的核心。

[1] 戚威等:《南京大学戊己庚楼改造项目 南京》,《城市环境设计》2015年第10期,第52~61页。

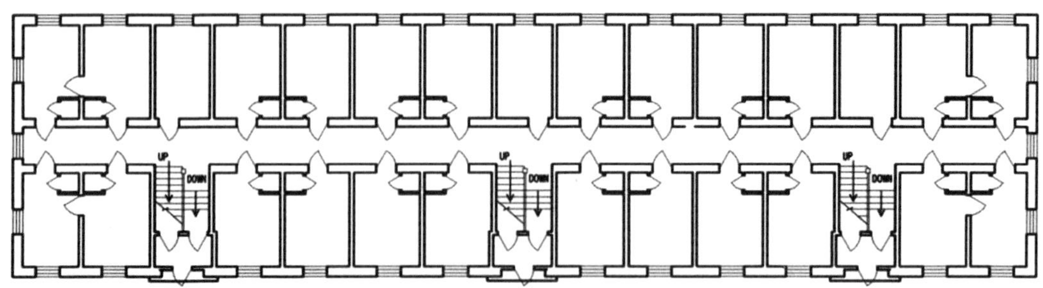

图2-1-38 戊己庚楼设计方案一层平面

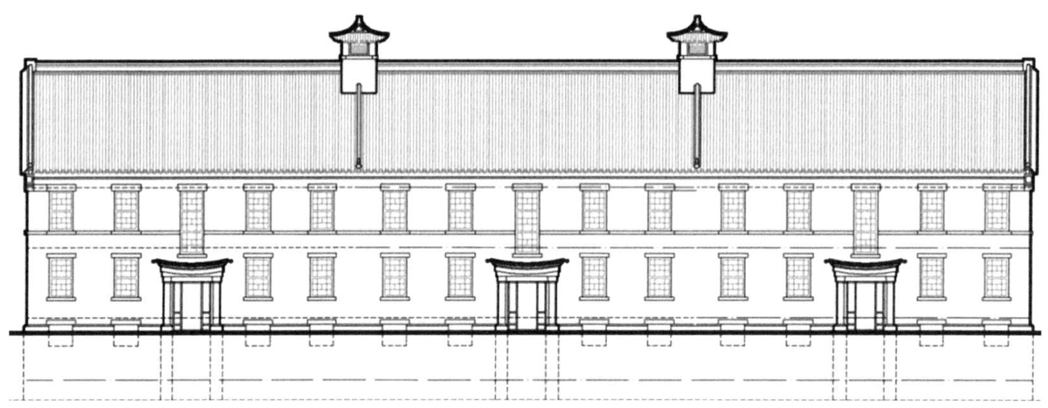

图2-1-39 戊己庚楼设计方案正立面(东立面)

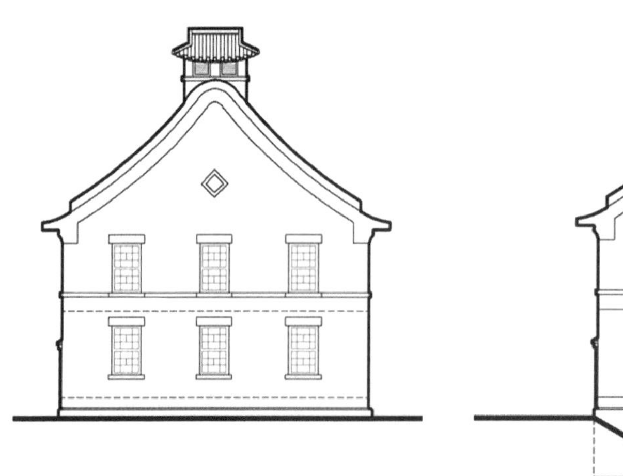

图2-1-40 甲乙楼、丙丁楼设计方案侧立面

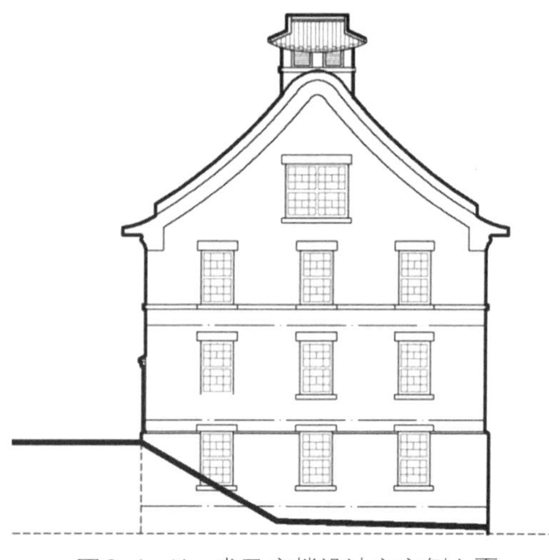

图2-1-41 戊己庚楼设计方案侧立面

6.小礼拜堂

全国重点文物保护单位。原金陵大学小礼拜堂,始建于1923年,体量较小,单层歇山顶❶。

由建筑师齐兆昌、美国弗洛斯与汉密尔顿建筑师事务所共同设计❷,方案与现状略有不同。堂东侧建钟亭一,战乱中钟亭被毁,钟亦遗失。2002年,南京大学建校一百周年,重新修缮小礼堂,恢复原貌❸。小礼堂南立面、东立面各有出入口,均为拱形门,门前两侧分设抱鼓石,踏道间有丹陛石。南立面、北立面均为拱形窗;东立面开圆窗,有我国传统建筑样式。大门门券、窗框边石均刻西式图案。正脊中部原有十字架,改建中被拆除。屋檐处以青砖叠涩做法代替斗栱,底层木地板架空,外墙面上有我国传统的"铜钱"样式通风口,细部构造精致(图2-1-42~2-1-48)。

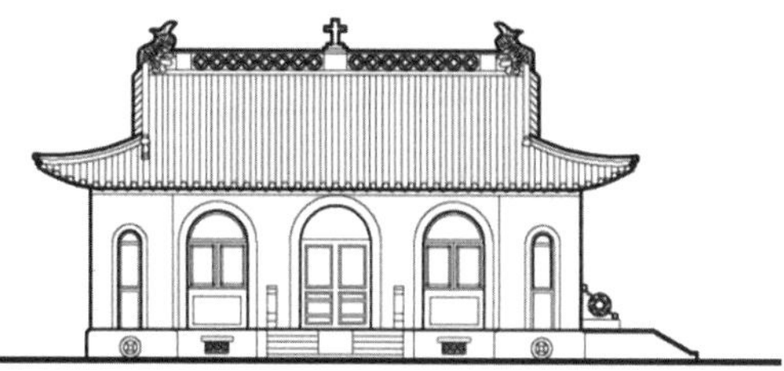

图2-1-42　小礼拜堂南立面

图2-1-43　小礼拜堂正立面

图2-1-44　小礼拜堂历史照片

图2-1-45　小礼拜堂东北面

❶ 马晓等:《活化的遗产——金陵大学历史风貌区保护规划·文本·金陵大学历史风貌区现状建筑调查表》,未刊稿,第201页。

❷ 陆素洁主编:《民国的踪迹 南京民国建筑精华游》,北京:中国旅游出版社,2004年版,第110页。

❸ 详见小礼堂前地面刻石,南京大学:《重修小礼堂、钟亭记》,2002年5月。

图2-1-46 小教堂南面

图2-1-47 小教堂东面、钟门

图2-1-48 孙明经、吕锦瑗夫妇在南京金陵大学校园内小礼拜堂结婚，华群为他们证婚（1937）

7.图书馆（南京大学校史博物馆）

全国重点文物保护单位。原金陵大学图书馆，建于1936年[1]。与北大楼处同一中轴线上，位于其正南方，现为南京大学校史博物馆，是金陵大学主体建筑群中落成最晚的一座。为纪念“南京事件”死难的文怀恩副校长而建，由民国政府拨款兴建。“25年蒙国府奖助，由财部拨发国币30万元，为兴建该馆之用。”[2]著名建筑师杨廷宝设计，建筑整体风格与帕金斯事务所设计的北大楼、东大楼、西大楼基本一致，但更接近“宫殿式”，色彩、细部颇为华丽（图2-1-49~2-1-51）。

图书馆为钢筋混凝土结构，歇山顶，中部类似重檐歇山顶，平面近于十字形。地上二层、地下一层，主入口有大理石门套，在北立面居中，与北大楼主入口遥相对应。一层立面为实墙上开竖向窗户，沉稳厚重，设有阅报室、会议室、书库管理室及其他办公用房，大厅入口处两侧有两个三跑楼梯通二层。二层大面积开窗，通透轻盈，采光通风好，便利阅览；其大厅为借书处，两侧设阅览室。图书馆立面一、二层之间轻重显明，立

[1] 《南大百年实录》编辑组编：《南大百年实录 南京大学史料选下》，南京：南京大学出版社，2002年版，第336页。

[2] 《金陵大学六十周年纪念册》大事记记载：1935年，“国民政府捐赠本校图书馆建筑费30万元”。

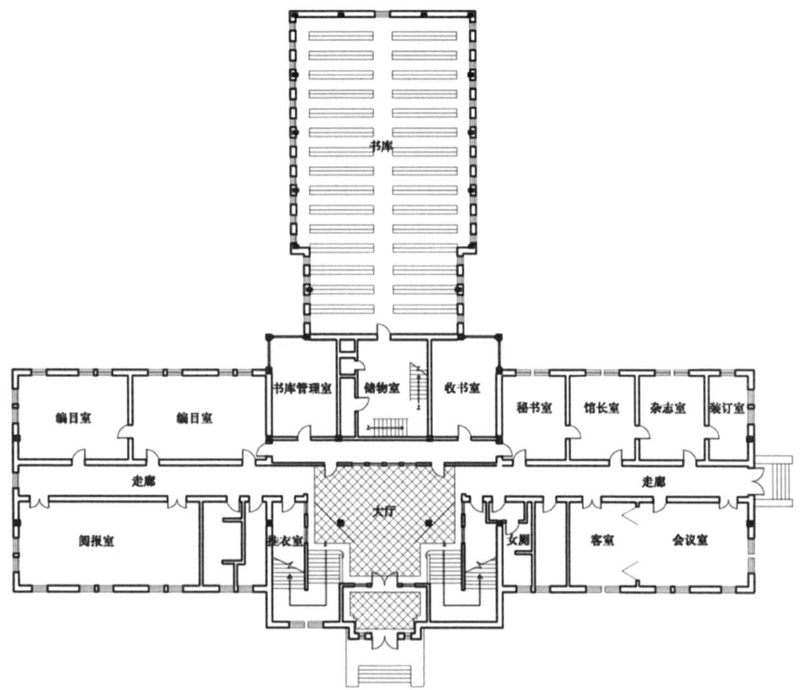

图2-1-49　金陵大学图书馆一层平面

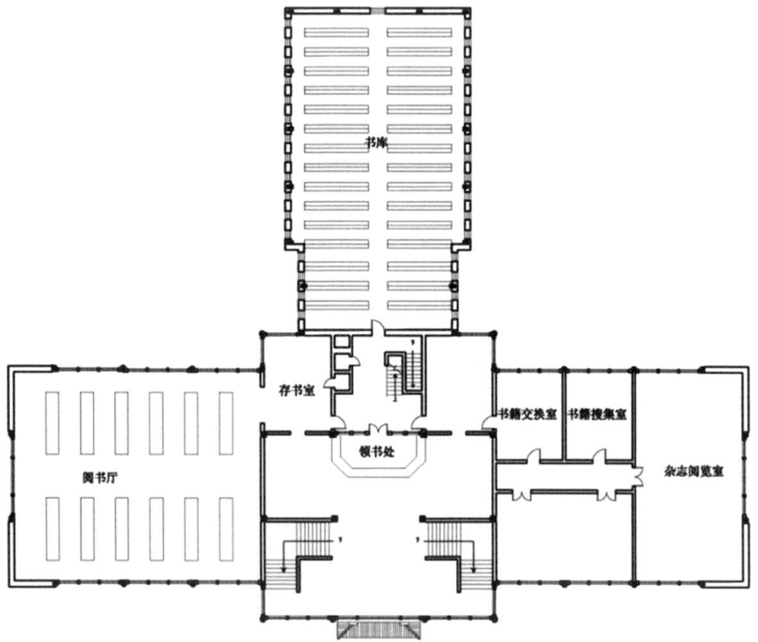

图2-1-50　金陵大学图书馆二层平面

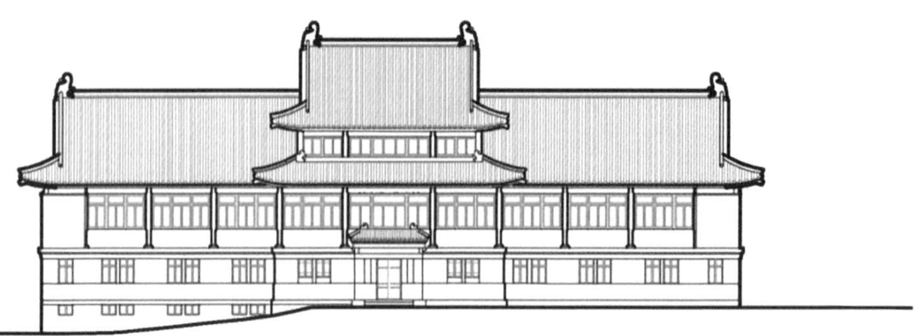

图2-1-51 金陵大学图书馆正立面(北立面)

面采用高基座,“附会中国古典建筑的台基做法墙身以红柱半凸的开间来加强中国建筑的意味……以西方式的审美情趣来组合中国古典建筑元素”[1]。

杨廷宝先生应较为深入地借鉴了美国著名建筑师墨菲在金陵女子大学校园建筑中的设计手法,采用西式现代建筑与我国传统宫殿式建筑相融合的风格。与金陵大学已有主要建筑相比,更多地运用我国传统建筑符号,增加梁枋、立柱等大木构件,饰以官式彩画,颇为华丽。

1959年维修门窗与檐口;1964年进行改造扩建,南翼的书库被拆除重建新楼及书库,并在二十世纪八十年代的加建中增加了西侧的大楼;2001年维修屋顶、外墙及彩绘。

8. 东北楼

全国重点文物保护单位。东北楼建于1935年,东西向。原为理学院实验楼,位于科学馆(东大楼)正北,北大楼东北侧[2]。

东北楼高四层,主入口朝西,在西立面二层,有栈桥与路面相通,采用与甲乙楼等宿舍楼相同的卷棚顶。不同之处在于偏北侧屋脊处设一悬山顶的“老虎窗”,与学生宿舍楼上的气窗形式不一,功用一致(图2-1-52)。

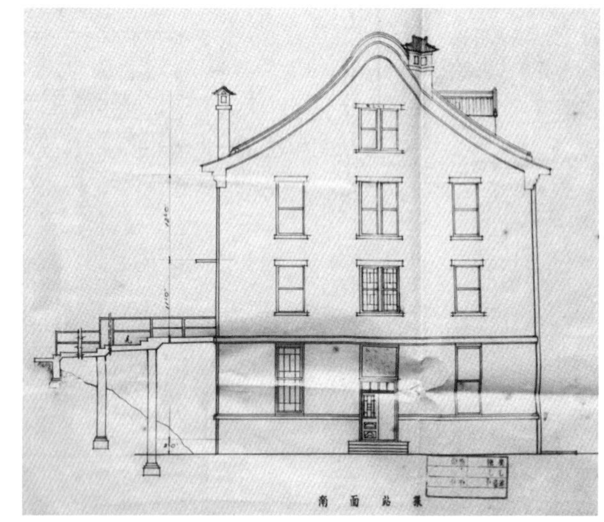

图2-1-52 金陵大学工程处绘制的东北楼南面站样(1936)
图片来源:南京大学档案馆

❶ 董黎:《中国教会大学建筑研究》,珠海:珠海出版社,1998年版,第223页。

❷ 马晓等:《活化的遗产——金陵大学历史风貌区保护规划·文本·金陵大学历史风貌区现状建筑调查表》,未刊稿,第203页。

9. 陶园南楼

南京重要的近现代历史建筑。陶园南楼建于1933年，原为金陵大学语言学校教学楼，位于南京大学南园东南隅，由美国芝加哥帕金斯建筑事务所设计，外观采用传统宫殿式歇山顶，现代式墙身，与北园建筑风格一致❶。坐东朝西，二层，屋顶正中脊饰造型特殊。青砖墙身，明城砖基座（图2-1-53~2-1-55）。

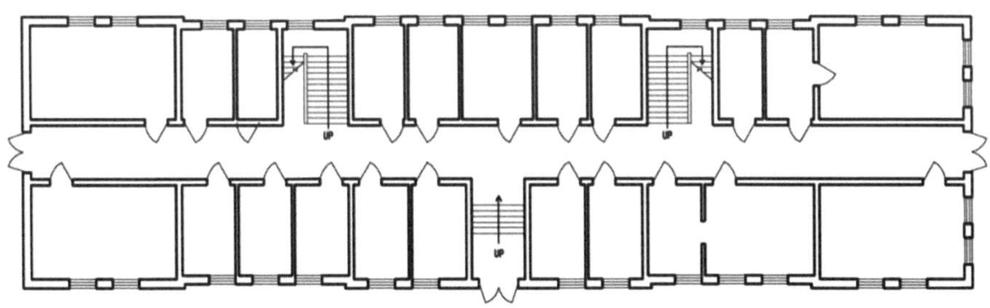

图2-1-53　陶园南楼设计方案一层平面

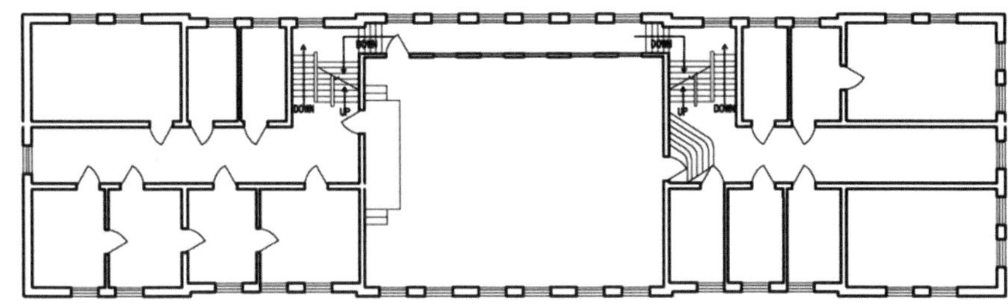

图2-1-54　陶园南楼设计方案二层平面

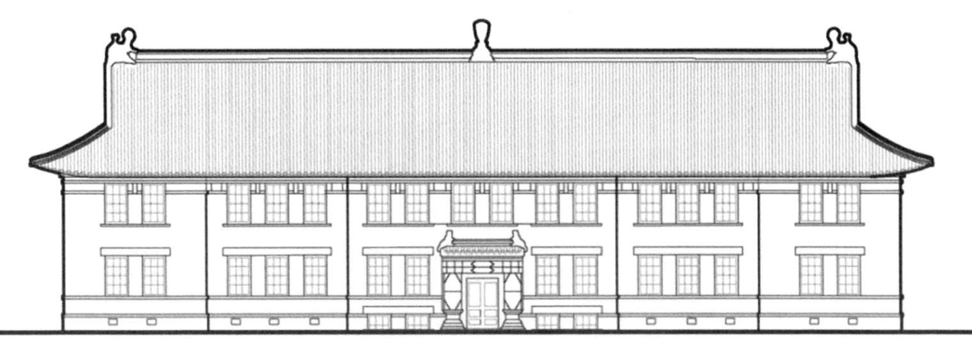

图2-1-55　陶园南楼设计方案正立面（西立面）

❶ 叶皓主编：《南京民国建筑的故事 上》，南京：南京出版社，2010年版，第261页。

该楼建筑面积1062平方米，原为金陵大学语言学校教学楼、金陵大学女生宿舍楼，现为南京大学男生宿舍楼，已修缮一新，建筑结构、格局、原貌没有改变。

10.鼓楼医院及护士学校

为增进人类幸福及便于医学预科学生实验起见，金陵大学设有鼓楼医院及护士学校各一所。但其建设并未按20世纪前十年的规划（图2-1-56）圆满实施。与金陵大学一样，鼓楼医院及护士学校只兴建了一部分（图2-1-57~2-1-59）。

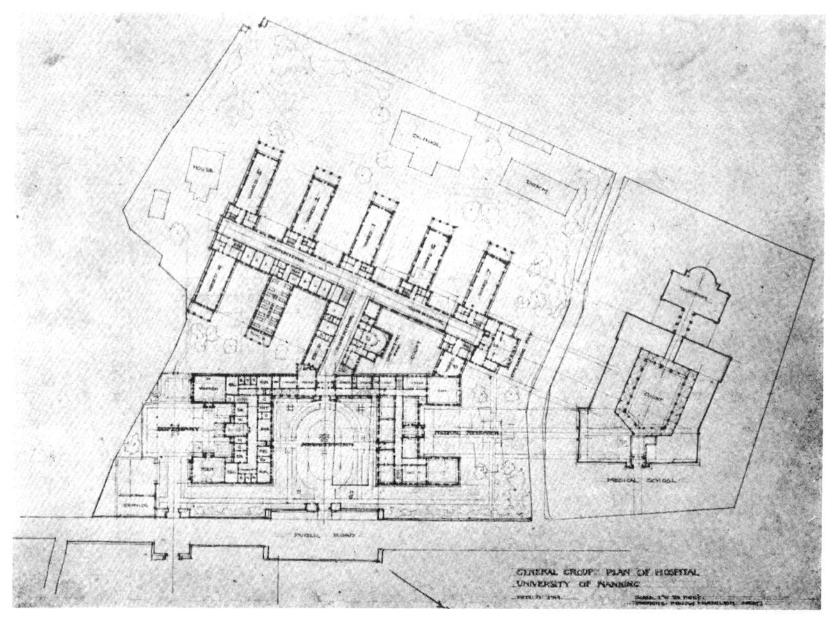

图2-1-56　鼓楼医院总平面规划图

图2-1-57　医院门房

图2-1-58　门诊部

图2-1-59　大学医院(1934)
图片来源:*The American Architect*,1925(1):64

11.教职工宿舍楼

除上文列出的主要建筑外,金陵大学时期还建有不少教职工住房(表2-1-2),多西式独栋小洋楼,风格各异。

这些教工独立住宅依据每位使用者的不同需求单独设计,建筑形式多样。与当今“千楼一面”的现代别墅设计形成对比,这种使用者参与设计的理念值得传承。

此后,金陵大学校园空间逐渐向外扩展,不少小住宅已拆除,但校园内外还有一些留存,如赛珍珠故居(1912),陈裕光公寓旧址(1912),魏荣爵、冯端旧居(1912),健忠楼(1912),何应钦公馆(始建于1934年,1945年重建),中山楼(1912),拉贝故居(1934),陈裕光故居[1](1920,现为爱德基金会),李四光工作室(二十世纪二十年代),冈村宁次住宅(二十世纪三十年代,现为南京大学中国思想家研究中心)等。这些名人故居都因其承载的历史与文化而愈加珍贵[2]。

表2-1-2　现存原金陵大学教职员住宅一览表[3]

建筑名称	建筑年代	层数	备注
赛珍珠故居	1912	2	位于南京大学北园,西南楼西侧,已被列为省级文物保护单位
陈裕光公寓旧址	1912	2	位于平仓巷西侧,南京大学工程管理学院内
魏荣爵、冯端旧居	1912	2	位于南京大学南园汉口路门西南侧,现为保卫处
健忠楼	1912	2	位于南京大学北园西门东侧,现为南京大学体育部

❶ 本为金陵大学的首任华人校长陈裕光的私人住宅,但陈裕光先生立下遗嘱,去世之后把自己的住宅捐给爱德基金会。

❷ 马晓等:《活化的遗产——金陵大学历史风貌区保护规划·文本·金陵大学历史风貌区现状建筑调查表》,未刊稿,第64页。

❸ 现在南京大学校园范围之外也有一些遗存。但表中仅列举了南京大学校园范围内现存的教职员住宅。

建筑名称	建筑年代	层数	备注
北园统战部小楼	1912	2	位于南京大学北园教学楼南侧，现为南京大学统战部
中山楼	1912	2	位于南京大学南园汉口路门东南侧，已被列为市级文物保护单位
罗根泽旧居	民国	2	位于南京大学北园汉口路门西侧
李四光工作室	民国	2	位于南京大学北园汉口路门西侧
陈裕光故居	1920	3	位于青岛路爱德基金会院内，为省级文物保护单位
拉贝故居	1934	2	位于南京大学南园东南角，为省级文物保护单位
金银街2号民国建筑	1936	2	位于南京大学北园，曾为冈村宁次寓所，已被列为南京市文物保护单位
金银街4号民国建筑	1936	2	位于南京大学北园，曾为冈村宁次寓所，已被列为南京市文物保护单位
何应钦公馆	1945	2	始建于1934，位于南京大学北园内，现已被列为省级文物保护单位

(1)拉贝故居

江苏省级重点文物保护单位。建于1934年，西方古典式。

位于鼓楼区广州路东口小粉桥1号。西式砖木结构的楼房，粉墙黛瓦，绿草成茵，花木成行。一楼为会客厅，二楼为书房和卧室，带阁楼。该宅院原为金陵大学农学院院长谢家声所有，占地约1905平方米。1930年，拉贝先生调任西门子南京分公司经理，小粉桥1号成为他的办公处兼住宅，此后一直到1938年3月，拉贝先生都在此居住。1947年，谢家声赴美前将其出租给美国基督教宣教会。现为拉贝纪念馆。拉贝故居保存至今，真实地反映了他在南京的生活环境，对于研究民国时期的历史和拉贝生平具有重要价值。

约翰·拉贝(1882~1950)，生于汉堡市的德国商人家庭。其因在南京大屠杀中拯救了20多万中国人而闻名，被世人尊称为“中国的辛德勒”。曾在非洲数年的拉贝，1908年起受西门子中国公司之聘，开始在中国沈阳、北京、天津、上海、南京等地经商。1931年至1938年前后，拉贝任德国纳粹党南京分部副部长。他亲历了日本军队在南京制造的大屠杀，并将其记录为著名的《拉贝日记》。南京大屠杀期间，拉贝和十几位外国传教士、金陵大学与金陵女子文理学院教授、医生、商人等共同发起建立“南京国际安全区”(图2-1-60~2-1-61)，并担任安全区国际委员会主席[1]。

在3.86平方千米的安全区范围内，他们建立了25个难民收容所，为约25万中国人

[1] 杨善友:《拉贝纪念馆:和平形象的传播者》，《公共外交季刊》2014年秋季号第6期，第97~104页。

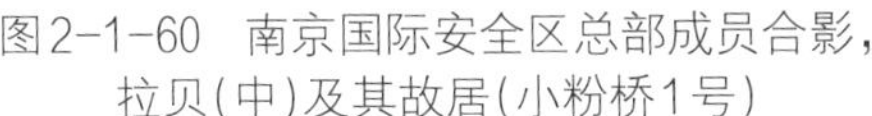

图2-1-60　南京国际安全区总部成员合影，拉贝(中)及其故居(小粉桥1号)

图2-1-61　拉贝先生

提供了避难场所。仅在小粉桥1号拉贝住宅和他的小花园里，拉贝就保护了600多名中国难民[1]。1938年，拉贝回到德国，6月8日写信给希特勒，提交关于南京大屠杀的报告。之后，他甚至一度被盖世太保逮捕[2]。

第二次世界大战结束后，拉贝因曾是纳粹党员而先后被苏联和英国逮捕。1946年6月他被同盟国去纳粹化并释放，生活拮据。鉴于在南京时的功绩，他得到国民政府每月金钱和粮食的接济。1950年，拉贝于西柏林逝世。1996年12月12日，美国《纽约时报》披露了《拉贝日记》，有力驳斥了日本右翼分子否认南京大屠杀的论调[3]。1997年他的墓碑由柏林搬至南京。南京大学拉贝与国际安全区纪念馆(简称"拉贝纪念馆")于2010年10月20日成功入选国际和平博物馆[4]。

2013年12月10日，由南京人民出资重修的拉贝纪念墓园落成仪式在德国首都柏林西郊威廉皇帝纪念堂墓地举行[5]。拉贝先生永垂不朽。

(2)赛珍珠故居

江苏省级重点文物保护单位(图2-1-62)。建于1912年，西式古典式。

原为教员Mr. Moss宿舍。位于南大北园西墙根下，占地面积约120平方米，总建筑面积356平方米。该楼坐西面东，砖木结构，地面二层，地下一层，四坡顶，青瓦，楼顶建有老虎窗，入口设有雨蓬，以四根古典风格的圆形立柱支撑，是一幢具有典型西洋风格的小洋楼。

---

❶ 陈如芳：《南京大屠杀中的活菩萨——拉贝》，《文史》2009年第2期，第13~15页。

❷ 黄慧英：《拉贝在"南京大屠杀"期间行为及思想变化简析》，《民国档案》1997年第4期，第94~100页。

❸ 张建宁：《拉贝，我们永远的朋友》，《档案与建设》1997年第11期，第17~20页。

❹ 杨善友：《拉贝纪念馆：国际和平博物馆的档案价值及其特点——纪念中国人民抗日战争暨世界反法西斯战争胜利70周年》，《档案学研究》2016年第2期，第56~59页。

❺ 柴野：《光明日报》2013年12月13日，第008版。

图2-1-62 赛珍珠故居历史照片

图2-1-63 赛珍珠（Pearl S. Buck）

赛珍珠（Pearl S. Buck，1892~1973）（图2-1-63）是享誉世界的美国文学家。她为促进中国和西方世界的相互理解作出了杰出贡献，被誉为“一座沟通东西方文明的人桥”。拥有双重世界、双重文化视角的赛珍珠，能够平等面对各种宗教思想，并超越各种宗教的形式束缚，形成独特的世俗化宗教思想[1]。二十世纪初，很多西方人正是从赛珍珠的作品中，形成对中国的最初印象，并萌生了对中国的好感和向往。而她的慈善事业及深厚的中国情结，至今在影响与感动着世人。

赛珍珠出生在美国弗吉尼亚州，父亲为在华长老会传教士。她出生刚4个月便被父母带到中国，后在镇江和上海读书[2]。她在中国长大，深受中国传统文化的熏陶。因崇拜中国清末名妓赛金花而取名赛珍珠。17岁时她回到美国进入弗吉尼亚州伦道夫—梅康女子学院学习心理学，毕业后返回中国。1917年她与美国青年农艺师卜凯（John Lossing Buck）结婚，卜凯教授农业技术和农场管理的课程，创办了金大农业经济系并任系主任，因出版《中国农家经济》等书而被视为美国的中国问题专家[3]。赛珍珠则在金陵大学外语系任教，并先后在东南大学、中央大学等校兼职教授教育学、英文等课。1921年至1931年间，她任金陵大学外语系教授时和卜凯生活在这栋小楼里，备课、批改作业、莳花弄草、参与社会工作、会见中外各界人士（徐志摩、梅兰芳、胡适、林语堂、老舍等人都曾是她的座上宾），直至离开中国，一直在此居住、写作[4]。

1932年，赛珍珠凭借小说《大地》（*The Good Earth*）获普利策小说奖；1938年又凭借“大地”三部曲、《异邦客》和《东风·西风》中“对中国农民生活进行了史诗般的描述”，“为中国题材小说作出了开拓性贡献”，成为美国第一位荣膺诺贝尔文学奖的作家[5]（但是，历史地看，赛珍珠显然没有受到学术界应有的重视[6]）。1942年的《龙子》，是赛珍珠描述中国抗战题材中的扛鼎之作[7]。

---

❶ 延缘:《赛珍珠的宗教观与文学表象——以〈东风·西风〉〈大地〉〈群芳亭〉为例》,《中国社会科学院研究生院学报》2015年第6期,第100~104页。

❷ 赵晨辉:《赛珍珠的中西文化观对其翻译的影响》,《海外英语》2015年第21期,第245~246页。

❸ 刘瑛、李群:《金陵大学的三位美国农学家》,《档案与建设》2016年第10期,第58~61页。

❹ 徐一鸣:《被金陵大学辞退的诺贝尔文学奖得主赛珍珠》,《文史天地》2014年第1期,第65~68页。

❺ 朱坤领:《赛珍珠的中国妇女观——对〈大地〉三部曲的女性主义解读》,《江苏大学学报(社会科学版)》2003年第3期,第69~73页。

❻ 郝素玲:《赛珍珠:一位文化边缘人》,《江苏大学学报(社会科学版)》2004年第1期,第64~67页。

❼ 张宇:《从“家庭主义”到“民族主义”——赛珍珠抗战题材小说〈龙子〉中的家国情怀》,《江苏大学学报(社会科学版)》2016年第6期,第32~35页。

新文化运动中，身处中国的赛珍珠在思想和心灵上深受冲击[1]。二十世纪二十年代中后期，她着手翻译《水浒传》，1933年出版，译名为《四海之内皆兄弟》(*All Men Are Brothers*)，是《水浒传》的第一个英文全译本，获得成功[2]。当时的评论家和学者都盛赞赛珍珠翻译经典巨著《水浒传》的壮举[3]。在当前的后殖民语境下，《水浒传》赛珍珠译本更具有深远的文化意义[4]。这些为赛珍珠赢得盛名的作品，大都是她居住在金陵大学的这栋小楼里，边教书边创作完成的。可以说，南京大学"赛珍珠故居"这座砖砌小楼，完整地见证了她不同凡响的文学成就。相对而言，对赛珍珠文学成就的研究进程仍显得暧昧而迟缓[5]。不过，二十一世纪以来，已有较大改观[6]。"2016年赛珍珠与亚洲"学术研讨会就在江苏大学举行[7]。

图2-1-64　陈裕光先生一家在故居前合影(1988)

图2-1-65　陈裕光及其妻子(19xx)

(3)陈裕光故居

江苏省重点文物保护单位、南京市重要近现代建筑。建于1920年，西方古典式。

原为甘宅(教员 Mr. Kelsey 宿舍)。1989年，陈裕光去世后，该建筑房产权归其子女(图2-1-64~2-1-65)。

1995年，该房产捐赠给爱德基金会，现为其办公楼。

(4)何应钦公馆

江苏省级重点文物保护单位。始建于1934年，由著名建筑师沈鹤甫设计，辛峰记营造厂承建。1937年12月毁于战火。1945年秋，何应钦回南京后在原址重建，翌年3

---

❶ 朱春发：《动情的观察者：赛珍珠与中国新文化运动》，《文艺争鸣》2016年第12期，第130~136页。

❷ 姜庆刚：《金陵大学外籍教师与汉学研究》，《国际汉学》2016年第4期，第158~162页。

❸ 董琇：《赛珍珠以汉语为基础的思维模式——谈赛译〈水浒传〉》，《中国翻译》2010年第2期，第49~54页。

❹ 庄华萍：《赛珍珠的〈水浒传〉翻译及其对西方的叛逆》，《浙江大学学报(人文社会科学版)》2010年第6期，第114~124页。

❺ 韩传喜、朱顺：《大地上的异乡者——重评赛珍珠的〈大地〉》，《社会科学论坛》2008年第6期(下)，第119~124页。

❻ 姚君伟：《近年中国赛珍珠研究回眸》，《中国比较文学》2001年第4期，第30~39页。

❼ 王凯：《探索赛珍珠研究的新领域——"2016年赛珍珠与亚洲"学术研讨会综述》，《江苏大学学报(社会科学版)》2016年第5期，第16~18页。

月竣工。西班牙式风格。

何公馆坐北朝南，占地面积7782平方米，建筑面积2869平方米，计有二层楼房3幢，三层楼房1幢，四层楼房7幢，另有附属平房。现仅存1幢楼房，此楼坐北朝南，高三层，坡屋顶上铺蓝色琉璃筒瓦，拱形门窗，黄墙砖柜，建筑面积869平方米。现为南大外事接待办公室，装饰一新，结构未变，基本上保持着原有的风貌。该建筑构思新颖，陈设考究，环境优雅、宜人。

何应钦（1889~1987）（图2-1-66），字敬之，贵州兴义人，日本士官学校毕业，国民党陆军一级上将。1924年任黄埔军校总教官，参与组建国民党军队，在国民党军政界中有“黄埔系的保姆”之称[1]。因1935年7月与日本签订《何梅协定》，使中国北方大片国土沦入日本之手，而遭人诟病。西安事变中力主出兵，图谋以汪精卫、何应钦等组织亲日政府[2]。抗战期间历任参谋总长、中国战区陆军司令、联合国军事参谋团中国代表团团长等职。

图2-1-66 何应钦

1945年，何应钦代表中国政府接受日军投降[3]。后任国民政府国防部长。李宗仁任代总统时，出任行政院长。国民党内战失败后赴台，何应钦任“总统府战略顾问委员会”主任委员等职。1987年逝世于台北，著有《日军侵华八年抗战史》。

其本人则堪称台湾旅游业的奠基人和开拓者[4]。

（5）陈裕光公寓旧址

南京市重要近现代建筑。建于1912年，西方古典式，原为17号教员宿舍。1927~1951年为金陵大学校长陈裕光使用。现为工程管理学院办公楼。

陈裕光（1893~1989）（图2-1-67~2-1-69），字景唐，南京人[5]。1927年受聘为金陵大学校长始，连续任校长达20余年，他既是中国教会大学第一位华人校长，也是我国现代高等教育史上任期最长的校长，被公认为我国教育界的元老之一。

图2-1-67 陈裕光

陈裕光对教会大学的“中国化”具有开拓性贡献[6]。他在办

[1] 熊宗仁：《何应钦：黄埔系的保姆》，《贵阳文史》2014年第4期，第14~16页。

[2] 熊宗仁：《西安事变发生后的何应钦》，《民国春秋》1995年第1期，第17~22页。

[3] 熊宗仁：《何应钦与中国战区受降》，《文史天地》2015年第8期，第4~9页。

[4] 熊宗仁：《何应钦与台湾旅游业的兴起和发展》，《贵州文史丛刊》2007年第2期，第100~102页。

[5] 另一说为1892年，陈先生生于浙江宁波。平欲晓、张生：《一个教会大学校长的生存状态——陈裕光治理金陵大学评述》，《江西社会科学》2006年第10期，第108~115页。

[6] 陈才俊：《华人掌校与教会大学的“中国化”——以陈裕光执治金陵大学为例》，《高等教育研究》2008年第7期，第97~103页。

图2-1-68　陈裕光先生

图2-1-69　陈裕光先生

学实践中，形成独具特色的服务社会办学理念[1]。将“诚、真、勤、仁”定为金大校训，兼顾学生文化课和课外生活管理，开展“四H运动”和提倡“四种生活”，对金陵大学的组织管理方式进行大胆的革新，采取许多卓有成效的办学措施，使金陵大学成为国内外知名的高等学府[2]，为金陵大学赢得了“钟山之英”与“南国雄”的美誉，也将自己的名字永远铭刻在金陵大学的历史上[3]。

任职期间，他以渊博的知识、卓越的治校才能和献身教育的精神，为金大教育事业的改革和发展取得了卓著业绩，使金大成为全国著名的教会大学之一，并为中西文化的交流作出了贡献。他也因此而蜚声海内外，先后获得美国哥伦比亚大学的名誉奖章和美国南加州大学名誉教育博士[4]。1932年8月4日，任中国化学会首届会长[5]。1989年4月19日在南京逝世，享年96岁[6]。

2014年，研究陈裕光先生生平的专著出版[7]。

(6)魏荣爵、冯端旧居

南京市重要近现代建筑(历史建筑)。建于1912年，西方古典式，现为南园保卫处办公楼。

建筑坐北朝南，高二层，建有老虎窗，占地面积220平方米，建筑面积410平方米。原系中国科学院院士、南京大学一级教授魏荣爵、冯端旧居。

图2-1-70　魏荣爵先生

魏荣爵(1916.9~2010.4)(图2-1-70)，湖南省邵阳市

[1] 李瑛：《陈裕光的服务社会办学理念及其实践探析》，《高教探索》2012年第1期，第115~118页。

[2] 汤健：《民国教育家陈裕光的金陵大学办学之路》，《兰台世界》2015年9月上旬，第74~75页。

[3] 邵艺：《陈裕光：华人校长第一人》，《中国档案》2016年第10期，第82~83页。

[4] 王德滋主编：《南京大学百年史》，南京：南京大学出版社，2002年版，第642~643页。

[5] 王治浩：《中国化学会第一任会长——陈裕光》，《学会》1985年第4期，第43~45页。

[6] 王治浩：《中国化学会首任会长陈裕光先生逝世》，《化学通报》1989年第8期，第29页。

[7] 王运来：《诚真勤仁 光裕金陵——金陵大学校长陈裕光》，济南：山东教育出版社，2004年版。

人，清代著名学者魏源的后裔，其祖父魏光焘曾任晚清两江、云贵等地总督，又是三江师范学堂(今南京大学前身)的创办人之一。其父书法家魏肇文早年留学日本，是蔡锷将军的表兄弟和同窗好友，曾做过同盟会湖南支部长及国民议员，师从后来的两江师范学堂第一任总监李瑞清(原是魏光焘的幕僚)[1]。

1937年毕业于金陵大学物理系，1938年起，任教于重庆南开中学；1942年起，任教于重庆金陵大学理学院。1945年赴美国芝加哥大学学习，并于1947获美国芝加哥大学硕士学位；1950年获美国加州大学洛杉矶分校(UCLA)博士学位，并留校任教[2]。民盟会员，南京大学声学所教授，中国著名声学家。1952年全国高校院系调整，魏荣爵先生任南京大学物理系主任，至1984年卸任，任期33年，成为中外物理系历史上任期最长的系主任[3]。

他在南京大学创建中国第一个声学专业，建立了消声实验室和混响实验室[4]。最早提出用语噪声法测量汉语平均谱，研究了混响及噪声对汉语语言通信的影响。曾任中国声学学会名誉理事长、美国声学学会会员；国际非线性声子、声学教育等委员会委员，第三届全国人大代表，第五、六、七届全国政协委员。

图2-1-71 冯端先生

冯端(1923.6.11~)(图2-1-71)，生于江苏苏州，祖籍浙江绍兴。物理学界泰斗、教育家，曾任中国物理学会会长。1946年7月毕业于中央大学理学院物理系，获学士学位并留校任教[5]。1979年当选为中国科学院学部委员[6]。

冯端教授在南京大学执教的40多年中，几乎教遍了物理学的各个分支，从基础课到专业课，从实验课到理论课[7]。冯端在体心立方难熔金属内位错的研究中，合作发现了浸蚀法位错线成象规律，并主编了中国第一部《金属物理》，研制出了我国第一台电子束浮区区熔仪，成功地制出了钼、钨单晶体。近年来致力于凝聚态物理学研究，著有《凝聚态物理学新论》等[8]。2003年和2004年，两次因纳米材料的研究进展获得国家自然科学奖二等奖。中国科学院紫金山天文台将一颗国际编号为187709的小行星命名为"冯端星"。1980年当选为中国科学院院士。1993年当选为第三世界科学院院士。

---

❶ 刘维荣、林挺：《一片赤诚无悔无怨——中国杰出声学家魏荣爵院士访谈录》，《城建档案》2000年第6期，第37~39页。

❷ 或误为加利福尼亚大学博士学位，并任加利福尼亚大学研究员，见程建春：《魏荣爵先生(1916-2010)》，《声学学报》2010年第4期，第402页。或云：伊立诺大学理学博士学位，不久又获加州大学哲学博士学位。

❸ 陈伟中、孙广荣：《怀念我们的导师魏荣爵院士》，《南京大学学报(自然科学)》2011年第2期，第108~111页。

❹ 王耀俊：《辛勤耕耘勇于攀登——记魏荣爵教授》，《现代物理知识》1993年第5期，第12~13页。

❺ 夏天：《冯端院士谈治学》，《档案与建设》1994年第3期，第9~11页。

❻ 芜茗：《中国著名物理学家、教育家——冯端教授》，《现代物理知识》1992年第1期，第1页。

❼ 蒋树声：《一位物理学家的足迹：记冯端教授》，《现代物理知识》1992年第1期，第3~4页。

❽ 王进萍：《以有涯之生逐无涯之知——访冯端先生》，《物理》2008年第4期，第264~270页。

(7)健忠楼

南京市重要近现代建筑(历史建筑)。建于1912年,西方古典式。

原为钦宅(教员Mr. Keene宿舍)(图2-1-72~2-1-76),坐南朝北,砖木结构,西式风格,地上二层带老虎窗,建有地下室,建筑面积593平方米。后因香港晓阳慈善基金会林健忠先生捐资修缮,而冠名“健忠楼”。

图2-1-72 The Keene Home(1920)

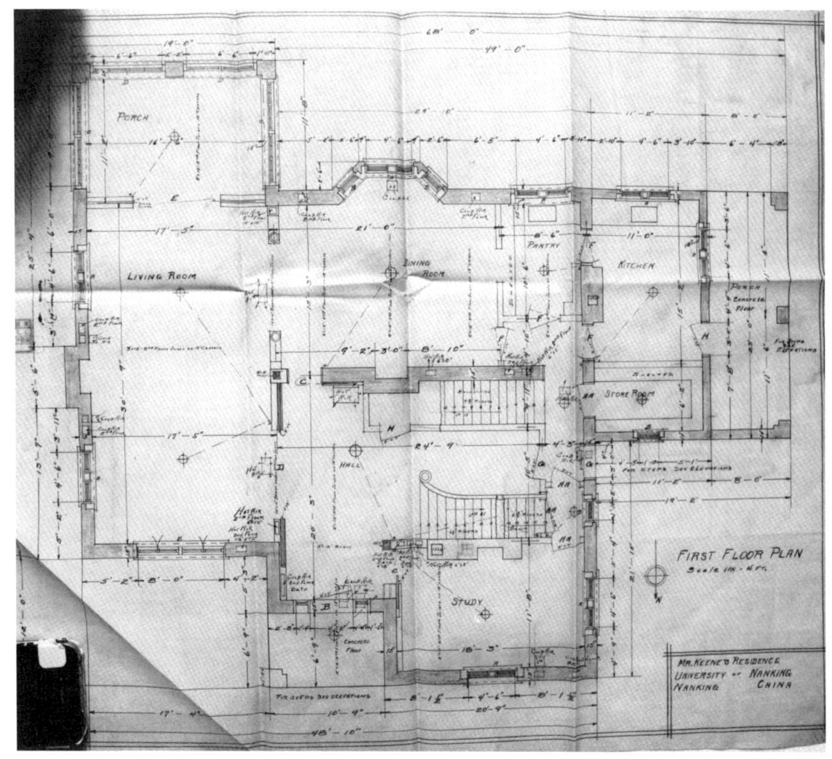

图2-1-73 健忠楼一层平面图
图片来源:南京大学档案馆

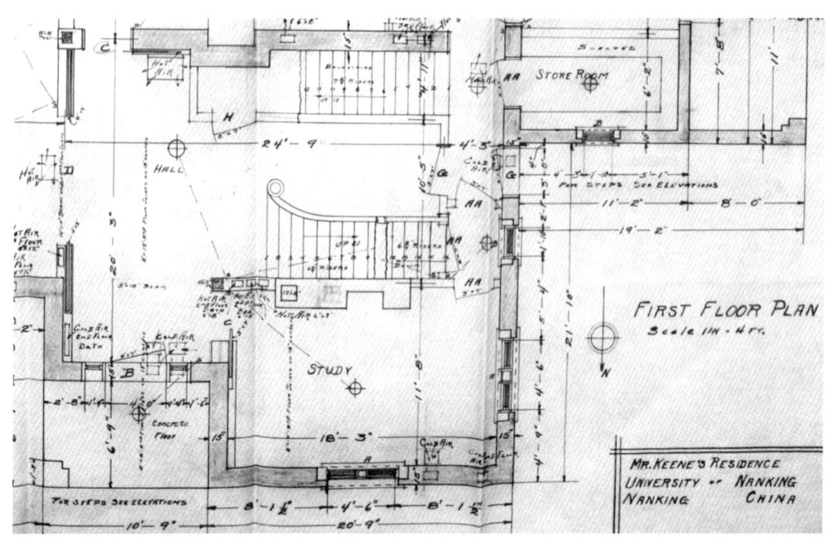

图2-1-74 健忠楼一层平面图局部
图片来源:南京大学档案馆

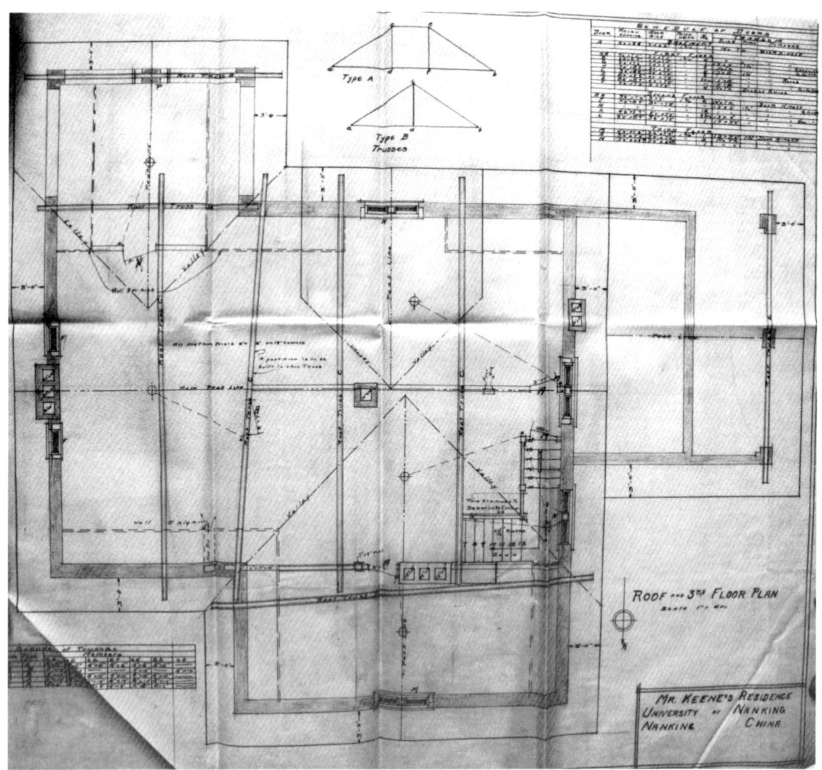

图2-1-75 健忠楼三层平面图
图片来源:南京大学档案馆

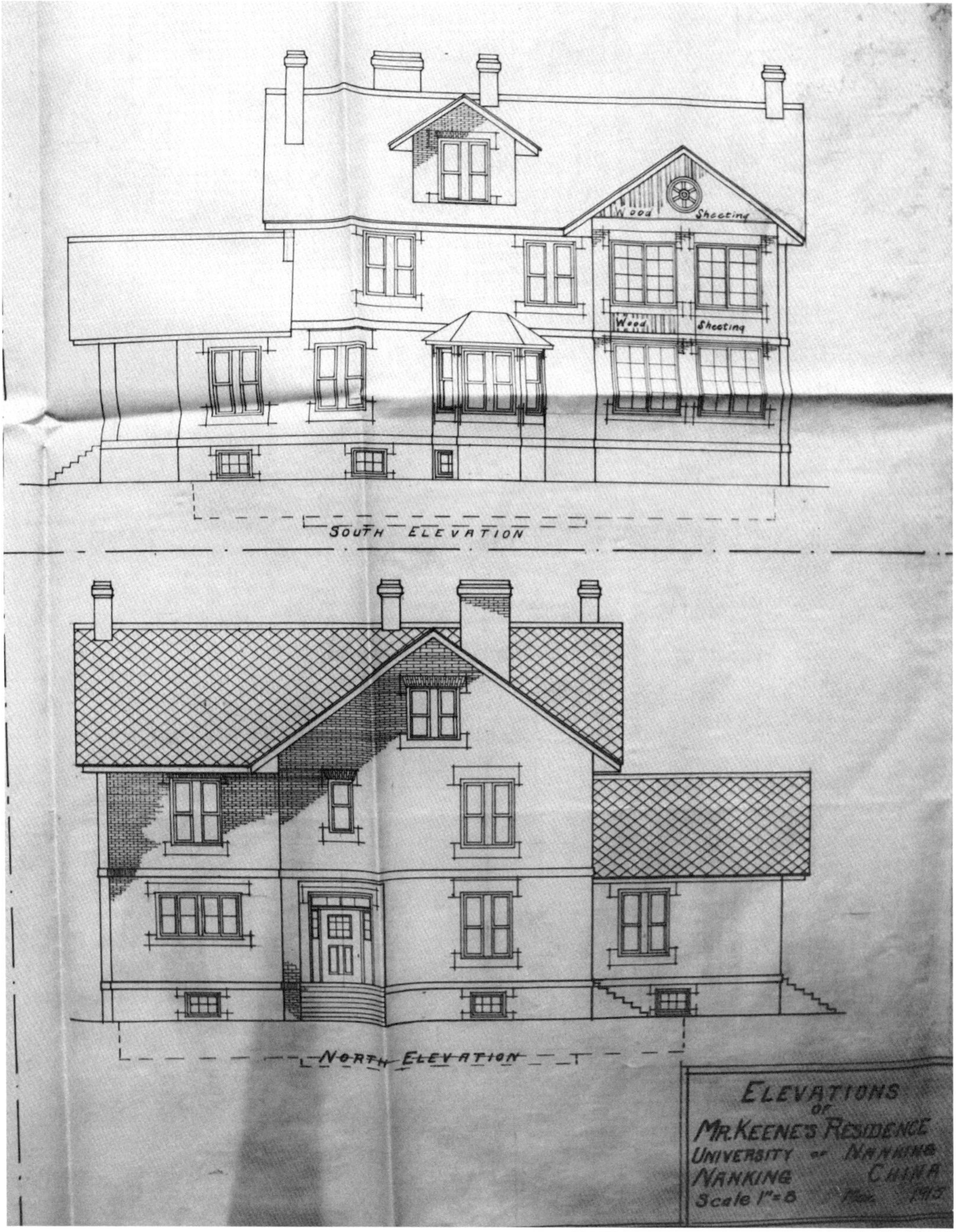

图2-1-76　健忠楼图纸(立面图)
图片来源:南京大学档案馆

(8)中山楼

南京市级重点文物保护单位(图2-1-77)。建于1912年,西方古典式。

图2-1-77　中山楼(1946)

占地面积约180平方米,建筑面积约350平方米,是一幢西式风格的别墅。该建筑高两层,上有老虎窗,坐北朝南,灰色墙面,红色屋顶,砖混结构。一楼有柱式外置门廊,二楼有简易阳台,房顶有三个并排而立的老虎窗,其外表为红色,甚是引人注目。目前,该建筑基本上保持原有的建筑风貌,基本结构也没有改变。原为12号教员宿舍。据说,孙中山先生辞去临时大总统职务后,一度居于此地。1949年后,该建筑为南京大学使用管理,曾经作为南大财务处,现为南大学生处所在地。

图2-1-78　孙中山先生

(9)罗根泽旧居

南京市重要近现代建筑(图2-1-79~2-1-81)。建于民国时期,西方古典式。

原为金陵大学教员宿舍。坐东朝西,地下一层,地上二层,建有阁楼,砖木结构,占地面积约95平方米,建筑面积282平方米。该建筑系当代著名学者和文学评论家罗根泽的旧居,现为南大国有资产管理处办公楼。该建筑基本保持原有风貌(有加建部分),保存较好。

罗根泽(1900~1960),字雨亭,直隶深县(今河北深州市)人,著名古典文学研究专家,尤以诸子、中国文学批评史和中国文学史为突出。二十世纪四十年代初,罗根泽先生就发表过类似古代文学理论向现代文学理论转换的意见,开一代之先[1]。

1925年考入河北大学中文系,1927年考取清华研究院国学门,师承梁启超、陈寅恪;后又考取燕京大学国学研究所,师承冯友兰、黄子通。1929年于三处皆毕业。历任河南大学、北京师范大学、中央大学、南京大学等校教授[2]。

1932~1937年,主编《古史辨》第四、六册,为"古史辨派"重要成员,学术影响较大[3]。《中国文学批评史》是他倾注毕生精力完成的一部巨著,已完成先秦两汉、魏晋六

---

❶ 陈良运:《"文学理论的职责是指导未来文学"——从罗根泽的文学批评史观谈起》,《东南学术》2001年第5期,第78~84页。

❷ 孙新梅:《罗根泽诸子辨伪成就》,《吉林省教育学院学报》2016年第6期,第156~158页。

❸ 张健:《从分化的发展到综合的体例——重读罗根泽〈中国文学批评史〉》,《文学遗产》2013年第1期,第127~146页。

朝、隋唐、晚唐五代四个部分❶。专著有《乐府文学史》《中国古典文学论集》等。

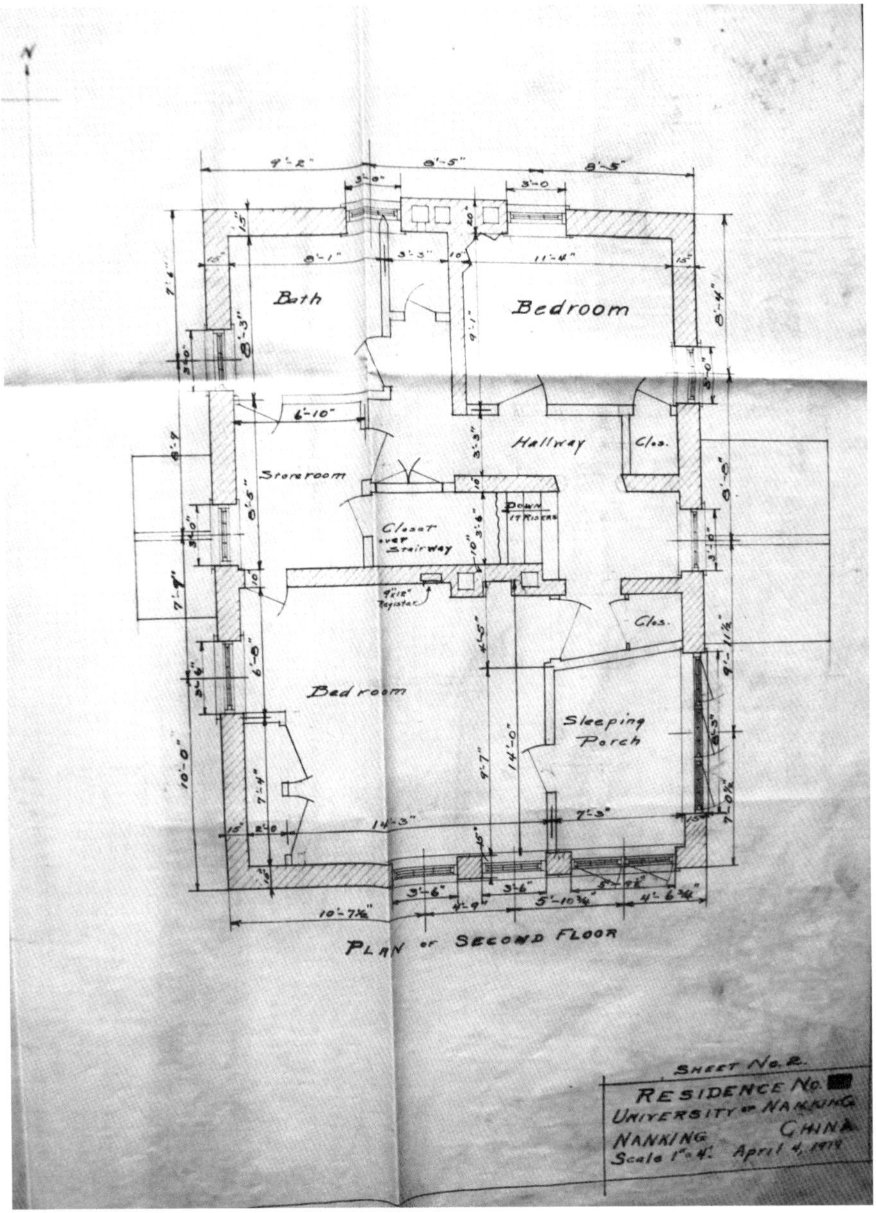

图2-1-79　罗根泽旧居平面图(1919年4月)
图片来源：南京大学档案馆

❶ 聂世美：《筚路蓝缕，以启山林——罗根泽著〈中国文学批评史〉再版读后》，《文学遗产》1984年第4期，第150~151页。

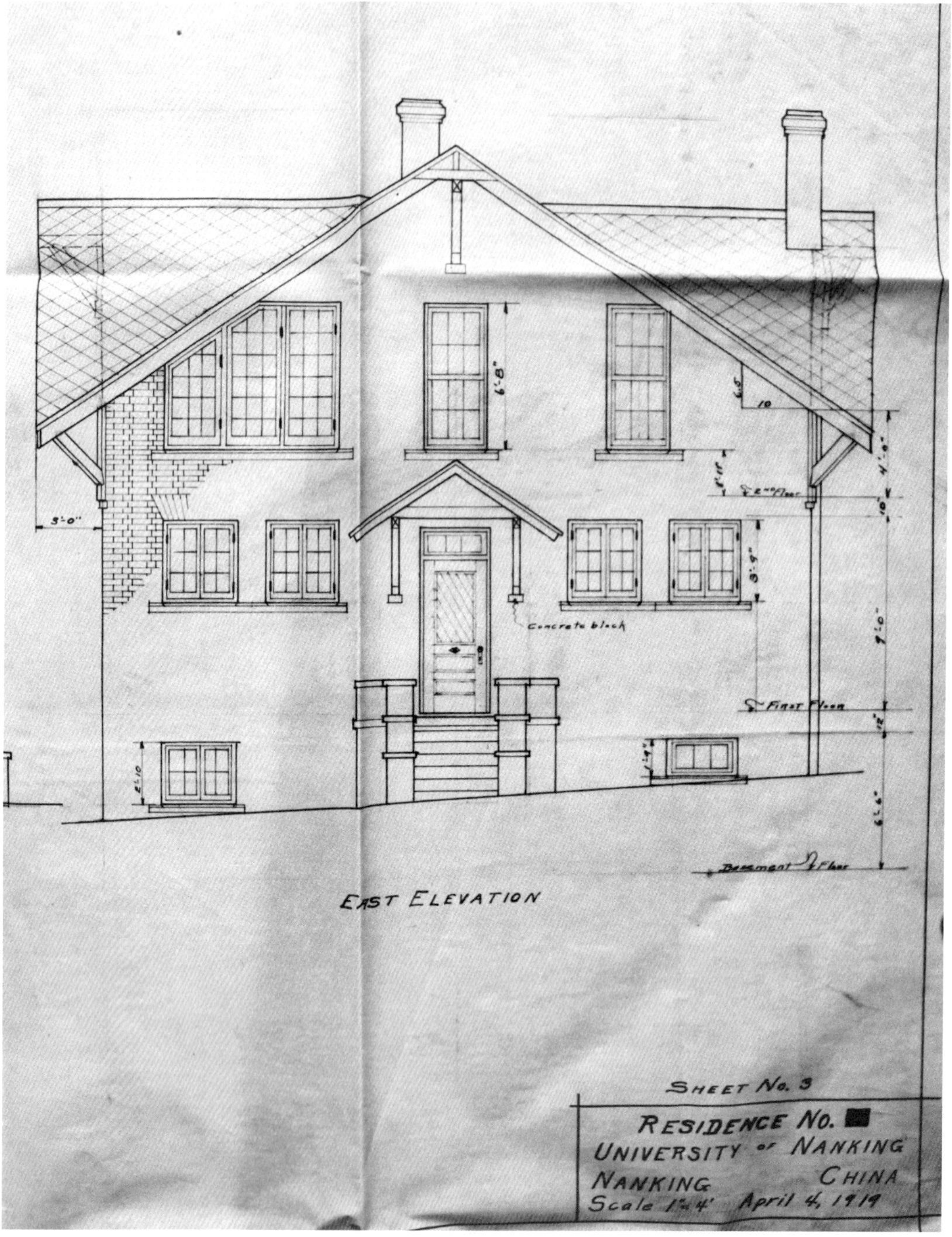

图2-1-80 罗根泽故居东立面图
图片来源：南京大学档案馆

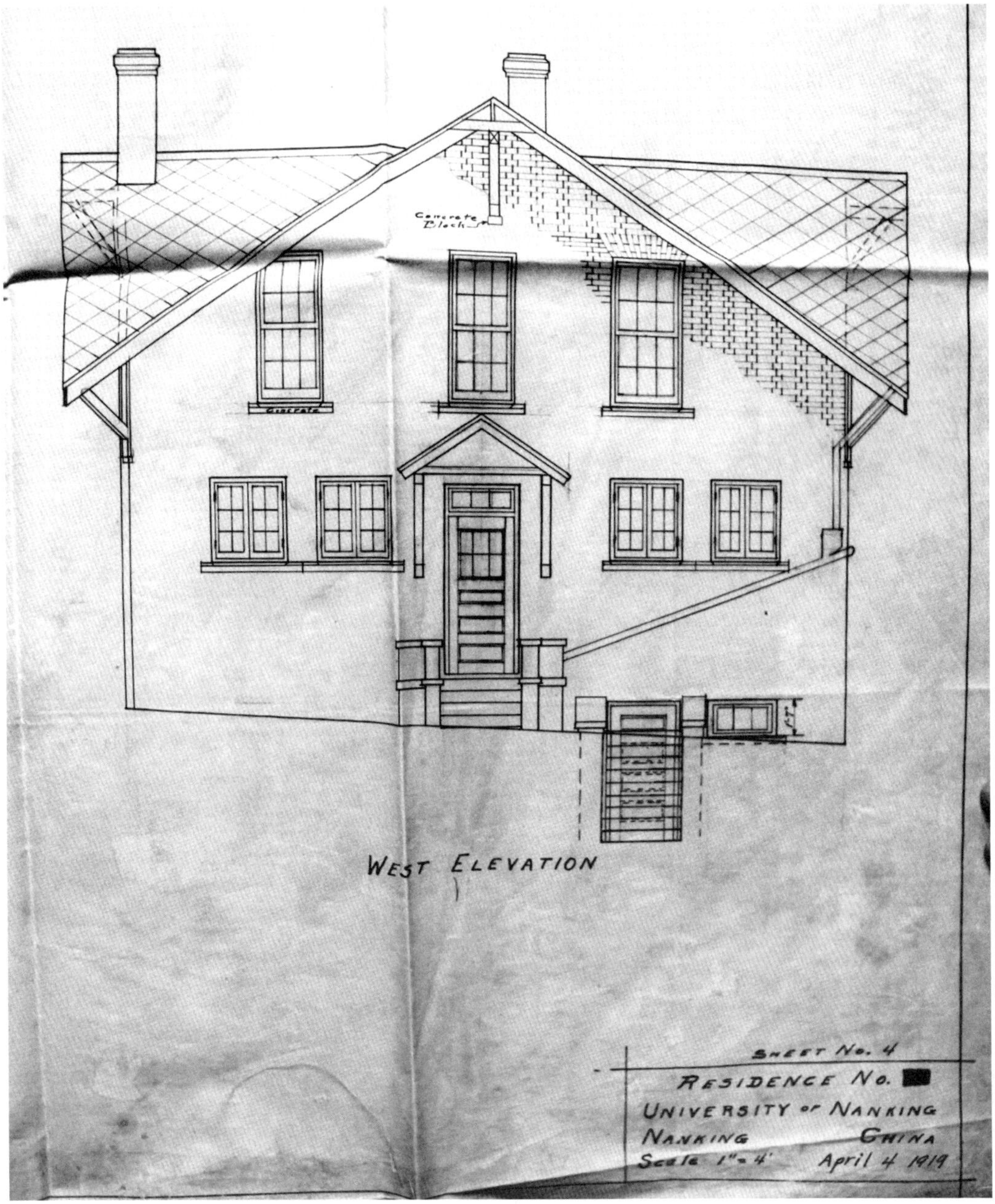

图2-1-81　故居西立面图
图片来源：南京大学档案馆

(10)李四光工作室

南京市重要近现代建筑。建于民国年间,西方古典式。

李四光工作室为独立式楼房,地上二层带阁楼,地下一层,坐西朝东,正门前有石台阶,占地面积150平方米,建筑面积420平方米。据了解❶,该建筑原为著名地质学家李四光在南京的工作室,产权系南京市房产局,由南京大学代管。现为南大艺术研究院办公楼。该建筑原貌、结构格局没有改变,基本无损,保存状况较好。

图2-1-82 李四光先生

李四光(1889~1971)(图2-1-82),著名地质学家、古生物学家,我国地质力学的创始人,英国伯明翰大学科学博士,挪威奥斯陆大学哲学博士❷。历任北京大学、中央大学教授,中央研究院地质研究所所长、中国科学院副院长、全国地质工作计划委员会主任、中科院古生物研究所所长等职❸。他曾用地质力学的观点分析我国东部地质构造特点,为我国石油工业的发展、石油的大发现做出了不可替代的重要贡献❹。他还运用地质力学原理和方法,进行地震成因和地震预报研究,亦为重要贡献之一❺。

李四光对地学的杰出贡献是多方面的:创建了中国微体古生物分支学科和中国第二个古生物研究中心;在新的历史条件下,高瞻远瞩地统一了南北"三古";适应古生物资源大国和学科队伍历史特点,及时调整了学科布局和地区布局,成为中国古生物学的总设计师❻。李四光的精神,是值得所有地学工作者学习与倡导的❼。

(11)金银街2号民国建筑

南京市文物保护单位、南京重要近现代建筑,建于1936年,西方古典式。曾为冈村宁次寓所,现为南京大学中国思想家研究中心办公楼。

冈村宁次生于1884年,日本士官学校和陆军大学毕业,日军投降前中国战区最高负责人❽,侵华战争主要战犯。由于种种历史原因,最终逃脱惩戒❾。

---

❶ 据《南京市第三次文物普查名录》新发现,编号320106-0354。

❷ 景才瑞:《李四光的科学研究历程与〈李四光全集〉》,《华中师范大学学报(自然科学版)》1996年第3期,第353~360页。

❸ 朱斐:《东南大学史 1902-1949》(第一卷),南京:东南大学出版社,1999年版,第336页。

❹ 赵文津:《李四光与中国石油大发现》,《中国工程科学》2005年第2期,第26~34页。

❺ 李长安:《李四光对中国地震事业的重要贡献》,《中国科技史料》1993年第2期,第43~48页。

❻ 李扬:《世界著名的地质学家,中国微体古生物创始人李四光——纪念李四光教授诞辰105周年》,《古生物学报》1994年第4期,第653~656页。

❼ 王新茹:《浅谈李四光精神对地学人才培养的促进作用——记北京大学李四光中队讲师团的建立与发展》,《教育教学论坛》2014年第期,第19~21页。

❽ 王光远:《国民党为何释放战犯冈村宁次》,《南京史志》1995年第5期,第36~37页。

❾ 陆茂清:《冈村宁次被无罪释放内幕》,《文史精华》1996年第1期,第36~42页。

何应钦与冈村宁次关系特殊[1]。令人深思的是,其交出的军刀,被何应钦作为礼品赠送给了美国MRA运动(即和平运动,1938年发起组织)的创始人李普曼博士[2]。

(12)金银街4号民国建筑

南京市文物保护单位、南京重要近现代建筑,建于1936年,西方古典式(德式)。曾为冈村宁次寓所[3],现为中华文化研究所办公楼。

(13)北园统战部小楼

历史建筑遗产。建于1912年,后加建。西方古典式,附属平房为中式。

原系教职员Mr. Williams的宿舍,解放后为工人之家。现一层为统战部办公室,二层为南大学报办公室。其附属平房(建于1937年)于1951年作为交谊室,现为会议室。

---

❶ 熊宗仁:《何应钦与冈村宁次》,《文史精华》1999年第2期,第54~60页。

❷ 田夫:《冈村宁次交出的军刀》,《民国春秋》1994年第3期,第48页。

❸ 王光远:《国民党为何释放战犯冈村宁次》,《南京史志》1995年第5期,第36~37页。

第三节 其他重要历史文化遗产

1. 金陵大学堂、两江师范学堂碑

二源碑位于小教堂东侧，北园金陵苑处（图2–1–83~2–1–84）。

“两江师范学堂”碑帖，一般认为是由著名书法家、两江师范学堂监督（校长）李瑞清题写[1]。

“金陵大学堂”碑帖也被认为是李瑞清先生所书，具体时间无从查实。猜测为1912年2月，学校定名为“金陵大学堂”时题写。

两碑共用一紫砂石大砖基座，上为四坡顶小亭，黑色小筒瓦。“金陵大学堂”碑镶嵌在基座北面，汉白玉质地，长3.35米，宽0.7米，厚0.2米，字迹白色。“两江师范学堂”碑镶嵌在基座南面，质地青石，长同样为3.35米，宽0.7米，厚0.2米，字迹为咖啡色，其中“师”字已模糊不清。

图2–1–83 金陵大学堂碑

[1] 南京大学党委宣传部编：《南大您好 南京大学百年校庆新闻集锦》，南京：南京大学出版社，2003年版，第8页。

图2-1-84　两江师范学堂碑

2. 金陵大学旗杆

历史建(构)筑物。1935年竖立，原位于礼拜堂南侧，1964年因南大在礼拜堂南侧兴建教学楼，故将旗杆迁移至学校大操场南侧，并勒碑铭记之(图2-1-85)。

1934年9月与金陵大学仅一墙之隔的日本驻华公使馆竖起一根钢架式旗杆，悬挂太阳旗。金陵大学师生义愤填膺，自动筹款，于1935年8月耗资1700元在学校礼拜堂南侧落成钢管式旗杆。旗杆高40余米，高高飘扬的国旗超出了与之毗邻的太阳旗，以示中国人民不可侮。如今这根旗杆保存完好，它已成为南京人民反帝爱国的重要见证。

为纪念抗日战争胜利50周年，南京大学特将此处正式辟成"大纛坪"。每逢节日庆典，广大师生便列队坪上，隆重举行庄严的升旗仪式。

图2-1-85　旗杆现状

3. 侵华日军南京大屠杀死难同胞丛葬地纪念碑

全国重点文物保护单位。1996年，南京大学在校园天文学系西侧建造“侵华日军南京大屠杀金陵大学难民收容所及遇难同胞纪念碑”一座，碑刻坐西北面朝东南，四周树木常青。该建筑由祭台、碑座和扇形碑身三部分组成，高约3米，其底座为三级半圆形台阶，碑身由方形毛石砌成，碑身的上部则镶有黑色长方形大理石，以示永久纪念（图2-1-86~2-1-87）。

1937年12月13日，侵华日军攻入南京城后，在城内进行了惨无人道的大屠杀，先后杀害中国同胞30万人，现址即为当年侵华日军杀害中国同胞的地点之一。金陵大学为安全区中的难民收容所之一，曾收容难民3万余人，但仍被日军搜出并杀害300多名青壮年，后在金银街、南秀村等地搜出被害尸体千余具。

目前，该碑保存状况良好，经常有人到此凭吊、悼念。

金陵大学历史风貌区内的历史建筑众多（详见附录1）。

图2-1-86 侵华日军南京大屠杀死难同胞丛葬地纪念碑

图2-1-87　侵华日军南京大屠杀死难同胞丛葬地纪念碑碑铭、碑刻

4.五二〇纪念亭

位于金陵大学图书馆北。1947年5月20日,这一天在南京、天津等大城市爆发了以“反饥饿、反内战、反迫害”为口号的学生运动,后南京大学筑亭以示纪念(图2-1-88)。

图2-1-88　五二〇纪念亭

5.革命烈士纪念碑

位于教学楼中轴线北端，1982年建，为南大不同历史时期涌现的、为国家兴亡不惜牺牲生命的进步学生而立（图2-1-89）。

6.古树名木

金陵大学历史风貌区内分布有挂牌的古树名木15处（表2-1-3），分布在北校园内（图2-1-90）。这些古树名木都得到了较好的保护，烘托了风貌区的历史氛围。

南京大学植物种数达136种。其中，木本植物116种，草坪及地被植物11种，藤本6种，竹类3种。据南京大学后勤集团统计：鼓楼校区内绿化覆盖率57%，绿地率46.17%，乔木类10723株，花灌木20多万株，绿篱6035米，垂直绿化万余株，草坪6.96万多平方米。南京市挂牌名贵树木17株。总绿化面积近22.7万平方米。

图2-1-89　革命烈士纪念碑

综上所述，金陵大学历史风貌区为历史文化小品较多（图2-1-91），均为众多历史事件的直接见证者，宜尽快设立文物径，将其活化起来（图2-1-92）。

图2-1-90　北大楼墙身上的爬墙虎

2012

金陵大学历史风貌区保护规划

历史文化小品及遗址利用规划图

原金陵大学校门

金陵大学旗杆原址

原金陵大学校门与西大楼位置关系

金陵大学旗杆与校门、大礼堂的位置关系

根据老照片、历史图纸显示以及走访的口碑资料等均得到证明，1920`s建成的金陵大学原校门、及1935年树立的金陵大学抗日旗杆均位于大礼堂之南（校门地处大礼拜堂东南侧）。

1964年，为新建教学楼占用了他们的位置。金陵大学原校门拆除无存，旗杆迁至操场南面的大草坪。

为纪念金陵大学历史建筑氛围，展示历史文化，规划建议在教学楼东墙上、或靠近金陵大学原校门遗址处，设立金陵大学校门原址指示牌；在大礼堂南侧庭院场地上设立金陵大学抗日旗杆原址指示牌。

为更好地保护、弘扬金陵大学历史风貌区的历史文化氛围，规划建议未来可以在北大楼、原图书馆中轴线上重新复建金陵大学原老校门，不仅可以加强中轴线，恢复历史风貌，更可以进一步塑造院落空间，形成大小不一、收放自如的不同空间文化景观。

图例：

文物径

N

0 20 60 100m

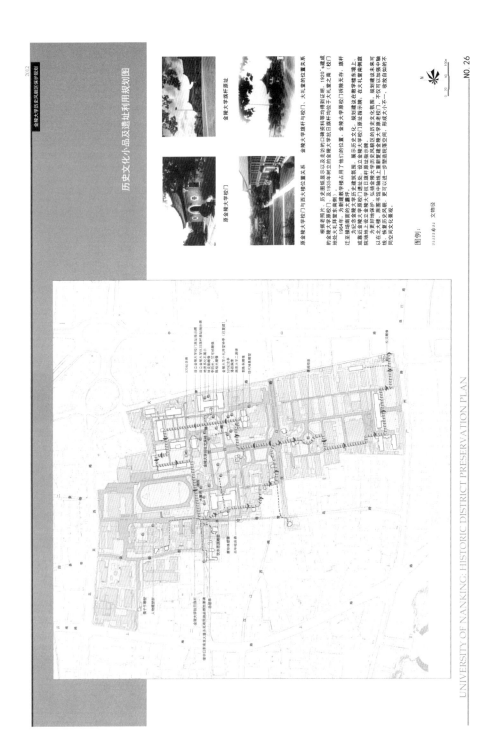

UNIVERSITY OF NANKING: HISTORIC DISTRICT PRESERVATION PLAN

NO. 26

图2-1-91　历史文化小品分析

文物径规划图

人力交通优先下的金大文物径

1、步行、自行车、人力三轮车等完全依靠自然人力为移动力的交通方式，由步行交通系统和非机动车交通系统两部构成。

2、提倡、构建校园内部人力交通优先的交通道路体系，保证师生员工在校园中穿行时，可以完全不受机动车的影响。

3、将校园内外人力交通系统、环境生态系统、文化景观场所、休学娱乐节点等紧密结合起来，形成有机联系的统一整体。

4、可以运用绿化分隔、降低标高、不同的铺装材质等方式，将步行与自行车等区别开来，相互既联系紧密又有一定的区别。

5、充分利用南京大学的国际声望，加速、培育国内外学术交流，依托金陵大学历史风貌区内部以及周边众多的历史文化遗产资源，创立金陵大学旧址文物径，将修学、休闲、游娱、体验等相结合。

文物径交通组织原则

在不影响学校正常教学科研秩序的前提下，充分考虑游客的出行特征，采取人力、骑行等人力交通游览方式，倡导绿色交通；

为修学、观光、旅游提供良好的交通服务与出行条件；

制定合理的修学、游览、体验、休闲线路，游览性道路尽量与交通性道路相互分离；

保护历史文化资源和历史氛围；

促进校园修学、体验、旅游等的繁荣，促进地区文化、经济的发展。

图例：

文物径

文物及历史建筑

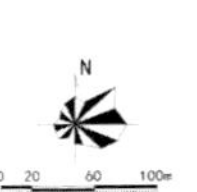

图 2-1-92　金陵大学历史风貌区文物径规划图

表2-1-3　金大风貌区内南京市园林局挂牌的古树名木列表(15处)(2017年统计)

序号	树种	树龄	地点
1	侧柏	149	大礼堂左侧门前
2	日本榧	124	东大楼西北角
3	雪松	124	北大楼右侧门前
4	腊梅	109	东大楼门前北侧
5	香樟	109	大礼堂左侧门前
6	两株紫薇	99	北大楼门前
7	秤锤树	99	金陵苑中
8	雪松	99	科技馆对面
9	六株爬墙虎	99	北大楼墙壁上

表2-1-4　文物保护单位一览表

序号	建筑名称	地址	年代	等级	类别
1	赛珍珠故居	南京大学北园西北侧	1912	省保	古建筑
2	中山楼	汉口路9号,南京大学南苑东北侧	1912	市保	古建筑
3	甲乙楼	南京大学北园	1915	国保	古建筑
4	丙丁楼	南京大学北园	1915	国保	古建筑
5	大礼堂	南京大学北园	1918	国保	古建筑
6	北大楼	南京大学北园	1919	国保	古建筑
7	陈裕光故居	汉口路71号	1920	省保	古建筑
8	小礼拜堂	南京大学北园	1923	国保	古建筑
9	西大楼	南京大学北园	1925	国保	古建筑
10	戊己庚楼	南京大学北园	1927	国保	古建筑
11	拉贝故居	湖南路街道南秀村社区小粉桥1号,广州路东侧路北	1934	省保	古建筑
12	东北楼	北园东北侧	1936	国保	古建筑
13	辛壬楼	南京大学北园	1936	国保	古建筑
14	冈村宁次住宅	金银街2号民国建筑	1936	市保	古建筑
15	冈村宁次住宅	金银街4号民国建筑	1936	市保	古建筑
16	金陵大学图书馆	南京大学北园	1936	国保	古建筑

序号	建筑名称	地址	年代	等级	类别
17	侵华日军南京大屠杀死难同胞丛葬地	南京大学北园天文学系院内	1937	国保	墓葬
18	何应钦公馆	南京大学北园斗鸡闸4号	1945(始建1934)	省保	古建筑
19	法国驻中华民国大使馆旧址	金银街17,19号	1945	区保	古建筑
20	东大楼	南京大学北园	1959(始建1914~1915)	国保	古建筑

表2-1-5　历史建(构)筑物一览表

序号	本规划编号	建筑名称	地址	年代	类别	备注
1	A0	北园东晋大墓	北园东北部鼓楼岗的南坡上	东晋	墓葬	保护规划推荐
2	A1	金陵大学堂、两江师范学堂碑	北园图书馆北大门	1912	碑刻	三普不可移动文物
3	A3	陈裕光公寓旧址	平仓巷与南秀村汇合处	1912	古建筑	三普不可移动文物
4	A4	魏荣爵、冯端旧居	汉口路15号，南园西北侧	1912	古建筑	三普不可移动文物
5	A5	健忠楼	北园西北侧	1912	古建筑	南京市重要近现代建筑三普不可移动文物
6	A6	北园统战部小楼	北园教学楼东南侧	1912	古建筑	规划推荐
7	A12	罗根泽旧居	汉口路22号，北园西南侧	1919	古建筑	南京市重要近现代建筑三普不可移动文物
8	A13	李四光工作室	北园西南侧	民国	古建筑	南京市重要近现代建筑三普不可移动文物
9	B1	陶园南楼	南园	1933	古建筑	南京市重要近现代建筑三普不可移动文物
10	B4	金陵大学旗杆	北园操场南侧	1935	构筑物	三普不可移动文物
11	B12	民国建筑	北园南部	民国	古建筑	保护规划推荐

序号	本规划编号	建筑名称	地址	年代	类别	备注
12	B13	民国建筑(红砖楼)	北园物理楼西南侧	民国	古建筑	南京市重要近现代建筑
13	B14	汉口路30号民国建筑	汉口路30号	民国	古建筑	三普不可移动文物
14	B15	汉口路32号民国建筑	汉口路32号	民国	古建筑	三普不可移动文物
15	B16	汉口路36号民国建筑	汉口路36号	民国	古建筑	三普不可移动文物
16	B17	汉口路38号民国建筑	汉口路38号	民国	古建筑	三普不可移动文物
17	C1	东南楼	北园东部	1953	古建筑	南京市重要近现代建筑
18	C2	西南楼	北园东部	1954	古建筑	南京市重要近现代建筑
19	C3	南苑宾馆	南园西南侧	1954	古建筑	南京市重要近现代建筑
20	C5	八舍	南园南侧	1955	古建筑	保护规划推荐
21	C6	南京大学天文观测楼	北园西校门西侧	1955	古建筑	南京市重要近现代建筑,三普不可移动文物
22	C10	南园教学楼	南园北部中轴线上	1959	古建筑	保护规划推荐
23	C11	汉口路校门	北园南部中轴线上	1958	古建筑	保护规划推荐
24	C16	北园教学楼	北园中轴线上	1964	古建筑	保护规划推荐

注:1.《金陵大学历史风貌全保护规划》推荐的历史建筑经政府公布后为历史建筑。

2.全国第三次文物普查不可移动文物简称“三普不可移动文物”。

第二章 中央大学

第一节 校园规划

1. 已有成果

原国立中央大学在1949年后历经革新，其建校原址所在为今东南大学[1]。

目前，有关原国立中央大学校园规划的主要研究成果，可见下表（表2-2-1）。

表2-2-1 与原国立中央大学规划建设相关的研究论文举要[2]

序号	作者	出处
1	洪焕椿	《南京大学》，《人民教育》1980年第11期
2	吴良镛	《走向持续发展的未来——从"重庆松林坡"到"伊斯坦布尔"》，《城市规划》1996年第5期
3	赵瑞蕻	《梦回柏溪——怀念范存忠先生，并忆中央大学柏溪分校》，《新文学史料》1998年第3期
4	吴人	《中央大学大礼堂》，《民国春秋》1998年第3期
5	邓朝伦	《"沙坪学灯"里的中央大学》，《重庆与世界》2000年第4期
6	王海蒙	《保护历史环境寻找发展方向——东南大学本部校区校园规划》，《南方建筑》2002年第1期
7	徐立刚	《百年学府——南京大学》，《档案与建设》2002年第4期
8	周虹	《东大百年巡礼》，《钟山风雨》2002年第3期
9	朱明	《国民大会堂》，《钟山风雨》2002年第6期
10	刘敬坤	《八年抗战中的中央大学》，《炎黄春秋》2002年第5期
11	季为群	《百年沧桑百年发展——南京大学百年史略》，《江苏地方志》2002年第4期
12	曹必宏	《汪伪统治下的南京中央大学》，《钟山风雨》2005年第5期

[1] 高崧，韩芮竹：《书香墨气六百年——南京成贤街源流初识》，《A+C》2013年第期，第77~78页。

[2] 有关著作已在书中各处列出，不另统计。

序号	作者	出处
13	王建国	《大学校园规划设计初探——兼谈东南大学新一轮校园规划》，岳庆平、吕斌主编：《首届海峡两岸大学的校园学术研讨会论文集》，北京：北京大学出版社，2005年
14	王建国、段进	《东南大学校园规划的历史发展》，《第二届海峡两岸"大学的校园"学术研讨会论文集》，2002年
15	许小青	《从东南大学到中央大学——以国家、政党与社会为视角的考察(1919–1937)》，华中师范大学2004年博士学位论文
16	钱锋	《现代建筑教育在中国(1920s–1980s)》，同济大学2006博士学位论文
17	李志跃	《中央大学二部丁家桥校址的沿革》，《南京史志》2008年第2期
18	夏兵	《教学的空间·空间的教学——东南大学建筑学院前工院改造设计》，《建筑学报》2008年第2期
19	龚荣华、邱洪兴	《优秀民国建筑的抗震加固设计》，《工程抗震与加固改造》2010年第6期
20	汪晓茜、俞琳	《民国南京钩沉之建筑师篇》，《新建筑》2011年第5期
21	朱庆葆	《国家意志与近代中国的大学治理——以罗家伦时期中央大学的发展为例》，《学海》2012年第5期
22	蒋宝麟	《抗战时期中央大学的内迁与重建》，《抗日战争研究》2012年第3期
23	彭展展	《民国时期南京校园建筑装饰研究——以原金陵大学、金陵女子大学、国立中央大学校园建筑为例》，南京师范大学2014年硕士学位论文
24	蒋宝麟	《大学、城市与集体记忆：1930年代南京中央大学"大学城"计划始末》，《近代史学刊》2015年第2期
25	曹俊等	《让历史讲故事"——对东南大学校园历史保护的思考和畅想》，中国城市规划学会《规划60年：成就与挑战——2016中国城市规划年会论文集(08城市文化)》，2016年·沈阳
26	刘瑛、昭质	《抗战时期中央大学西迁重庆沙坪坝》，《档案记忆》2017年第1期
27	张守涛	《焦土红花：抗战时期的国立中央大学》，《同舟共进》2017年第1期

上述论文基本可分为两类：一是涉及国立中央大学的校园建设沿革、规划及单体建筑等建设过程；二是二十一世纪以来的校园、单体建筑的保护、利用与发展等。

2. 规划沿革

三江师范学堂成立之初，其校园规划与建筑效仿日本学堂式样，由湖北师范学堂堂长胡钧参考日本东京帝国大学蓝图而定。自1903年6月19日起“鸠工建造”，工程监督系知县查宗仁[1]。在魏光焘督促下，进展顺利。至1904年1月，已造好“洋楼五所”，“局面极其宏敞”。1904年，日本东亚同文会有报告云，三江师范学堂计划兴建的“五百四十室大校舍及职员住宅，已完成一半，来年二月即可竣工”[2]。“1904年8月间，魏光焘派员查勘三江建堂工程，发现工程监督查宗仁有疏忽之责，立即采取补救措施。此年九、十月间，工程全部竣工”[3]。1914年后，在其原址上，设立南京高等师范学校。

国立中央大学校园内的建筑，基本都是1920年东南大学建立后，陆续兴建。

1920年4月7日，筹备成立东南大学，初期仅能沿用肇始时期的两江师范学堂旧房，历经战火，损毁严重、设施简陋。

1920年6月26日，专门成立“校舍建筑委员会及校景布置委员会”，校长郭秉文指出学校建设问题“关系重要，特聘请杭州之江大学建筑专家美人威尔孙君为校舍建筑股主任”，“作出通盘规划，以四牌搂为中心，次第向四周辐射，按急缓轻重，拟订分期实施计划，并请上海东南建筑公司绘具总图”[4]。

梳理原中央大学的建设历程，可归纳出其校园规划特色以国立东南大学前后不同时期，分为前后两个阶段：封闭内向式（1902~1919）、轴线开放式（1920~1949）。

3. 规划特色

（1）封闭内向式（1902~1919）

依据南京高等师范学校平面图格局，此时期的校园用地范围，应在现东南大学校区东西向干道（东大门、群贤路、大礼堂前圆形喷水水池、南高路）以北，东西向干道东南侧为中学校址、正南侧为民宅、西南侧为小学校舍用地（图2-2-1~2-2-2）。

此时期的校园规划格局，基本是围绕大操场四周散置各单体建筑。各单体基本独立，自成一体。而四周围合的校园整体，又呈现出封闭内向性特征。

---

❶ 光绪二十九年闰五月初七、闰五月十九日《大公报》。

❷ 东亚文化研究所编：《东亚同文会史》第366页。转引自苏云峰：《三（两）江师范学堂：南京大学的前身，1903-1911》，南京：南京大学出版社，2002年版，第149页。

❸ 王德滋主编：《南京大学百年史》，南京：南京大学出版社，2002年版，第16页。

❹ 朱斐主编：《东南大学史 1902-1949 第1卷》（第2版），南京：东南大学出版社，2012年版，第101页。

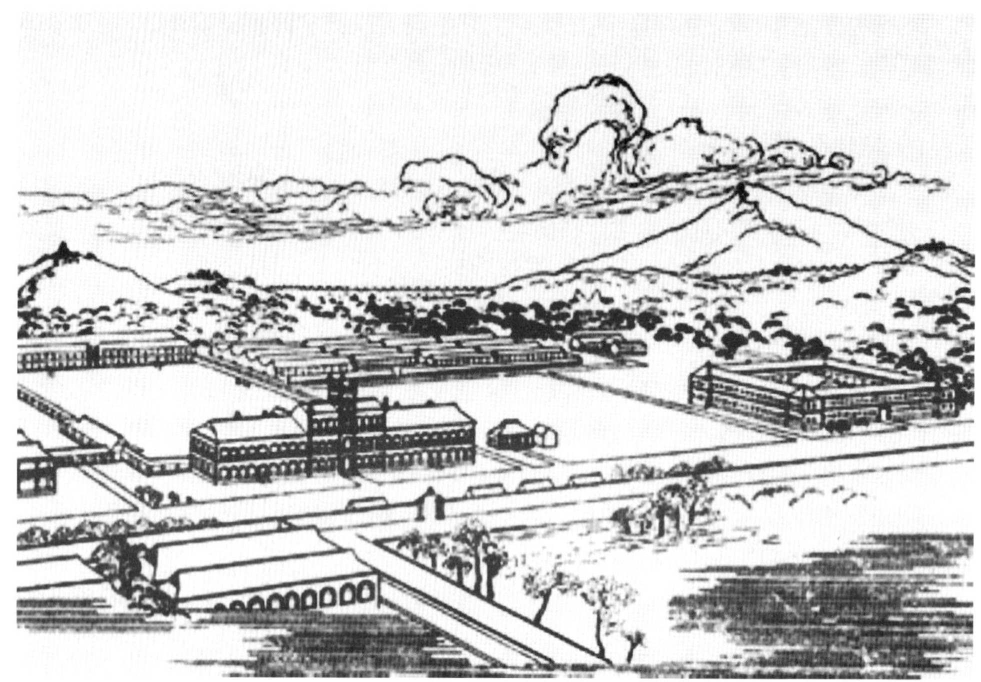

图2-2-1　胡钧“精绘图式，详定章程”的三江师范学堂鸟瞰图

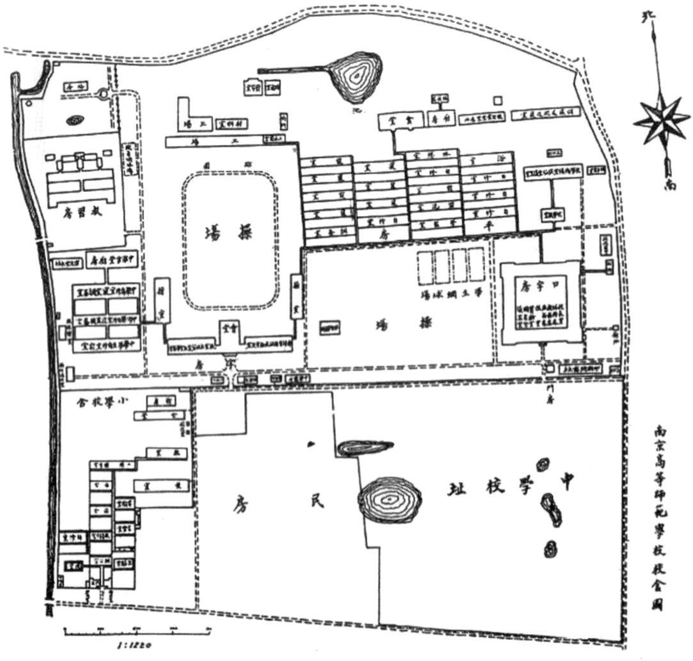

图2-2-2　南京高等师范学校校舍平面图

(2)轴线开放式(1920~1949)

国立中央大学采取轴线开放式的空间格局,南北向中轴线为主、东西向轴线为辅。采用美式大学中“Rotunda”的大礼堂为构图中心,以几何规整的交通道路网为骨架,构成严谨的西方古典空间模式。此种严整有序、错落有致的空间秩序,一直延续至今。

此外,1932年秋开始,国立中央大学曾筹划建设新校区,“现新校址之地点,经多方勘测,业已呈奉政府核准,在中华门外京建路上石子岗附近,占地约五六千亩”❶。并延请李惠伯、徐敬直等负责规划设计,公开征集设计方案(图2-2-3~2-2-15)。惜抗战军兴,未能实现❷。

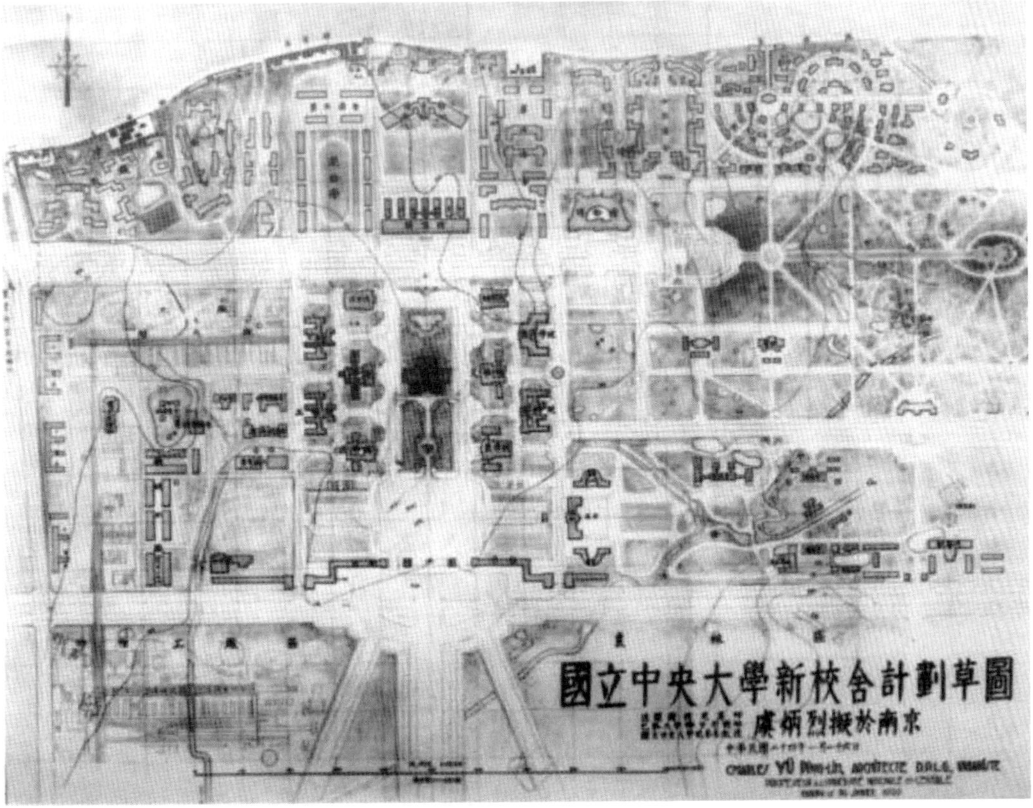

图2-2-3 国立中央大学中华门外新校区规划(虞炳烈:1935年1月16日)

❶ 南大百年实录编辑组编:《南大百年实录中央大学史料选(上卷)》,南京:南京大学出版社,2002年版,第321~339页。

❷ 阳建强:《历史性校园的价值及其保护——以东南大学、南京大学、南京师范大学老校区为例》,《城市规划》2006年第7期,第57~62页。

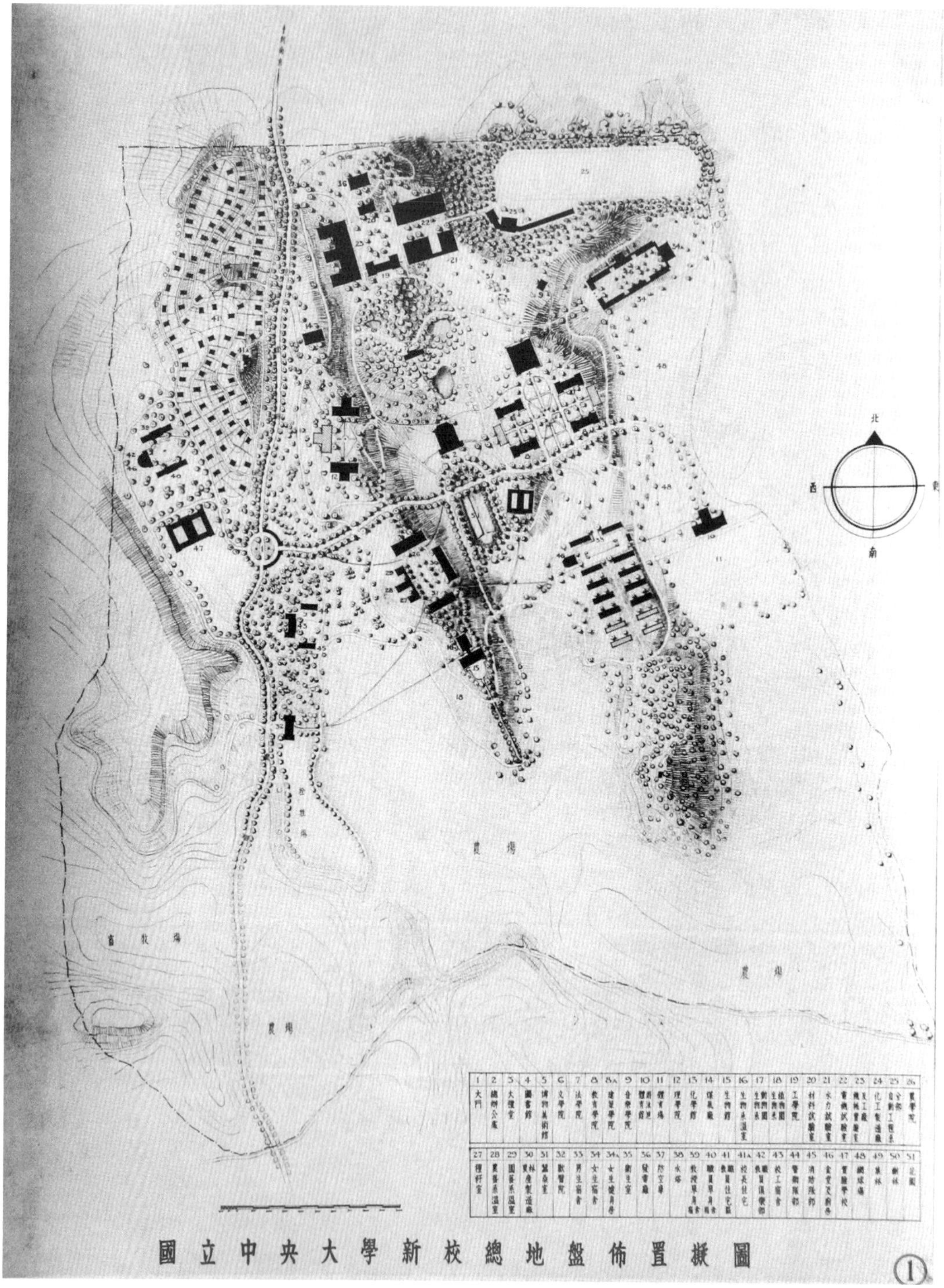

1	2	3	4	5	6	7	8	8A	9	10	11	12	13	14	15	16	17	18	19	20	21	22	23	24	25	26
大門	總辦公處	大禮堂	圖書館	博物美術館	文學院	法學院	教育學院	建築學院	音樂學院	[illegible]	體育場	理學院	化學館	煤氣廠	生物館	生物系溫室	動物園 生物系	植物園 生物系	工學院	材料試驗室	水力試驗室	電機試驗室	機械實驗室及工廠	化工製造廠	[illegible]	農學院

27	28	29	30	31	32	33	34	34A	35	36	37	38	39	40	41	41A	42	43	44	45	46	47	48	49	50	51
種籽室	農藝系溫室	園藝系溫室	[illegible]	蠶桑室	獸醫院	男生宿舍	女生宿舍	女生健身房	衛生室	發電廠	防空庫	水塔	教授單身宿舍	職員單身宿舍	教職員住宅區	校長住宅	教職員俱樂部	校工宿舍	警衛隊部	消防隊部	食堂及廚房	實驗學校	網球場	果林	樹林	花園

國立中央大學新校總地盤佈置擬圖 ①

图2-2-4　国立中央大学新校总地盘布置拟图(范文照:1936年5月8日)

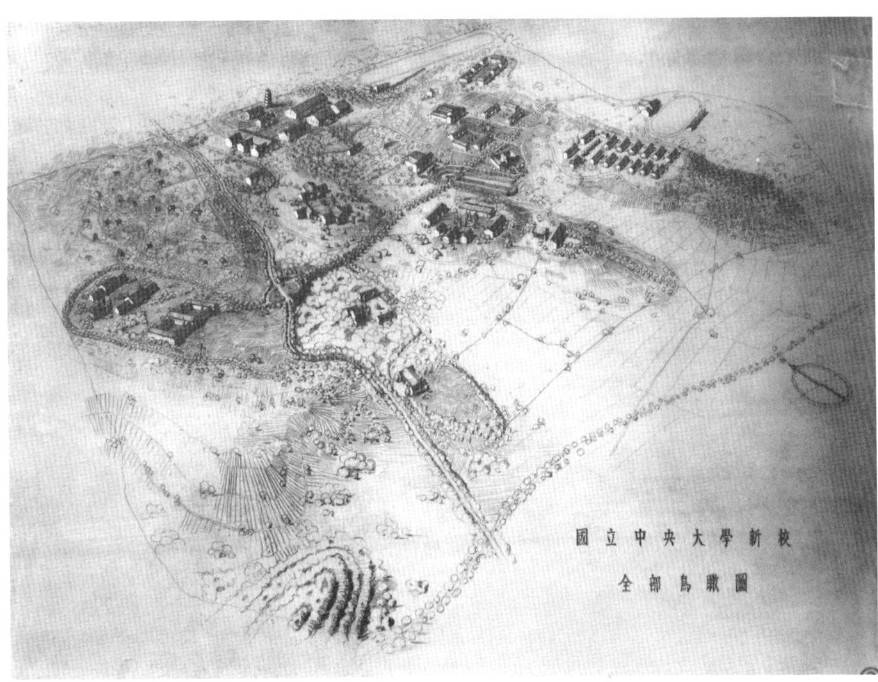

图2-2-5　国立中央大学新校规划全部鸟瞰图(范文照:1936年5月8日)

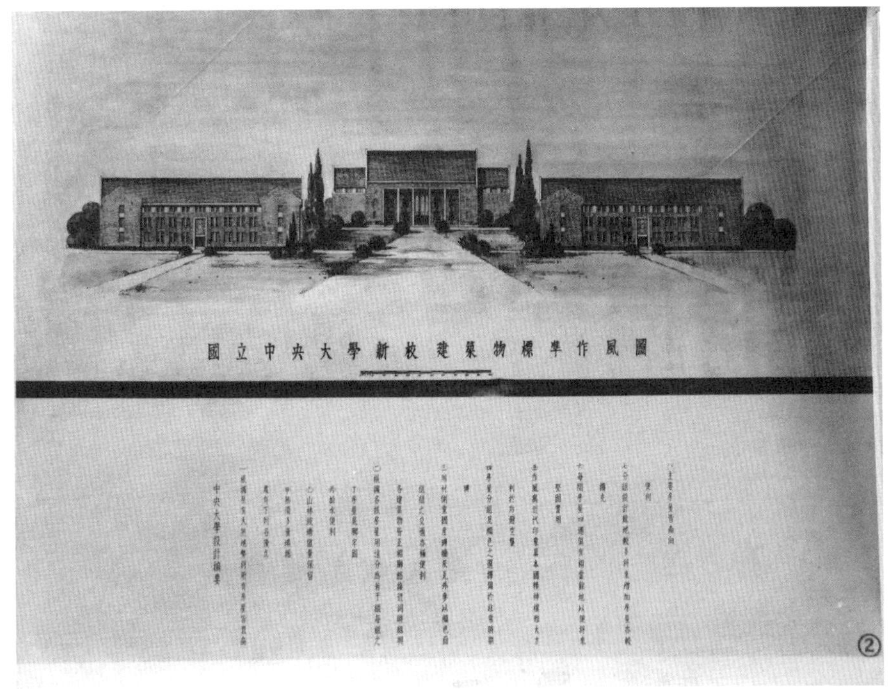

图2-2-6　国立中央大学新校建筑物标准作风图(范文照:1936年5月8日)

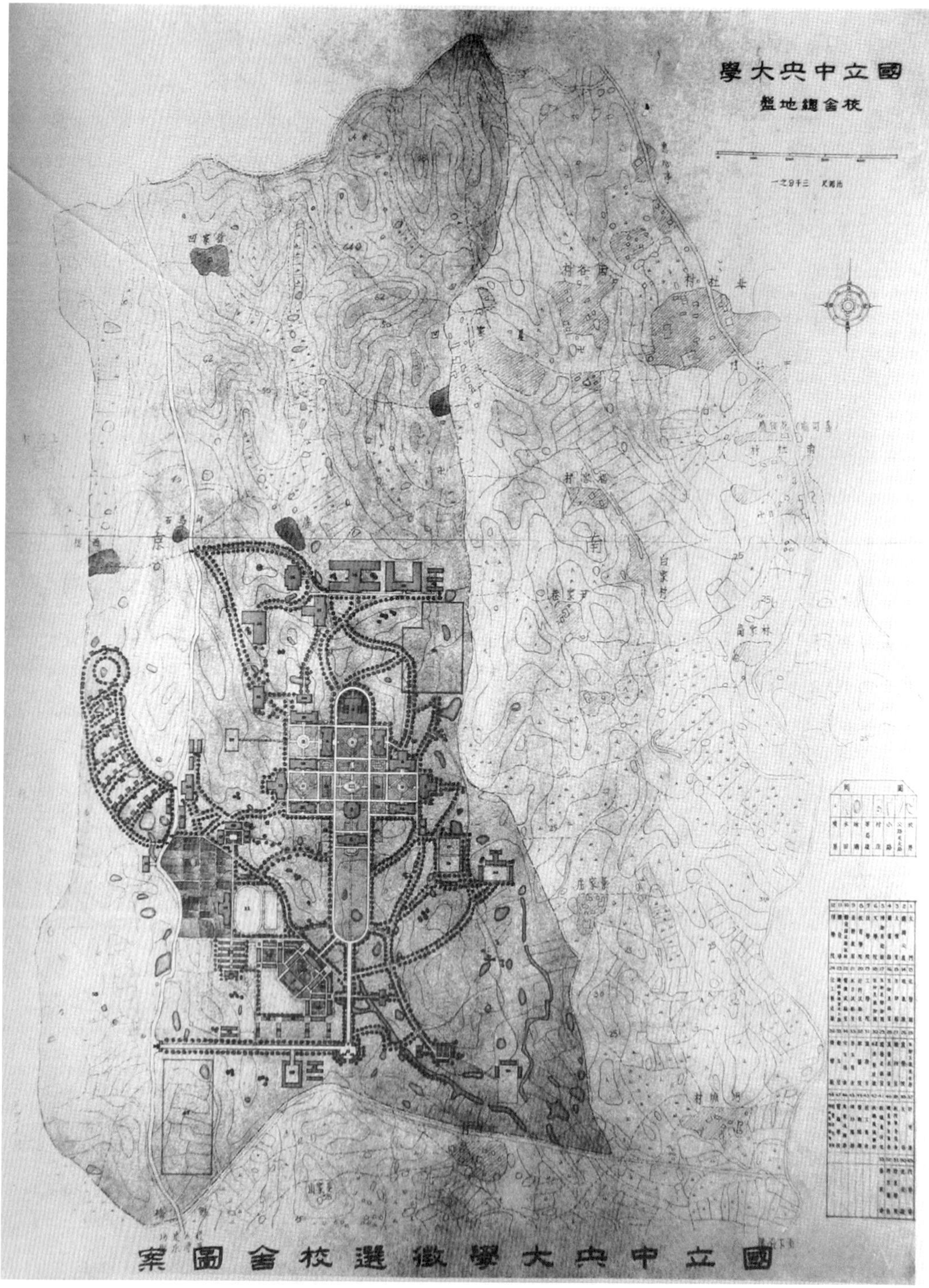

國立中央大學

校舍總地盤

國立中央大學徵選校舍圖案

图2-2-7 国立中央大学校舍总地盘(设计者暂缺)

图2-2-8　国立中央大学征选校舍总地盘图案(设计者暂缺)

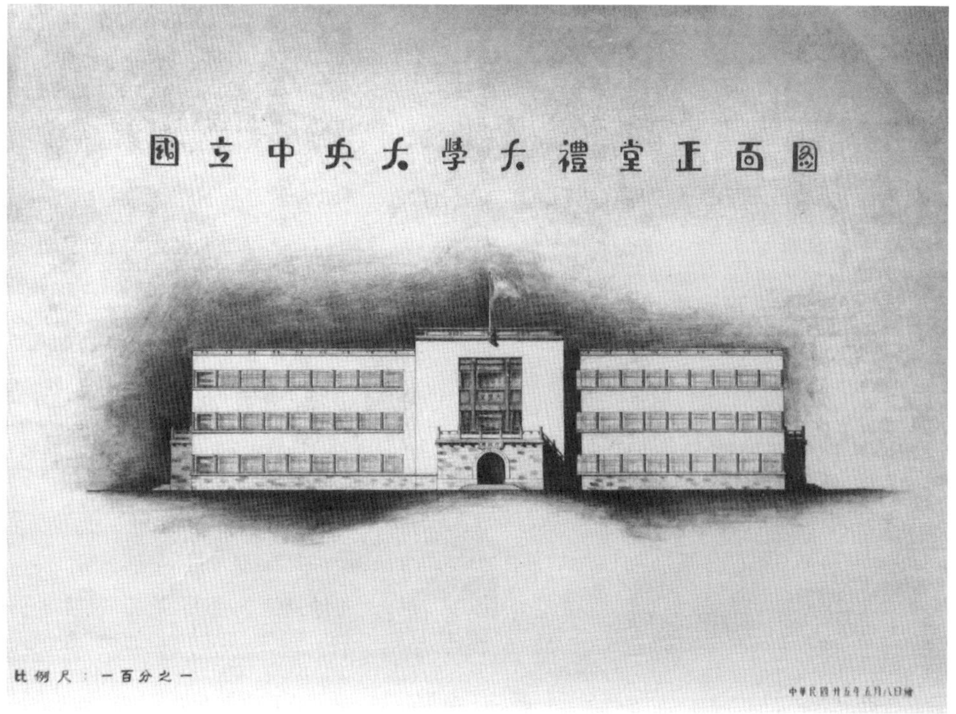

图2-2-9　国立中央大学大礼堂正面图(设计者暂缺)

图2-2-10　国立中央大学新校主要建筑作风图——总办公室正立面图(设计者暂缺)

图2-2-11　国立中央大学新校主要建筑作风图——任一学院正面图(设计者暂缺)

图2-2-12　国立中央大学新校主要建筑作风图——宿舍正面图(设计者暂缺)

图2-2-13　国立中央大学校校舍主要建筑作风图——大礼堂正面图(设计者暂缺)

图2-2-14　国立中央大学新校主要建筑作风图——图书馆正面图(设计者暂缺)

图2-2-15　国立中央大学新校主要建筑作风图——水塔正面图(设计者暂缺)

总体而言，早期的校园规划尚有一些传统建筑风味。自国立东南大学始，以欧美大学校园规划为参考，大量建造西洋古典式建筑。其时，校园规划由杭州之江大学的建筑师威尔逊先生拟订，并由上海东南建筑公司完成总图绘制（图2-2-16）❶。

国立中央大学校园规划受西方修道院式功能布局影响，讲求轴线与几何构图的西洋式风格❷，校园布局进一步完善，老校区基本格局奠定。

至二十世纪八十年代末，在南京工学院建院后的30多年中，学校又拆除、扩建不少校舍，兴建一批教学及科研用房，南侧中心教学区才基本定局。20世纪90年代后，校园建设进一步扩充，故有21世纪初之现状（图2-2-17~2-2-19）。

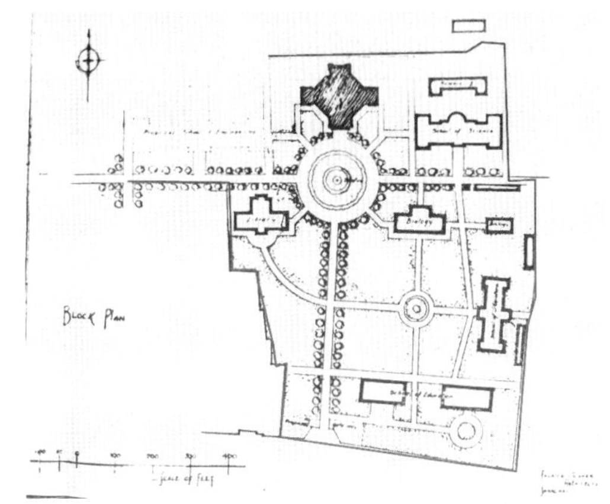

图2-2-16　东南大学时期建筑师威尔逊（J.Morrison.Wilson）的规划图

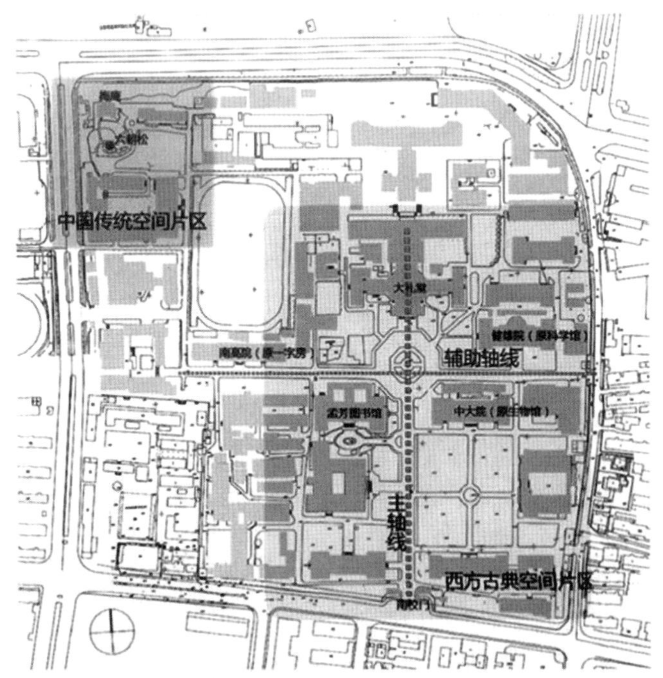

图2-2-17　东南大学四牌楼校区空间格局示意图

❶ 朱斐：《东南大学史（1902~1949）》第一卷，南京：东南大学出版杜，1991年版，第101页。

❷ 倪慧、阳建强：《东南大学老校区的保护与更新》，《新建筑》2008年第1期，第97~101页图。

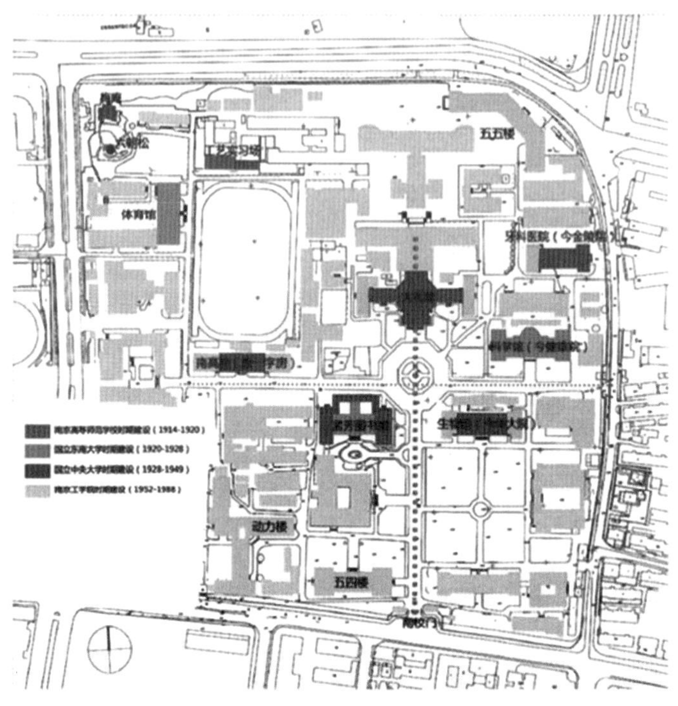

图2-2-18　东南大学四牌楼校区校园遗产建设分期示意图

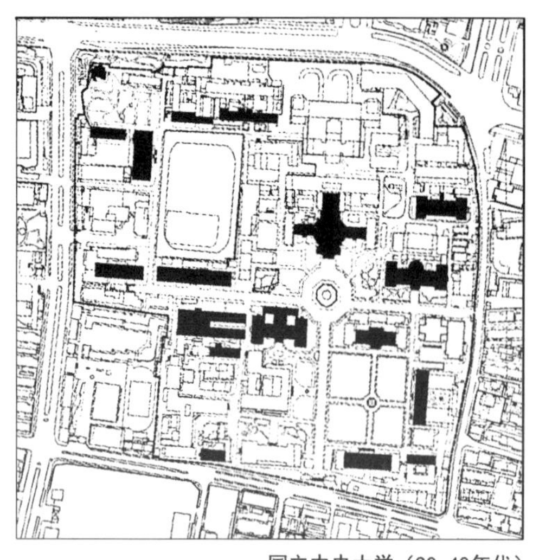

国立中央大学（20-40年代）

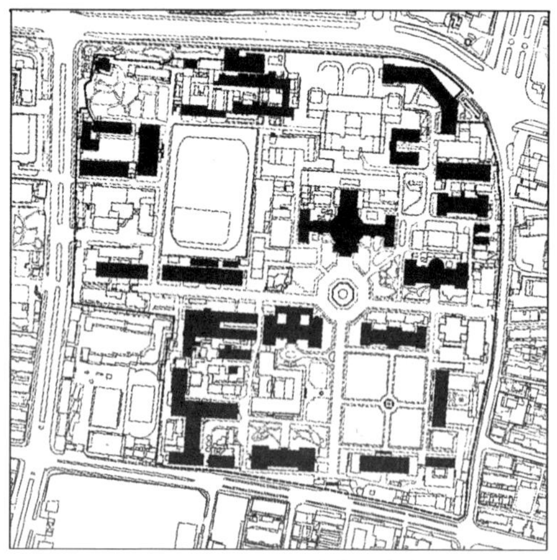

南京工学院（50-70年代）

图2-2-19　中央大学校园空间演变

第二节　重要历史建筑(1902~1949)

目前,中央大学本部(现东南大学成贤街校区)遗留下的重要历史建筑单体,属于当年南京高等师范学校的,仅体育场北侧的工艺实习场。其余主要分属两阶段:国立东南大学时期、国立中央大学时期。

南京高等师范学校:工艺实习场。

国立东南大学:梅庵(1921)、图书馆(1922)、中山院(1922,1982年拆除新建,与东南院之间通过平台连通)、体育馆(1922)、科学馆(1924,1927年称"江南院",今健雄院)、生物馆(1924,今中大院)等。

国立中央大学:兴建大礼堂(1930),重修南高院(1933,1963年被拆除新建)、东南院(1933,1982年拆除,与中山院之间通过平台连通)、梅庵(1933,拆除1922年的老建筑),扩建图书馆(1933)等(详见:表2-2-2)。

这些历史建筑的保护级别不一。分属于各级各类重点文物保护单位、南京市重要近现代建筑、第三次全国文物普查不可移动文物点、一般历史建筑等。

表2-2-2　各级文物保护单位及重要历史建筑一览表

序号	名称		时间	文物等级	备注
	现名	曾用名			
1	工艺实习场	无	1918	全国重点文物保护单位(第六批)(国立中央大学旧址群)/南京市第六批重要近现代建筑	
2	图书馆(旧馆)	孟芳图书馆	1922	全国重点文物保护单位(第六批)(国立中央大学旧址群)	
3	体育馆	无	1922	全国重点文物保护单位(第六批)(国立中央大学旧址群)	
4	中大院	生物楼	1924	全国重点文物保护单位(第六批)(国立中央大学旧址群)	1957年扩建两翼
5	健雄院	科学馆、科学楼、江南院	1924	全国重点文物保护单位(第六批)(国立中央大学旧址群)	国立东南大学时期
6	大礼堂	无	1931	全国重点文物保护单位(第六批)(国立中央大学旧址群)	1965年两翼扩建
7	梅庵	无	1933	全国重点文物保护单位(第六批)	拆除1922年的建筑新建
8	南校门	无	1933	全国重点文物保护单位(第六批)(国立中央大学旧址群)	

序号	名称		时间	文物等级	备注
	现名	曾用名			
9	金陵院	国立中央大学附属牙科医院	1936	全国重点文物保护单位(第六批)(国立中央大学旧址群)	1960年向西侧扩建
10	杜威院	杜威院	1920	南京市重点文物保护单位(第四批)(南京高等师范学校附属小学旧址)	
11	望钟楼	望钟楼	1922	南京市重点文物保护单位(第四批)(南京高等师范学校附属小学旧址)	
12	工艺实习场扩建部分		1948	南京市重要近现代建筑(第六批)	
13	五四楼	无	1954	南京市重要近现代建筑(第五批)	新建设
14	五五楼	无	1955	南京市重要近现代建筑(第六批)	新建设
15	动力楼	无	1957	南京市重要近现代建筑(第六批)	新建设
16	南高院	南京高等师范学校一字房	1964	南京市重要近现代建筑(第六批)	拆除新建
17	图书馆西侧平房		民国		
18	生物电子实验室		民国		
19	电子科学与工程学院行政办公楼		民国		
20	河海院		1955		拆除新建,1956年4月竣工
21	校友会堂		1963/1980		1986年改建成三层
22	中山院		1982		拆除新建
23	东南院		1982		拆除新建
24	前工院		1987		拆除新建

1. 南京高等师范学校

(1)工艺实习场

全国重点文物保护单位。位于大操场北侧，为此时期遗留下的唯一历史建筑，1918年建。平屋顶，两层高砖混结构、青砖墙壁用明代城墙砖砌造，突出墙面的壁柱，构成优美的韵律。初建时，面阔7间(现存东侧另5间，加建于1948年，图2-2-20)、进深3间，南向当中为主入口，与当时的一字房隔体育场遥遥相对，奠定了两江师范学堂空间的主要格局❶。

正门上方刻"工艺实习场"五个楷书繁体字(图2-2-21)。房屋西南角墙壁上，镶嵌有一块石碑，上刻"南京高等师范学校工场立础纪念民国七年十月建"二十一个楷书繁体字，是校园内现存的最早建筑❷。1921年10月，同济大学工科机械专门科三年级学生，曾经来南京参观过❸。

图2-2-20　工艺实习场原貌

值得注意的是，1927年12月，工艺实习场应进行过扩建，建筑费四千六百二十元❹。这在"中央大学一年来工作报告"中亦有记载，"现在已经建筑完成的有工艺实习场"❺。

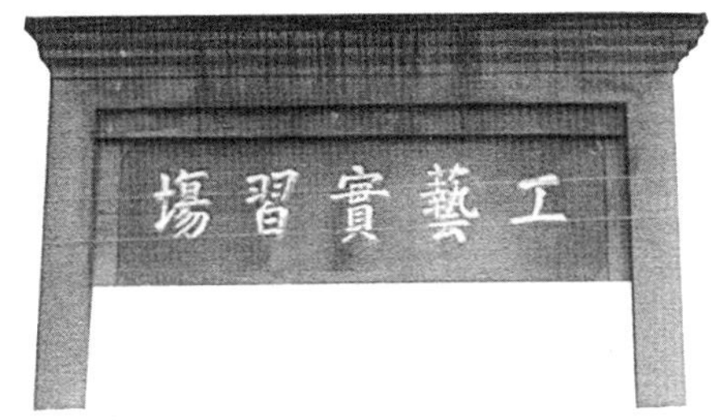

图2-2-21　"工艺实习场"楷书

---

❶ 是霏：《梧桐东南语建筑铸百年——东南大学四牌楼校园遗产》，《中国建筑文化遗产》2014年第1期，第37~45页。

❷ 陈怡、梅汉成主编：《东南大学文化读本》，南京：东南大学出版社，2009年版，第36页。

❸ 翁智远、屠听泉主编：《同济大学史第一卷(1907—4949)》第2版，上海：同济大学出版社，2007年版，第43页。

❹ 秘书处编纂组编印：《国立中央大学沿革史》，1922年编，第48页。

❺ 《南大百年实录》编辑组编：《南大百年实录中央大学史料选(上卷)》，南京：南京大学出版社，2002年版，第286页。

工艺实习场的扩建部分被划为南京市文物保护单位。初建及1949年扩建的部分，均被纳入南京市近现代建筑的保护范围[1]。

(2)杜威院

南京市重点文物保护单位(第四批)。该楼砖混结构，楼高二层，坐北朝南，西式风格(图2-2-22)，为纪念美国教育家杜威博士曾在此讲学而命名[2]。

图2-2-22 杜威院外观

南京高等师范学校是国内仅有的杜威曾作过系统演讲的三所学校之一(另外两所学校是北京大学和北京高等师范学校)。1920年3月底杜威来此讲学；1920年5月，“杜威院”落成[3]。为贯彻杜威教育思想，也为纪念杜威此行，南京高等师范学校还特意将该校附属小学命名为“杜威院”。或云杜威院为杜威博士所捐修。院中有游戏室、音乐室、作业室；地板异常光彩，儿童进去，都要换鞋[4]。

杜威院二层现改造为南师附小校史馆(图2-2-23)[5]。

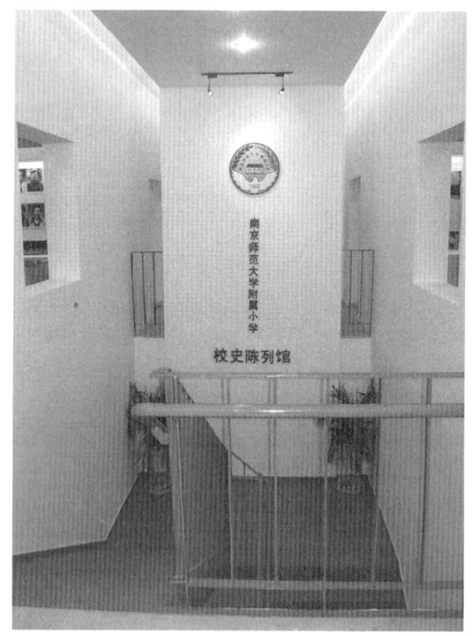

图2-2-23 杜威院二层内景局部

(3)望钟楼

南京市重点文物保护单位(第四批)。望钟楼为宿舍，建造晚于杜威院，为三江师范学堂加建，1921年7月奠基修建，1922年1月落成[6]。砖混结构，楼高二层，坐北朝南，西式风格(图2-2-24~2-2-25)，因在此能远眺钟山，故名[7]。

关于望钟楼建造的确凿日期，据时人记录，可能有误：“大概是在1923年的夏天，我

---

❶ 中国文物学会传统建筑园林委员会主编，《中国建筑文化遗产》编辑部承编：《中国古建园林三十年》，天津：天津大学出版社，2014年版，第150页。

❷ 吴晓林主编：《江苏省第三次全国文物普查新发现》，南京：江苏美术出版社，2009年版，第158页。

❸ 朱有瓛主编：《中国近代学制史料第三辑(上册)》，上海：华东师范大学出版社，1990年版，第223页。

❹ 石评梅：《石评梅大全集超值金版》，北京：新世界出版社，2012年版，第300页。

❺ 耿有权主编：《郭秉文教育思想研究》，南京：东南大学出版社，2014年版，第6页。

❻ 朱有瓛主编：《中国近代学制史料第三辑(上册)》，上海：华东师范大学出版社，1990年版，第224页。

❼ 汪应果、赵江滨：《无名氏传奇》，上海：上海文艺出版社，1998年版，第8页。

还是一个不太懂事的幼童，就跟着我的姐姐陈郇磐离家到了南京，进了中大实校的幼稚园。从此学校成了我的家，一直读到1930年小学毕业。幼稚园是在那座叫作杜威院的两层小洋楼内，这是当时校园内唯一的一座楼房，其他教室都是平房，以后才又修建了望钟楼。”[1]

图2-2-24　望钟楼

图2-2-25　望钟楼背面

2. 国立东南大学

(1)梅庵(东南大学艺术学系教室)

全国重点文物保护单位。位于校园西北角，北临北京东路、西临进香河路、南临六朝松，为纪念李瑞清而建。

1916年，南京高等师范学校校长江谦为纪念李瑞清先生主持学校的功绩，在校园西北角六朝松旁，以带皮松木为梁架、暗红色的水泥墙壁建茅屋三间，取名“梅庵”(图2-2-26)，门口悬挂李瑞清亲书校训：“嚼得菜根，做得大事。”1933年拆除后，改为砖混瓦房，由史学大师柳诒徵先生1947年6月9日题匾“梅庵”(图2-2-27)[2]。

图2-2-26　梅庵(1916)

李瑞清先生(1867～1920)，字仲麟，号梅庵，别号清道人，江西临川人。我国晚清著名学者、教育家、书画家，在我国近现代文化史、教育史和学术史上有着举足轻重的地位[3]。清光绪二十年(1894)进士，曾任江宁提学使、两江师范

---

❶ 陈梦熊编著：《中国水文地质工程地质事业的发展与成就从事地质工作60年的回顾与思考》，北京：地震出版社，2003年版，第639页。

❷ 纪晓群：《东大有个梅庵》，《档案与建设》2001年第5期，第57页。

❸ 邹自振：《李瑞清艺术成就与学术建树谫论》，《江西社会科学》2004年第4期，第209~218页。

图2-2-27 1932年改造后的梅庵

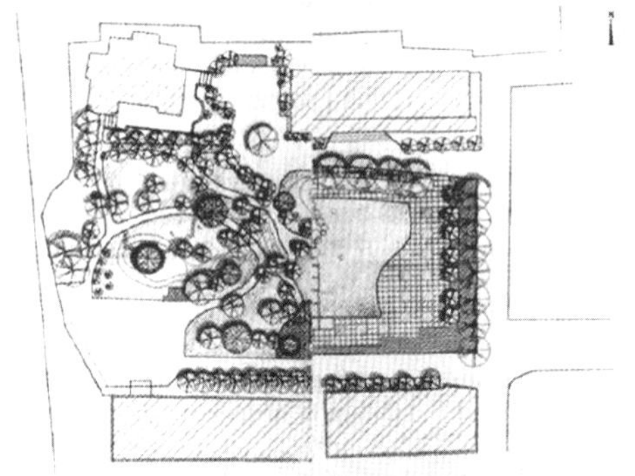

图2-2-28 东南大学六朝园改造方案平面

学堂监督。任职期间，提倡科学、国学、艺术。辛亥革命前，曾代理江宁布政使等职。南京光复后，他遁居上海，以卖字画为生。1920年去世。李瑞清是我国近现代金石大师、我国近代美术教育的先驱者❶。张大千、胡小石、吕凤子皆出自其门下。

现梅庵建筑面积203.66平方米，另有地下室1层。南北向，通面阔15.50、进深8.80米。内廊式平面，有办公室1间，图书室1间，大教室1间，小教室（兼作练琴室）4间，风格为中西合璧❷。

建成以来的梅庵成为文化界、学术界的活动之地。譬如，1936年1月12日，著名音乐学家王光祈突患脑溢血卒于波恩。是日，在京学术界假国立中央大学梅庵举行追悼会，宗白华主祭❸。

2008年，校方依托梅庵旁的六朝松建设六朝园，历史溯源至明朝皇家花苑、清代书苑旧址（图2-2-28），使之成为既富有新意又与环境协调，并能准确反映深厚的历史文化底蕴的景点❹。

（2）孟芳图书馆（图书馆）

全国重点文物保护单位。国立中央大学（以下简称中央大学）图书馆的历史则以“南京高等师范阅书室为起点”，最初设于学校行政用房的“口字房”东楼下，仅一间阅书室，储中西书籍数千册❺，洪有丰（字范五）为第一任图书部主任❻。

1921年东南大学郭秉文校长筹建，获江苏督军齐燮元（抚万）首肯，独资建馆并置配套设备❼。

❶ 王立民：《书秉金石李瑞清》，《书法之友》1996年第1期，第14~19页。
❷ 叶皓主编：《南京民国建筑的故事上》，南京：南京出版社，2010年第1期，第247~248页。
❸ 傅肃琴主编：《域外艺履》，杭州：中国美术学院出版社，2008年版，第180页。
❹ 林晓：《东南大学老校区校园环境中开放空间的规划设计》，《安徽农业科学》2009年第31期，第15528~15529，15545页。
❺ 《国立中央大学图书馆概况沿革》，《图书馆学季刊》1931年第5期，第137页。
❻ 胡家健：《图书馆事业先驱——洪范五传真》，《中外杂志》1993年第5期，第72页。
❼ 东南大学图书馆编：《书林望道》，南京：东南大学出版社，2008年版，第12页。

该楼由法国人帕斯卡尔(Jousseaume Pascal)设计建造[1],1922年开工,1924年正式开馆,命名为“孟芳图书馆”,图书馆始有独立馆舍(图2-2-29~2-2-30)[2]。平面呈倒“T”字形,中为门厅,两侧为办公、阅览间,后部为书库。外观采用爱奥尼柱式门廊与新古典手法,四坡屋面,水刷石粉墙,造型严谨,比例匀称,线脚考究,是当时南京少见的正宗西方古典式样的建筑。

图2-2-29　孟芳图书馆图

图2-2-30　孟芳图书馆近景

图片来源:叶兆言等:《老照片·南京旧影》,南京:南京出版社,2012年版,第172页图

❶ 李国豪等主编:《中国土木建筑百科辞典:建筑》,北京:中国建筑工业出版社,1999年版,第246页。

❷ 田芳:《民国时期图书馆学家群体的职业精神之探讨——以曾供职国立中央大学图书馆的图书馆学家为例》,《大学图书馆学报》2016年第6期,第116~121页。

1933年10月扩建，由基泰工程司关颂声、朱彬、杨廷宝三位建筑师设计，张裕泰营造厂承建❶。在原馆的东西两侧加建阅览室，背后加建书库，使得平面变为横“日”字形，内部形成两方天井，以利采光通风(图2-2-31)。扩建后馆舍面积约3800平方米，容量较前大4倍，书库大1.5倍，整体有机协调❷。

图2-2-31　1933年改建后的图书馆

(3)科学馆(健雄院)

全国重点文物保护单位。国立东南大学科学馆，曾用名“科学楼”“江南院”等，现名健雄院。

1922年，美国洛克菲勒基金会中国医药部拟在中国科学力量最强的大学建造一座科学馆，请美国国际教育会东方部主任孟禄博士为代表，会同协和医院威尔逊教授到有关大学调查，认为国立东南大学科研力量居全国之首。1923年，国立东南大学主楼“口”字房遭受火灾。经校董会、洛克菲勒基金会等协商，决定在“口”字房旧址建造科学馆。科学馆于1924年动工。因江浙战争、校长易人等，科学馆于1927年才落成(图2-2-32)。落成后，洛克菲勒基金会又捐助仪器设备费5万美元，开国立大学接受外国基金会资助先例❸。

图2-2-32　科学馆
图片来源：叶兆言等：《老明信片·南京旧影》，南京：南京出版社，2012年版，第144页

科学馆由上海东南建筑公司设计，三合兴营造厂承建。占地1748平方米，建筑面积5343平方米，砖木结构，中部4层、两翼3层、地下室1层。坡屋顶，屋顶有老虎窗。

❶ 陆素洁、肖飞编著：《民国的踪迹：南京民国建筑精华游》，北京：，中国旅游出版社，2004年版，第115页。
❷ 汪晓茜：《大匠筑迹民国时代的南京职业建筑师》，南京：东南大学出版社，2014年版，第229页。
❸ 朱斐主编：《东南大学史 1902-1949（第一卷）》，南京：东南大学出版社，1999年版，第130页。

入口有高大拱券雨篷，由西式立柱支撑，大楼中部设东西向内廊[1]。

科学馆是近代科学大师云集之地，如著名科学家竺可帧、吴健雄、严济慈、李四光、童弟周等均在此楼学习、工作过。现为东南大学信息科学与工程学院[2]。

（4）体育馆

全国重点文物保护单位。位于校园西北角，大操场的西侧。1922年1月4日与图书馆同时举行开工奠基典礼，1923年建成。占地面积1185.16平方米，建筑面积2316.92平方米。砖木结构，高3层，坐西朝东，南北对称（图2-2-33~2-2-34）。钢组合屋架，木桁架中应用钢拉杆，受力与施工均较合理[3]。木质楼地板。入口处门廊采用西方古典柱式，屋面红色铁皮覆盖[4]。

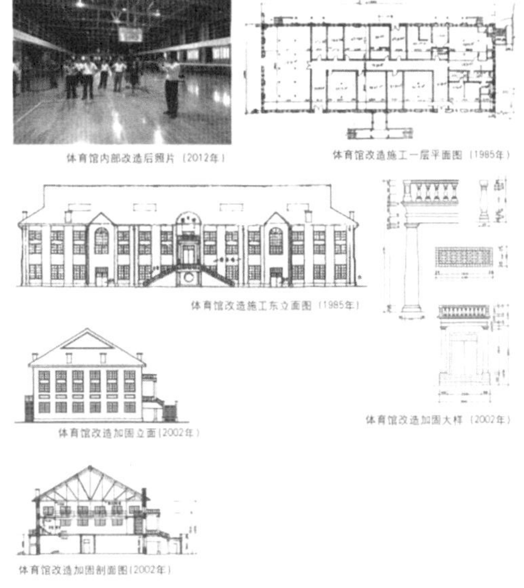

图2-2-33　体育馆线条图

图片来源：国家文物局编：《海峡两岸及港澳地区建筑遗产再利用研讨会论文集及案例汇编 上》，北京：文物出版社，2013年版，第261页图

体育馆内“一”字型平面，入口设在两边。一楼为解剖室、举重室、乒乓球室、浴室及锅炉房；二楼由室外两边合上的楼梯进入，内部空间开敞，可根据不同需求灵活布置场地，如进行篮球、排球、体操、羽毛球等多项运动，四周建看台，可容观众2000人；三楼是室内环形跑道，长约160米，可供学生雨天上课之用。体育馆是民国建筑代表，作为当时高校内最著名体育馆之一，反映了当时的建筑技术，是我国传统文化与西方现代文

Gymnasium,
The National Central University,
Nanking, China.

图2-2-34　体院馆

图片来源：叶兆言等：《老明信片·南京旧影》，南京：南京出版社，2012年版，第146页图

[1] 叶皓主编：《南京民国建筑的故事上》，南京：南京出版社，2010年版，第246页。

[2] 汪晓茜：《大匠筑迹民国时代的南京职业建筑师》，南京：东南大学出版社，2014年版，第96页。

[3] 刘先觉：《中国近现代建筑艺术》，武汉：湖北教育出版社，2004年版，第90页。

[4] 卢海鸣、杨新华主编：《南京民国建筑》，南京：南京大学出版社，2001年版，第155页。

明交汇融合、建筑技艺的结晶[1]。

此馆多次举行重要活动。譬如，1928年5月24日，首都南京教育界在中央大学体育馆举行在北京被杀害的教育家高仁山教授的追悼会[2]。

1949年9月21日，西南服务团约一万人多，身着军装，集中在中央大学的操场上等待着首长作报告。事先大家并不知道作报告的首长是谁，报告开始时，从操场旁的建筑里（工艺实习场）走出一位首长——报告人邓小平，作《论忠诚与老实》的报告[3]。

（5）中央大学医学院附属牙科医院（金陵院）

全国重点文物保护单位。坐落在校园东北角，3层，混合结构，基泰工程司杨廷宝建筑师设计，三合兴营造厂建造，民国二十五年（1936）竣工，1950年向西侧进行扩建。窗间清水砖墙砌筑、清水勾缝，无装饰图案[4]。

该楼采用砖墙承重，混凝土梁板结构，平面呈“T”字形。主入口朝东，建有宽大门套，内部为教室、实验室和牙科诊疗室，整幢建筑物造型简洁，美观实用[5]。

3. 国立中央大学

主要建筑兴建集中在罗家伦校长执掌中大的前5年，先后建成或扩建了图书馆、体育馆、生物馆、东南院、南高院、牙医院、音乐教室、游泳池和学生宿舍等[6]。

至此，中央大学校园中心建筑群格局基本形成。

（1）大礼堂

全国重点文物保护单位。国立中央大学大礼堂的建设，其始是张乃燕校长筹款，于1930年3月28日动工兴建，1931年4月底竣工[7]。

中央大学大礼堂（图2-2-35），由香港巴马丹拿建筑事务

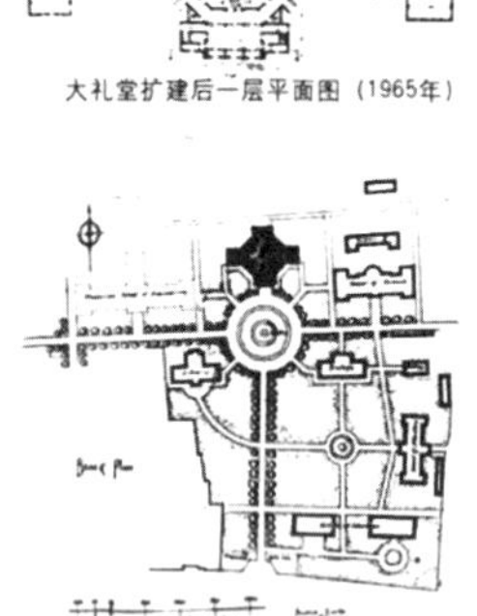

大礼堂扩建后一层平面图（1965年）

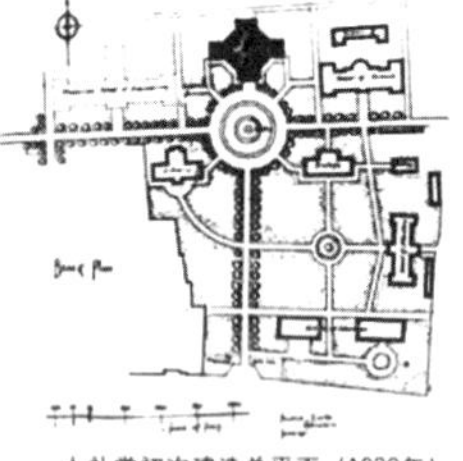

大礼堂初次建造总平面（1930年）

大礼堂扩建后南立面（1965年）

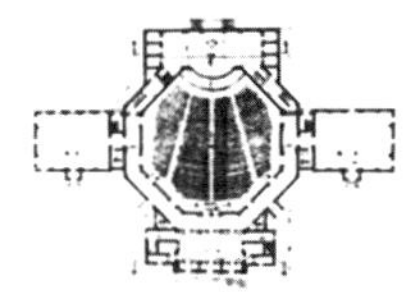

大礼堂初次建造一层平面（1930年）

大礼堂初次建造南立面（1930年）

图2-2-35 大礼堂线条图

---

[1] 国家文物局编：《海峡两岸及港澳地区建筑遗产再利用研讨会论文集及案例汇编上》，北京：文物出版社，2013年版，第261页。

[2] 张耀杰：《民国背影：政学两界人和事》，杭州：浙江人民出版社，2008年版，第177页。

[3] 郑立琪主编：《史乘千期记东南《东南大学报》千期精华本》，南京：东南大学出版社，2006年版，第355页。

[4] 江苏省地方志编纂委员会编：《江苏省志建筑志》，南京：江苏古籍出版社，2001年版，第111页。

[5] 南京市玄武区政府编：《钟灵玄武》，南京：南京出版社，2014年版，第108页。

[6] 赵映林：《“中大之父”罗家伦（下）》，《文史杂志》2013年第4期，第26~28页。

[7] 吴人：《中央大学大礼堂》，《民国春秋》1998年第3期，第41页。

所(Palmer & Turner Group)设计。钢筋混凝土结构,3层,穹顶高34米,造型与清华大学礼堂相似。但有几处差异:首先,穹顶上设八角采光亭;其次,建筑立面增加基座比例,强调了古典主义的基座、柱式、檐口的“纵三”式构图;再次,后期延伸出的低矮两翼进一步衬托出中部主体的高大。入口为爱奥尼柱式的柱廊与三角形山花,建筑立面统一采用灰色石材,配上铜绿色穹顶,增添了庄严肃穆的气氛(图2-2-36~2-2-39)。目前,尚难以确证此建筑是否借鉴美式校园建筑,或受到清华礼堂影响。但该建筑的集中式形制及古典主义立面构图,无疑有美式大学“Rotunda”的特征[1]。

图2-2-36　大礼堂正面

大礼堂主立面朝南,取西方文艺复兴式构图,底层三门并立、三排踏道上下;上部二、三层立面用四根爱奥尼柱式支撑山花;钢结构穹窿顶,上覆欧洲文艺复兴式的青铜薄板,顶高34米;建筑各部分如基座、线脚、穹顶和整体比例均十分出色。礼堂采用钢筋混凝土结构,内三层,面积共4320平方米,可容2700余人。其内部观众席南部为门厅、休息厅,北部为巨型讲台,三层观众席,上部两层出挑极大,反映出当时结构计算与施工方面的出色成就[2]。

图2-2-37　大礼堂外观

有研究者认为,西方

❶ 冯刚、吕博:《Rotunda建筑形制在中国近代大学中的移植与变异》,《建筑与文化》2016年第5期,第75~77页。

❷ 汪晓茜:《大匠筑迹民国时代的南京职业建筑师》,南京:东南大学出版社,2014年版,第275页。

图2-2-38 正在修建中的大礼堂

图2-2-39 中央大学大礼堂及其周边

古典建筑风格的典型实例是中央大学，最主要的是大礼堂、老图书馆、中大建筑系的系楼等[1]。

1931年5月5日，孙中山先生就任临时大总统纪念日、国民政府第一届全国代表大会等均曾在这里召开。1936年国民大会堂建成之前，国立中央大学大礼堂一直兼作国民政府重大会议场址，见证了一系列重大历史事件[2]。

1937年，日寇轰炸南京，南京沦陷、中央大学西迁之前，中央大学曾受到过三次轰炸，第一次被炸之后，大礼堂已相当残破[3]。

1965年，杨廷宝主持设计大礼堂的两翼加建，各建三层教室，扩建占地面积848平方米，建筑面积2544平方米，整个大礼堂平面成十字形。1994年4月，在台湾的中大校友余纪忠先生捐资107万美元修葺大礼堂。2002年，学校对大礼堂翻修，维修屋顶、修理天窗，重新配换天窗玻璃，维修中央空调，更换面灯、逆光灯、聚光灯、地排灯、天排灯，更换音响设备，增加室外泛光灯，更换损坏的舞台地板200平方米[4]。

(2)生物馆(中大院)

全国重点文物保护单位。建于1929年，李宗侃设计(李宗侃在宁设计了南京紫金山观象台、南京国民大会堂、中央大学生物馆及建设委员会司法部农矿部等[5])、上海金祥记营造厂施工。立面造型与图书馆相似。坐北朝南，正面为爱奥尼柱式门廊，门壁耸立爱奥尼柱四根，门楣有浮雕图案装饰[6]。四根柱子都微微向建筑中心倾斜，柱身自下而上逐渐收小，校正了重力在建筑物中部下垂的印象，既造成视觉上的稳定感，又使建筑显得更加具有刚性。门楣、门框饰有精美浮雕图案。檐座线脚精细

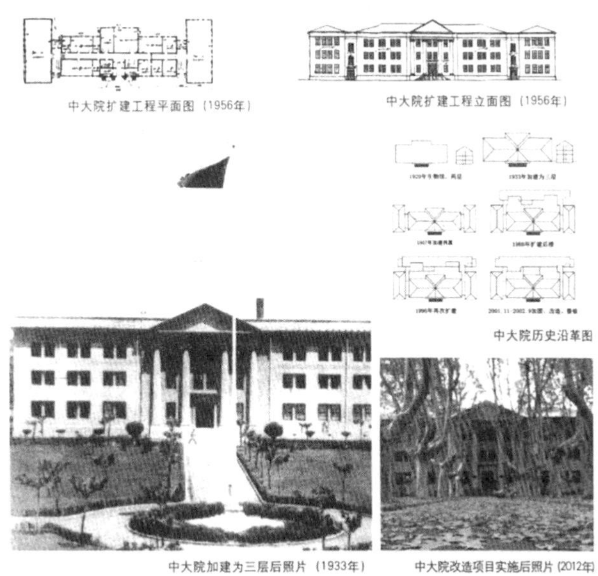

图2-2-40　中大院线条图

❶ 刘先觉口述，张鹏斗整理：《中山陵等民国建筑的特色》，《档案与建设》2008年第12期，第33~36页。
❷ 朱明：《国民大会堂》，《钟山风雨》2002年第6期，第55页。
❸ 罗久芳：《我的父亲罗家伦》，北京：商务印书馆，2013年版，第209页。
❹ 国家文物局编：《海峡两岸及港澳地区建筑遗产再利用研讨会论文集及案例汇编上》，北京：文物出版社，2013年第7期，第260页。
❺ 汪晓茜、俞琳：《民国南京钩沉之建筑师篇》，《新建筑》2011年第5期，第12~16页。
❻ 张燕：《艺术人生》，上海：上海文艺出版社，2000年版，第81页。

工整，檐口挑出较多。檐壁左侧雕刻一只蝴蝶，右侧是一个花朵，檐部上方三角形山花内，以线条刻出由恐龙、鱼、树叶、枝条等图案（图2-2-40）[1]。

占地面积1350平方米，建筑面积4049平方米（包括1957年由杨廷宝设计后加建的两翼绘图教室面积）南向主入口设台阶上下，平面对称。门厅面积较大、内走廊，两侧为使用房间，平面简洁，能较好的满足使用要求，同时为后来改建提供方便[2]。

1957年由杨廷宝设计加建两翼绘图教室[3]。

2001年对其主体进行了加固、改造与整修，既达到了保护的目的，又延长了历史建筑寿命，一定程度上适应新的发展要求[4]。

（3）南大门

全国重点文物保护单位。建于1933年，今东南大学正门，杨廷宝设计，类似于传统的三开间四柱柱不出头牌坊，钢筋混凝土立与柱梁枋组成——梁柱式结构，简洁大方[5]。柱身上有多道凹槽线脚，为西方古典建筑风格（图2-2-41）[6]。

图2-2-41　国立中央大学南大门

国立中央大学的校园建筑中，有些在我国现代建筑史上有着重要地位，如大礼堂、孟芳图书馆、中大院等[7]。这些

❶ 陈华：《百年南大老建筑》，南京：南京大学出版社，2002年版，第161页。

❷ 叶皓主编：《南京民国建筑的故事上》，南京：南京出版社，2010年版，第245页。

❸ 刘先觉、张复合、村松伸、寺原让治主编：《中国近代建筑总览南京篇》，北京：中国建筑工业出版社，1992年版，第69页。

❹ 王建国、阳建强主编：《大学校园文化内涵的营造与提升：第七届海峡两岸大学的校园学术研讨会论文集》，南京：东南大学出版社，2009年版，第142页。

❺ 中共南京市办公厅、南京市人民政府办公厅、中共南京市委党史工作办公室、南京市档案局、南京市地方志编纂委员会办公室、南京市社会科学院编：《南京百科全书》下册，南京：江苏人民出版社，2009年版，第1099页。

❻ 刘先觉、王昕编著：《江苏近代建筑》，南京：江苏科学技术出版社，2008年版，第119页。

❼ 王海蒙：《保护历史环境寻找发展方向——东南大学本部校区校园规划》，《南方建筑》2002年第1期，第54~56页。

美轮美奂的民国建筑有着重要的文物价值、历史价值与科研价值，是历史遗留下的一笔宝贵文化遗产（图2-2-42）。

当然，这些建筑在使用多年后，结构损伤日益严重。更重要的是，这些建筑没有进行过抗震设计，材料强度、构造措施等不能满足现代抗震要求。如何有效进行抗震加固，是保存与利用优秀民国建筑文化遗产急待解决的问题[1]。

图2-2-42　国立中央大学全校鸟瞰

[1] 龚荣华、邱洪兴：《优秀民国建筑的抗震加固设计》，《工程抗震与加固改造》2010年第6期，第95~98页。

第三节 其他重要历史文化遗产

1. 古树名木

国立中央大学校园内有南京市古树名木2处，分别是六朝松（图2-2-43）和墨西哥落羽杉。

六朝松实为桧柏，在校园梅庵之前，高约10米，老树古木，历经苍桑。现用两根水泥柱支撑，树倚柱而立，但枝干蟠曲，依然苍劲挺拔（图2-2-44）[1]。

图2-2-43 20世纪30年代的六朝松

图2-2-44 现在的六朝松

2. 螭首、古井

孟芳图书馆南部的花池中，有遗留下的明代石角螭（图2-2-45）。

近些年开展的全国第三次文物普查新发现1处古井（图2-2-46），位于梅庵东南侧。

[1] 朱道尊：《金陵六朝松》，《江苏地质》1992年第1期，第16页。

图2-2-45 孟芳图书馆南部花池中的明代石角螭

图2-2-46 梅庵东侧的古井

表2-2-3 古树名木、古井及其他历史建(构)筑物列表

序号	名称	地址	备注
1	六朝松	玄武区四牌楼二号梅庵前	
2	墨西哥落羽杉	健雄院南面右侧草坪	
3	梅庵东侧古井	玄武区四牌楼二号梅庵东侧	
4	明代石角螭	孟芳图书馆南部花池	

下篇

现状图照

第一章 金陵大学建筑照片

现汉口路校门(20世纪50年代)

图3-1-1 冬天的汉口路校门

图3-1-2　汉口路校门

图3-1-3　汉口路南、北对峙的校门

图3-1-4 汉口路南校门

图3-1-5 秋季中大路(由南望北)

图3-1-6　冬季中大路(由南望北)

图3-1-7 新图书馆

东大楼(理学院)

图3-1-8　东大楼西立面

图3-1-9　东大楼西南立面

图3-1-10 东大楼南立面

图3-1-11 东大楼西立面主入口

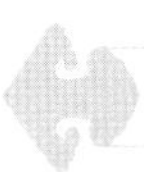

图3-1-12　东大楼内景

北大楼(文学院)

图3-1-13　北大楼南立面

图3-1-14 北大楼东南面

图3-1-15 北大楼之冬雪

图3-1-16 北大楼背面

图3-1-17 北大楼南面主入口

图3-1-18　北大楼东面次入口

图3-1-19　北大楼主入口内景

图3-1-20　北大楼主入口反观

图3-1-21　北大楼内走廊

图3-1-22　北大楼内景(半地下层)

图3-1-23　北大楼内壁上作为装饰的明城墙砖

图3-1-24　北大楼钟楼局部

图3-1-25　北大楼钟楼屋顶现状

图 3-1-26　侧面开窗的歇山屋顶

图 3-1-27　由东侧小路看北大楼

图3-1-28 由二江路东侧看北大楼

西大楼(农学院)

图3-1-29 西大楼东立面

图3-1-30 西大楼西南立面

图3-1-31 西大楼东立面主入口

图3-1-32　西大楼东立面主入口门厅

图3-1-33　西大楼、北大楼、东大楼建筑群

图3-1-34　西大楼西南屋顶(局部)

图3-1-35　西大楼檐下的青砖挑檐

大礼堂(礼拜堂)

图3-1-36　大礼堂东立面

图3-1-37　大礼堂东立面(局部)

图3-1-38 大礼堂东北立面

图3-1-39 大礼堂西北立面

图3-1-40　大礼堂西立面

图3-1-41　宿舍楼、大礼堂、教学楼(由右而左)

学生宿舍楼

图3-1-42 秋日甲乙楼

图3-1-43 冬季甲乙楼

图3-1-44 甲乙楼侧面

图3-1-45 甲乙楼入口

图3-1-46 甲乙楼楼梯

图3-1-47 甲乙楼内走廊

图3–1–48　甲乙楼南侧东望北大楼

图3–1–49　丙丁楼南立面

图3-1-50　戊己庚楼东立面

图3-1-51　辛壬楼西北立面

图3-1-52　辛壬楼西北屋顶(局部)

图3-1-53　戊己庚楼山面博风板细部

图3-1-54 辛壬楼室内

图3-1-55 甲乙、丙丁、戊已庚、辛壬楼屋顶通风塔

小礼拜堂

图3-1-56　小礼堂西南面

图3-1-57　小礼拜堂南面

图3-1-58　小礼拜堂东面

图3-1-59　小礼拜堂背面

图书馆(南京大学校史博物馆)

图 3-1-60　图书馆与北大楼在轴线的南北两端遥相呼应(此为南端的图书馆)

图 3-1-61　图书馆北面

图3-1-62 图书馆北立面入口

图3-1-63 图书馆西北侧立面

图3-1-64　图书馆东立面

图3-1-65　图书馆入口大厅

图3-1-66 图书馆二层展厅一角

图3-1-67 图书馆与北大楼在轴线的南北两端遥相呼应(北端的北大楼)

东北楼

图3-1-68　东北楼西南面

图3-1-69　东北楼西面

图3-1-70　东北楼内景

教职工宿舍楼

拉贝故居

图3-1-71 拉贝先生塑像及故居

图3-1-72 拉贝故居入口内景

图3-1-73　拉贝故居内景

图3-1-74　拉贝故居里的防空洞

赛珍珠故居

图3-1-75 赛珍珠故居外观

图3-1-76 赛珍珠雕像及故居入口

图3-1-77 赛珍珠故居入口

图3-1-78 赛珍珠二层展厅

陈裕光故居

图3-1-79　陈裕光故居（现为爱德基金会办公楼）

图3-1-80　陈裕光故居入口内景

何应钦公馆

图3-1-81 何应钦故居外观

图3-1-82 何应钦故居入口内景

图3-1-83　何应钦故居室内楼梯

陈裕光公寓旧址

图3-1-84 陈裕光公寓旧址

图3-1-85 陈裕光公寓旧址入口

魏荣爵、冯端旧居

图3-1-86　魏荣爵、冯端旧居

图3-1-87　魏荣爵、冯端旧居入口

图3-1-88 魏荣爵、冯端旧居入口内景

健忠楼

图3-1-89 健忠楼外观

图 3-1-90 健忠楼内景

中山楼

图3-1-91 中山楼外观

图3-1-92 中山楼入口内景

罗根泽旧居

图 3-1-93　罗根泽故居外观

图 3-1-94　罗根泽故居入口

图3-1-95　罗根泽故居檐下局部

李四光工作室

图3-1-96　李四光工作室外观

图3-1-97　李四光工作室内部楼梯

图 3-1-98 李四光工作室屋顶局部 1

图 3-1-99 李四光工作室屋顶局部 2

金银街2号民国建筑

图3-1-100　金银街2号民国建筑外观

图3-1-101　金银街2号民国建筑内景

金银街4号民国建筑

图3-1-102 金银街4号民国建筑外观

图3-1-103 金银街4号民国建筑入口内景

北园统战部小楼

图3-1-104　北园统战部小楼外观

图3-1-105　北园统战部小楼内景

陶园南楼

图3-1-106　陶园南楼外观

图3-1-107　陶园南楼背立面

图3-1-108　陶园南楼主入口

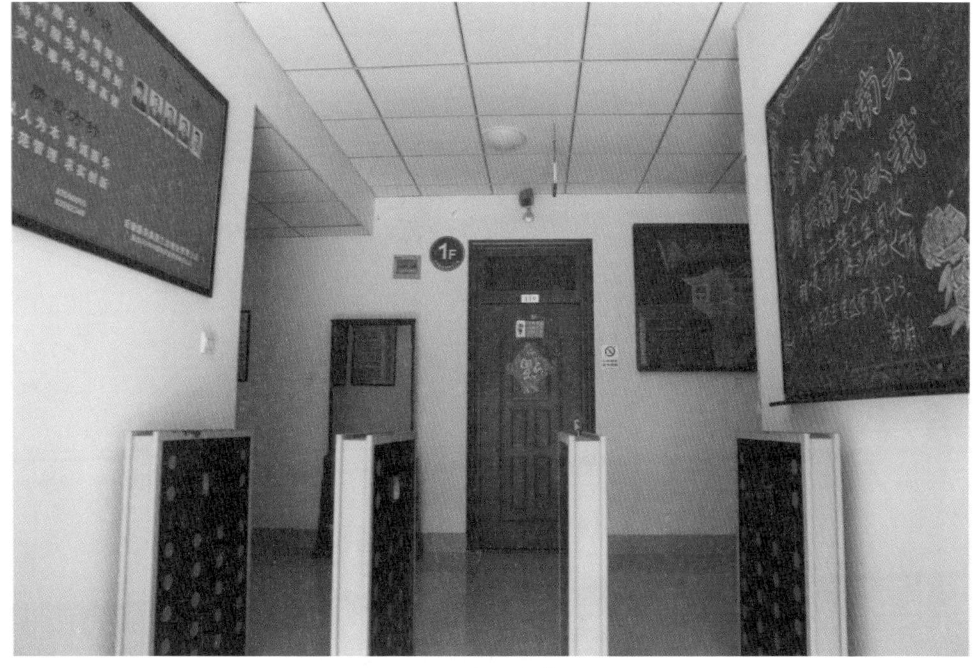

图3-1-109　陶园南楼入口门厅

图 3-1-110 陶园南楼内壁镶嵌的道光十五年碑刻

教学主楼

图3-1-111　教学楼南面

图3-1-112　教学楼主入口

图3-1-113 教学楼主入口仰视

图3-1-114 教学楼东立面

图3-1-115　教学楼南侧园林中的世纪鼎

西南楼

图3-1-116　西南楼东面外观

图3-1-117　西南楼东面主入口

图3-1-118　西南楼主入口近景

图3-1-119　西南楼东面一角

图3-1-120　西南楼内楼梯

图3-1-121 西南楼内庭院

图3-1-122 西南楼东面花园

东南楼

图3-1-123　东南楼外观

图3-1-124　天津路东南楼局部

图3-1-125 东南楼内景

图3-1-126 东南楼一侧的小花园

南苑宾馆

图3-1-127　南苑宾馆外观局部

图3-1-128　南苑宾馆入口内景

图3-1-129 南苑宾馆内庭

图3-1-130 南苑宾馆歇山顶翼角

鼓楼医院及护士学校

图 3-1-131　基督医院外观

图 3-1-132　基督医院局部

图 3-1-133 基督医院入口

图 3-1-134 基督医院入口内景

图3-1-135　南京大学鼓楼校区遥感影像图

校园建筑编号图

A1 金陵大学堂、两江师范学堂碑	A2 赛珍珠故居	A3 陈裕光公寓旧址
A4 魏荣爵、冯端旧居	A5 健忠楼	A6 北园统战部小楼
A7 中山楼	A8 甲乙楼	A9 丙丁楼
A10 大礼堂	A11 北大楼	A12 罗根泽旧居
A13 李四光工作室	A14 陈裕光故居	A15 小礼拜堂
A16 西大楼	A17 戊己庚楼	B1 陶园南楼
B2 拉贝故居	B3 东北楼	B4 金陵大学旗杆
B5 辛壬楼	B6 金银街2号民国建筑	B7 金银街4号民国建筑
B8 金陵大学图书馆	B9 侵华日军南京大屠杀死难同胞丛葬地	B10 何应钦公馆
B11 法国驻中华民国大使馆旧址	B12 红砖楼	C1 东南楼
C2 西南楼	C3 南苑宾馆	C4 二舍
C5 八舍	C6 南京大学天文观测楼	C7 三舍
C8 十一舍	C9 十二舍	C10 南园教学楼
C11 南京大学汉口路校门	C12东大楼	C13 十三舍
C14 十四舍	C15 声学楼	C16 北园教学楼
C17 老干部处小楼	C18 离退休工作处（老年大学）	C19 物理楼
C20 十七舍	D1 十五舍	D2 十六舍
D3 四舍	D4 地质实验楼	D5 外教公寓
D6 五舍	D7 地科实验房	D8 南大招待所
D9 南大印刷厂	D10 化学楼	D11 图书馆
D12 南芳园餐厅	D13 计算机中心	D14 六舍
D15 七舍	D16 革命烈士纪念碑	D17 南大浴室
D18 南大校医院	D19 图书馆书库	D20 科学楼
D21 十八舍	D22 十九舍	D23 二十舍
D24 体育馆	D25 中美文化研究中心一期	D26 荟萃楼
D27 逸夫馆	D28 文科楼	D29 西苑宾馆
D30 知行楼	D31 南大药业	D32 南大出版社
D33 科技楼一期	D34 树华楼	E1 苏富特大厦
E2 逸夫管理科学楼	E3 田家炳楼	E4 陶园1幢（原陶园北楼拆除）
E5 高层研究生公寓	E6 陶园2幢	E7 陶园3幢
E8 大学生活动中心	E9 南园校门	E10 苏浙运动场
E11 科技楼二期	E12 蒙民伟楼	E13 吕志和游泳馆
E14 新建学生食堂	E15 中美文化研究中心二期	E16 曾宪梓楼
E17 一舍	E18 安忠楼	E19 唐仲英楼
E20 费彝民楼	E21 南园配电房	

历史遗存以时间为编号依据

A：1927以前　B：1928-1952年　C：1953-1977年

D：1978-1999年　E：2000-2012年

N

0　20　60　100m

图3-1-136　南京大学鼓楼校区校园建筑编号图

第二章 中央大学建筑照片

南大门

图3-2-1 南大门(冬季)

图3-2-2 南大门(秋季)

孟芳图书馆(图书馆)

图3-2-3 图书馆外观

图3-2-4　图书馆入口内景

图3-2-5 图书馆主入口

科学馆(健雄院)

图 3-2-6 健雄楼外观

图 3-2-7 健雄楼主入口

图3-2-8　健雄楼正对主入口的室内楼梯

图3-2-9　健雄楼楼梯扶手

体育馆

图3-2-10 体育馆全貌

图3-2-11 体育馆主立面

图3-2-12 体育馆主入口

中央大学医学院附属牙科医院(金陵院)

图3-2-13　金陵院主入口

图3-2-14　金陵院室内楼梯

大礼堂

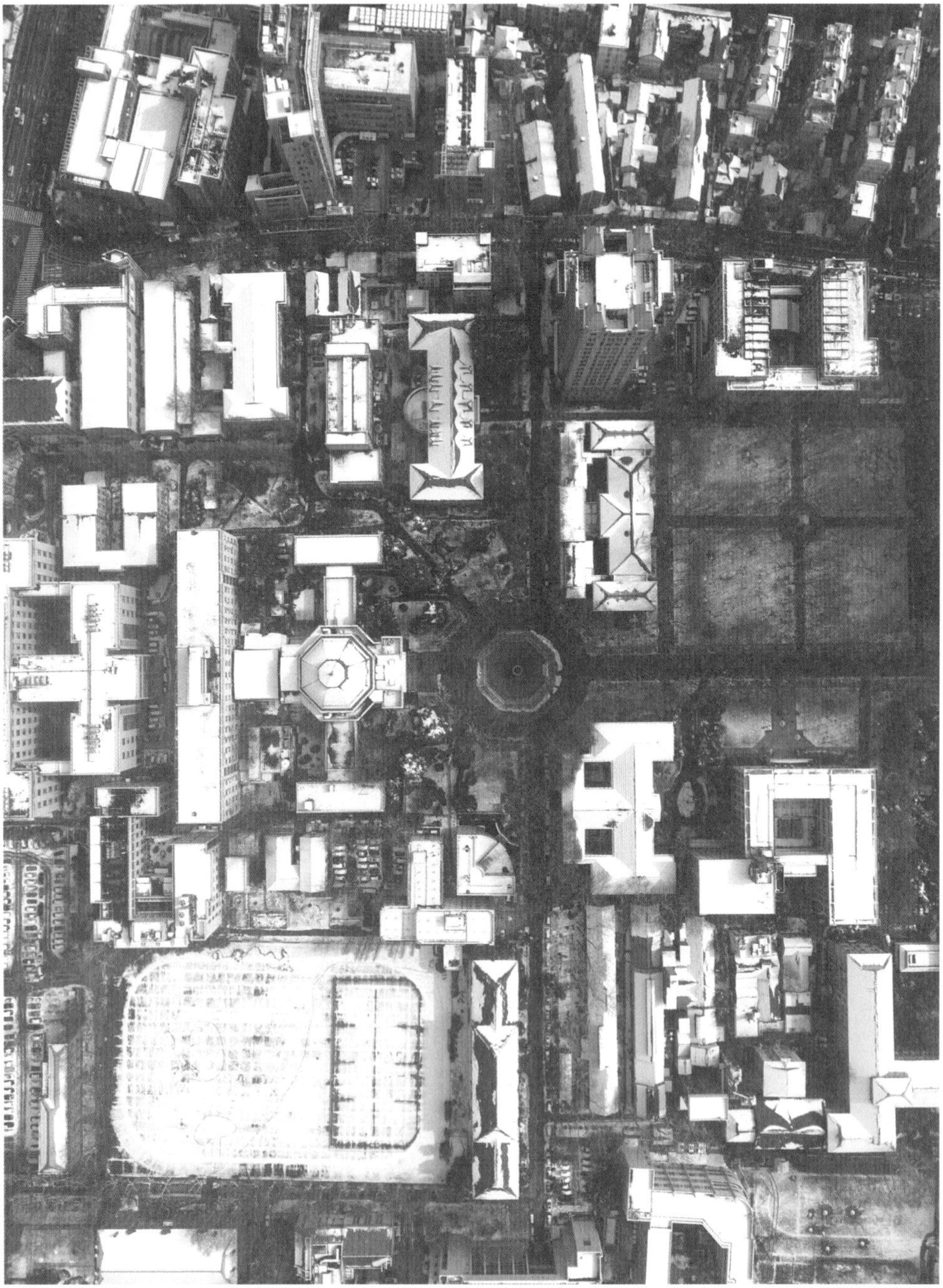

图 3-2-15　以大礼堂为中心的区域

图3-2-16　大礼堂鸟瞰

图3–2–17　中轴线上的大礼堂

图3–2–18　大礼堂近景（春季）

图3-2-19　大礼堂近景(冬季)

图3-2-20　大礼堂侧立面

图3-2-21 大礼堂南立面

图3-2-22 大礼堂南面水池

图 3–2–23　大礼堂东南望中大院北楼

图 3–2–24　大礼堂一层内廊

图3-2-25　大礼堂屋顶仰视

图3-2-26　大礼堂舞台

图3-2-27　大礼堂池座

图3-2-28　大礼堂楼座

生物馆(中大院)

图3-2-29 中山院轴线北端的中大院

图3-2-30 中大院外观(冬季)

图3-2-31　中大院南立面（冬季）

图3-2-32　中大院南面主入口

图3-2-33 中大院内部楼梯

图3-2-34 中大院内走廊

图3-2-35　中大院南面庭院中的世纪鼎

图3-2-36　中大院轴线南端的中山院

实习场(校史陈列馆)

图3–2–37 实习场南(主)立面

图3–2–38 实习场南(主)立面局部

图 3-2-39 实习场南(主)立面入口

图 3-2-40 实习场南(主)立面题字

图3-2-41 实习场南(主)立基石

图3-2-42 实习场校史陈列一角(一层)

图3-2-43　实习场内部楼梯

图3-2-44　实习场二层格栅

图3-2-45 实习场校史陈列(二层)

梅庵

图3-2-46 梅庵前的李瑞清先生像

图3-2-47 梅庵外观

图3-2-48　梅庵南面(局部)

图3-2-49　梅庵南面主入口

六朝松

图 3-2-50　六朝松周边环境

图 3-2-51　六朝松现状

图3-2-52 傲雪的六朝松

图3-2-53 六朝松旁边的文保碑

望钟楼

图 3–2–54　望钟楼正面

图 3–2–55　望钟楼背立面

图3-2-56　望钟楼内楼梯

图3-2-57　望钟楼内陈列

杜威院

图3-2-58　杜威楼主立面

图3-2-59　杜威楼侧立面

图 3-2-60 杜威楼立基石

图3-2-61　国立中央大学旧址卫星图像

第三章 金陵大学主要建筑测绘图

东大楼(理学院)

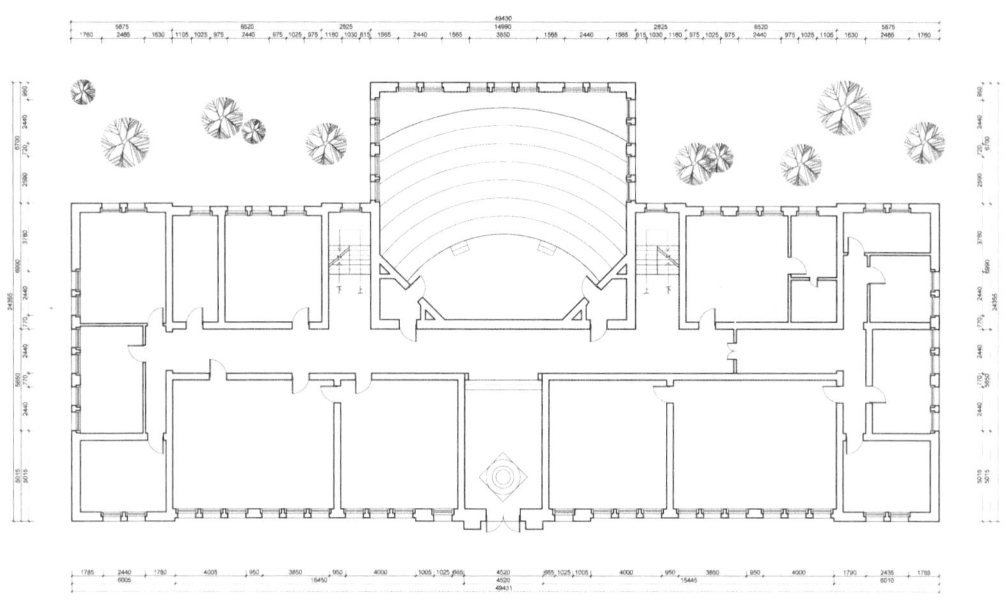

图3-3-1 金陵大学东大楼一层平面图

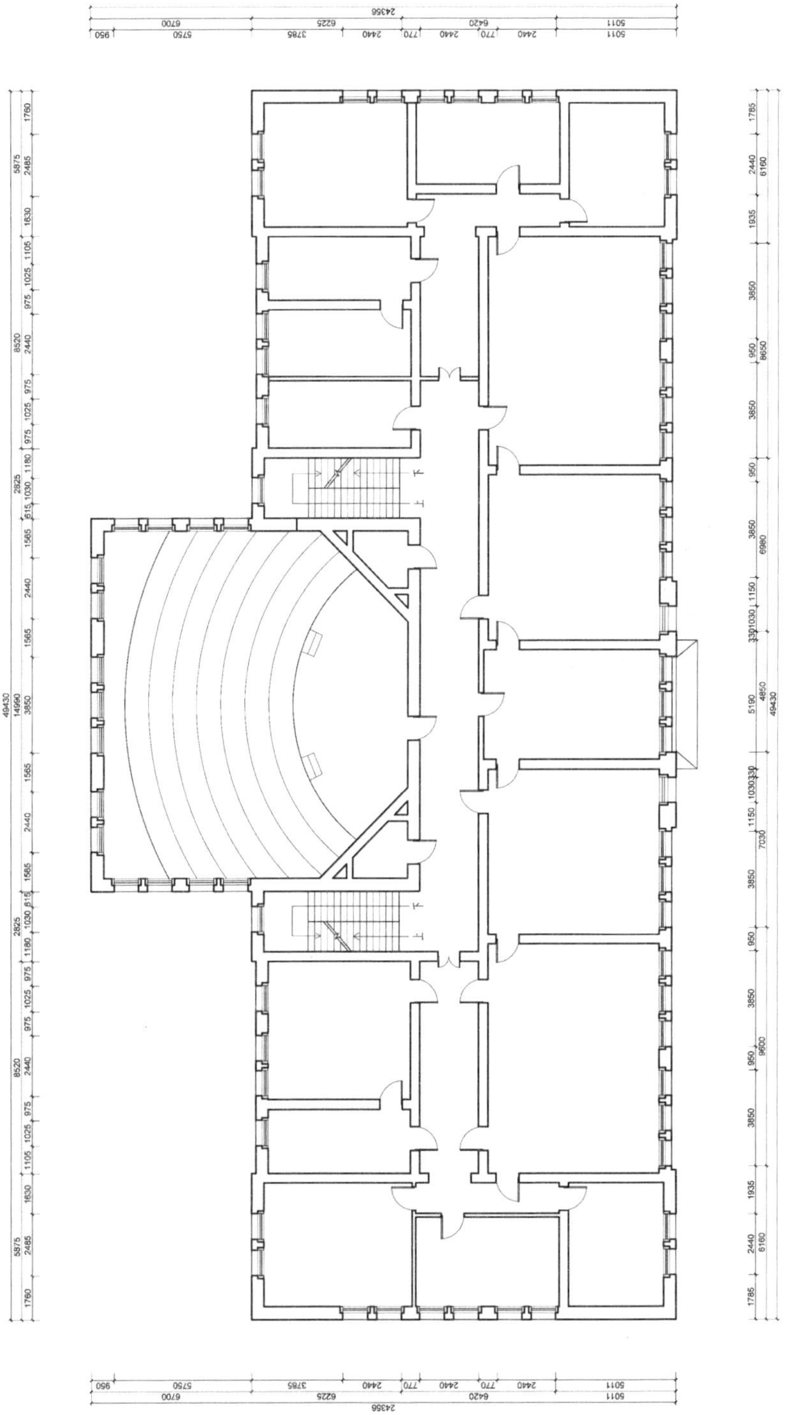

图 3-3-2　金陵大学东大楼二层平面图

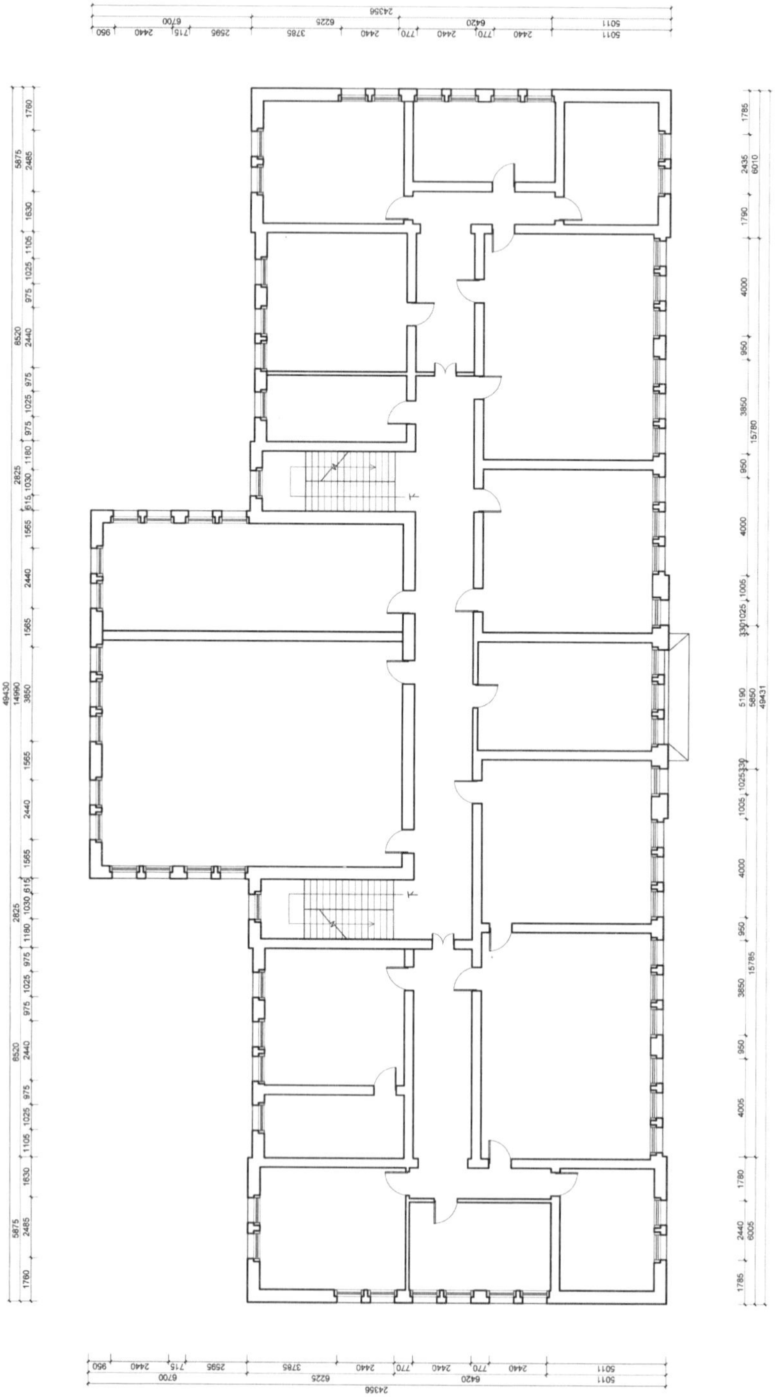

图3-3-3 金陵大学东大楼三层平面图

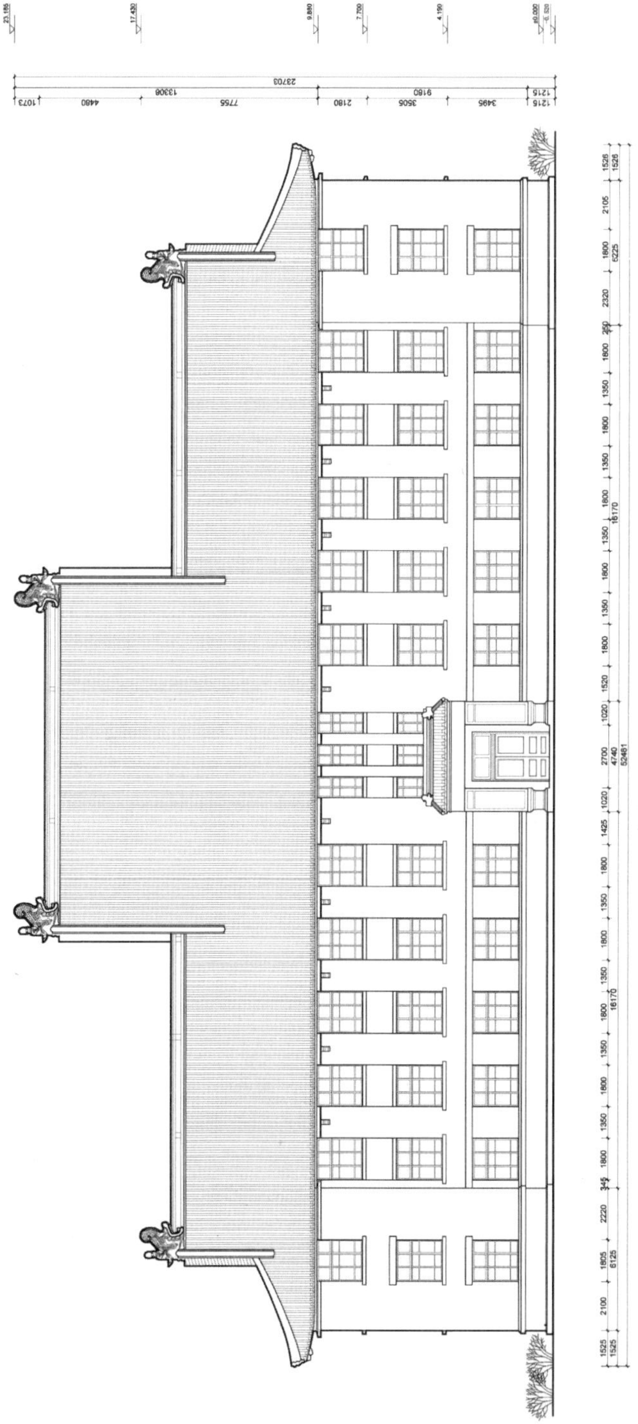

图3-3-4　金陵大学东大楼西立面图

图3-3-5 金陵大学东大楼南立面图

图3-3-6　金陵大学东大楼横剖面图

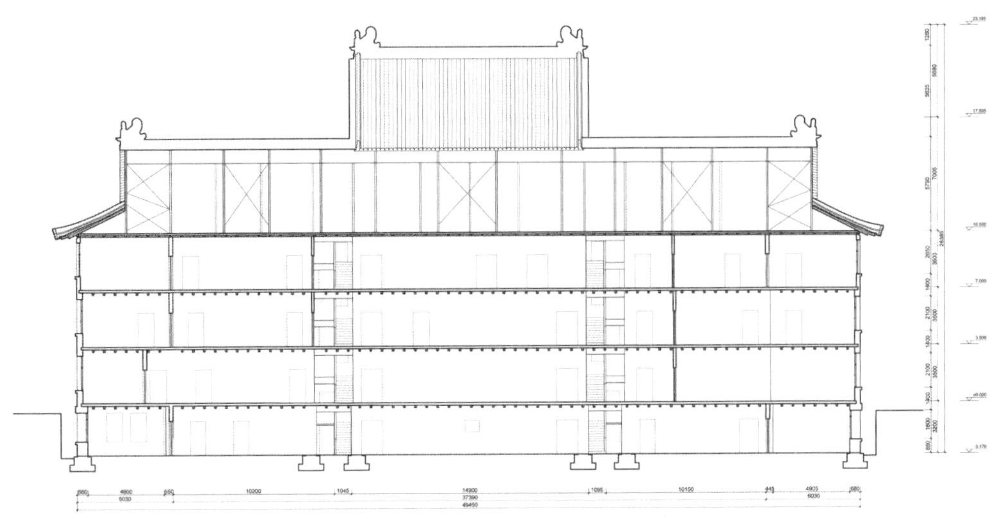

图3-3-7　金陵大学东大楼纵剖面图

北大楼(文学院)

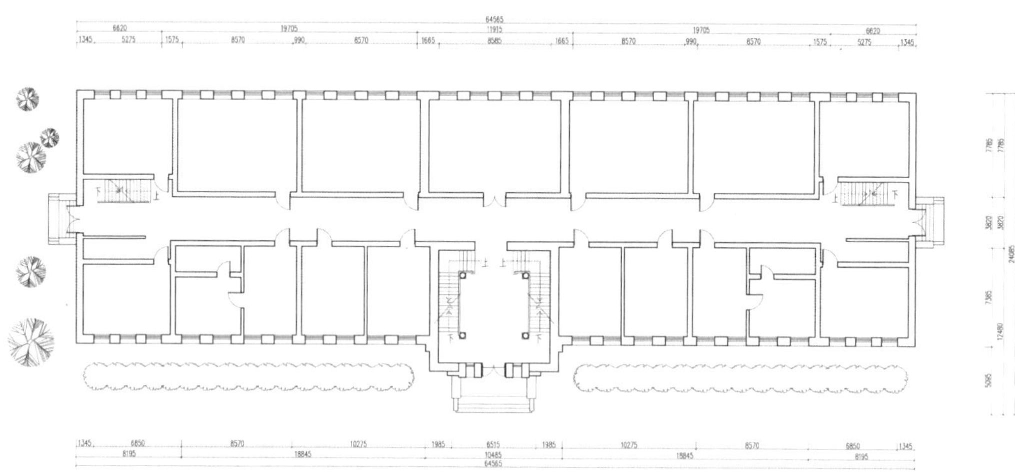

图3-3-8 金陵大学北大楼一层平面图

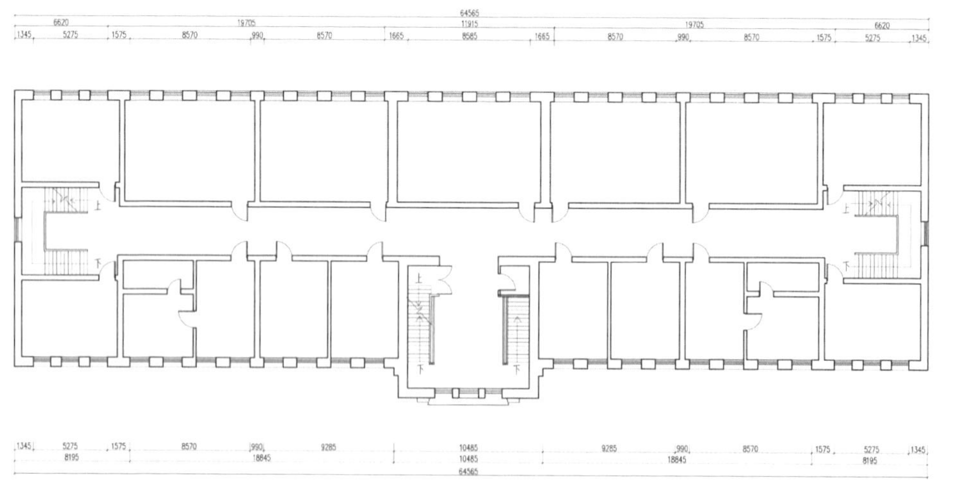

图3-3-9 金陵大学北大楼二层平面图

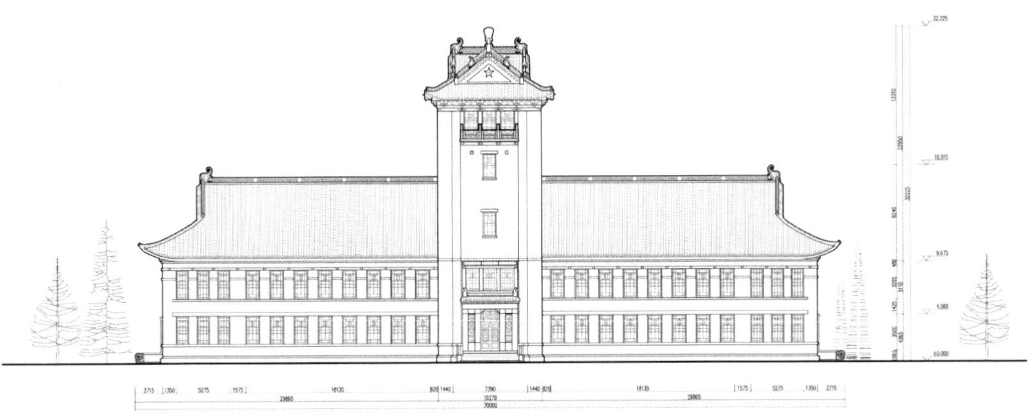

图3-3-10　金陵大学北大楼南立面图

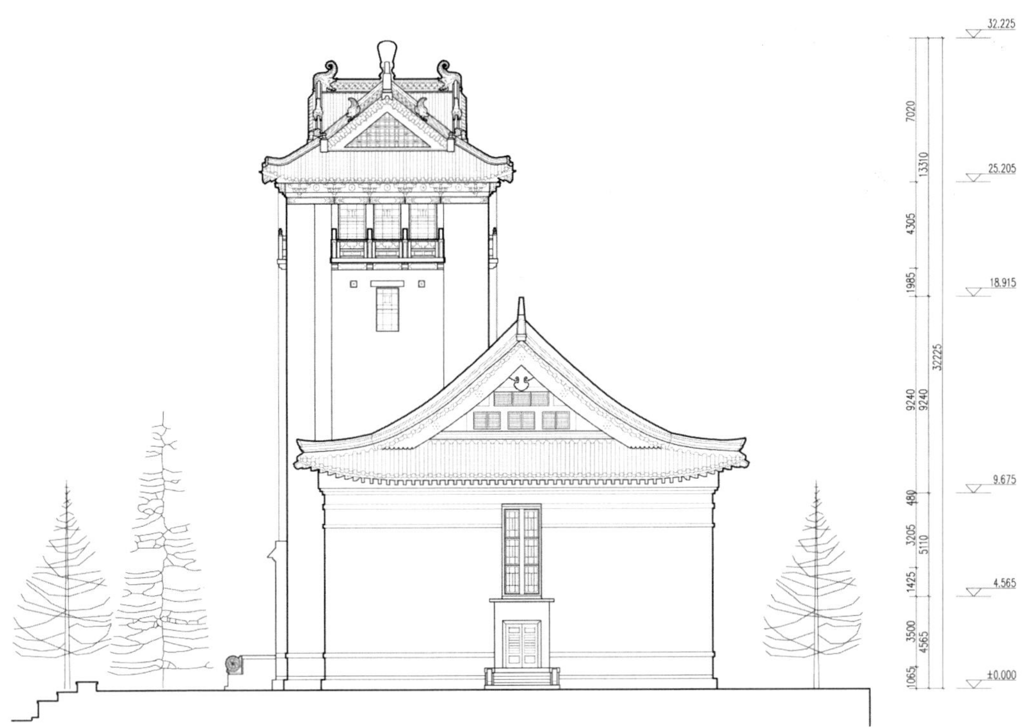

图3-3-11　金陵大学北大楼东立面图

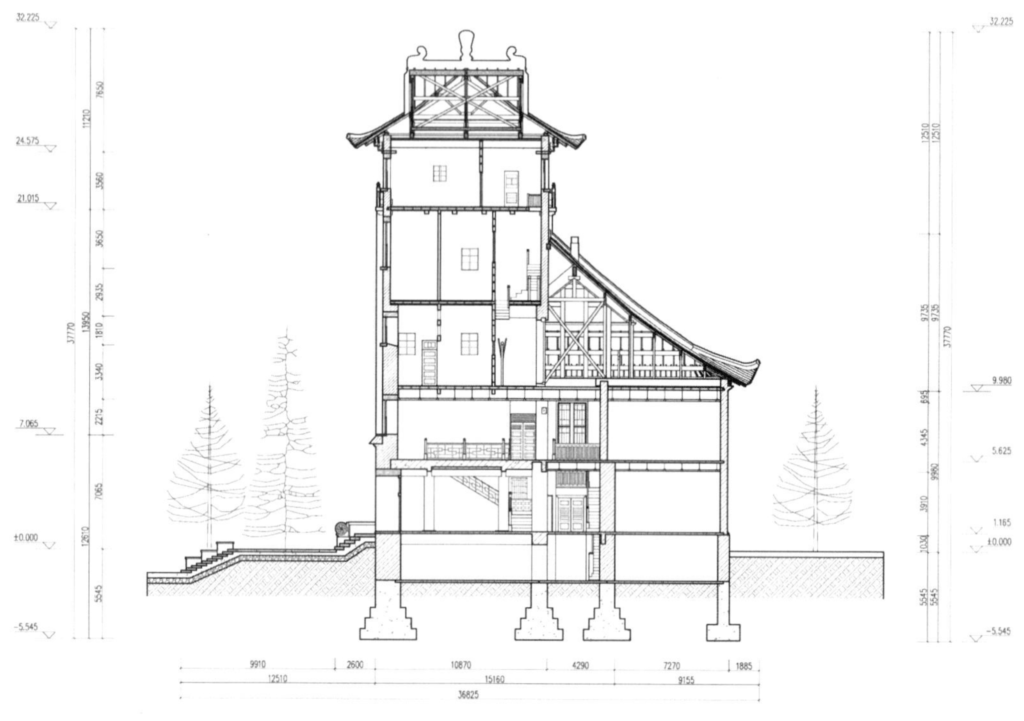

图3-3-12　金陵大学北大楼横剖面图

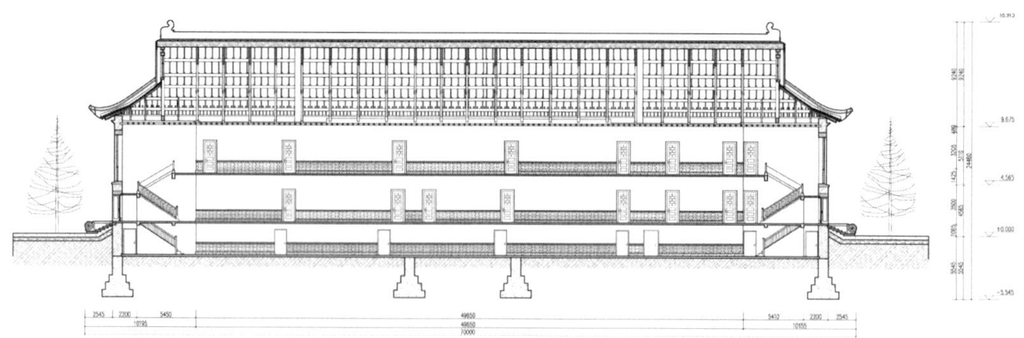

图3-3-13　金陵大学北大楼纵剖面图

西大楼(农学院)

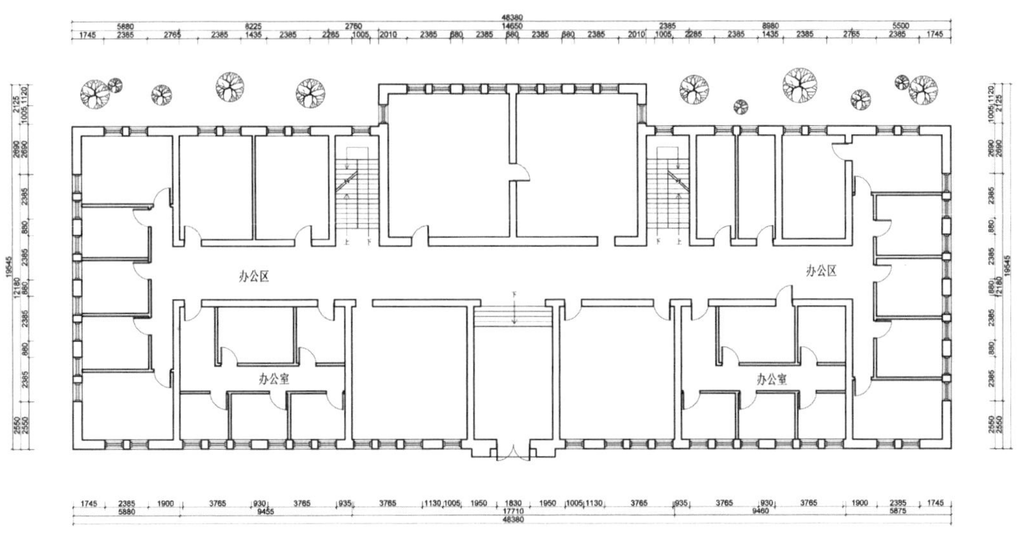

图3-3-14　金陵大学西大楼一层平面图

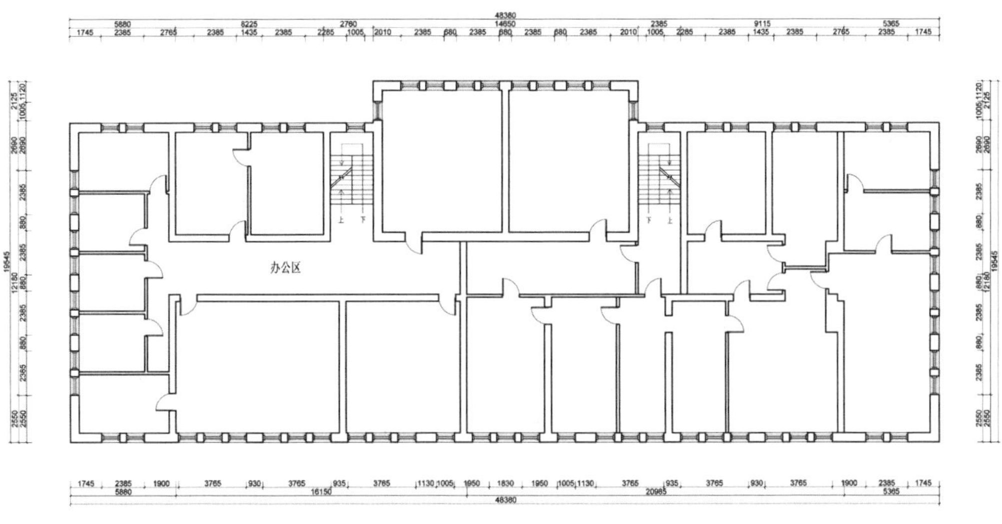

图3-3-15　金陵大学西大楼二层平面图

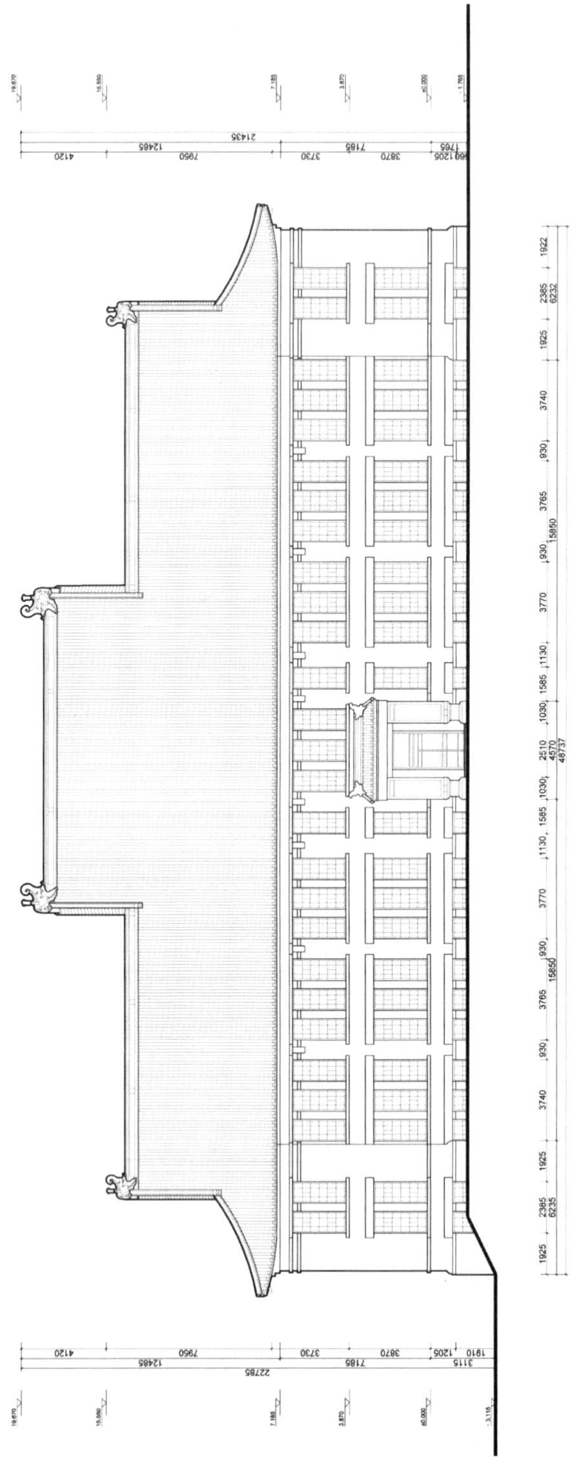

图3-3-16 金陵大学西大楼东立面图

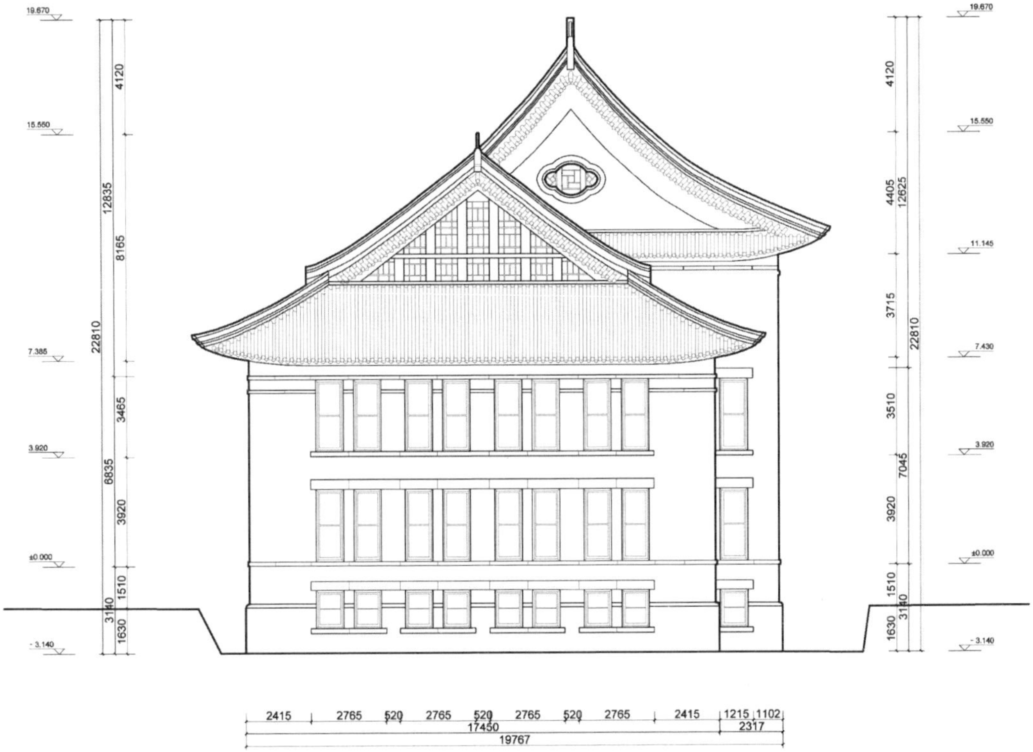

图3-3-17　金陵大学西大楼北立面图

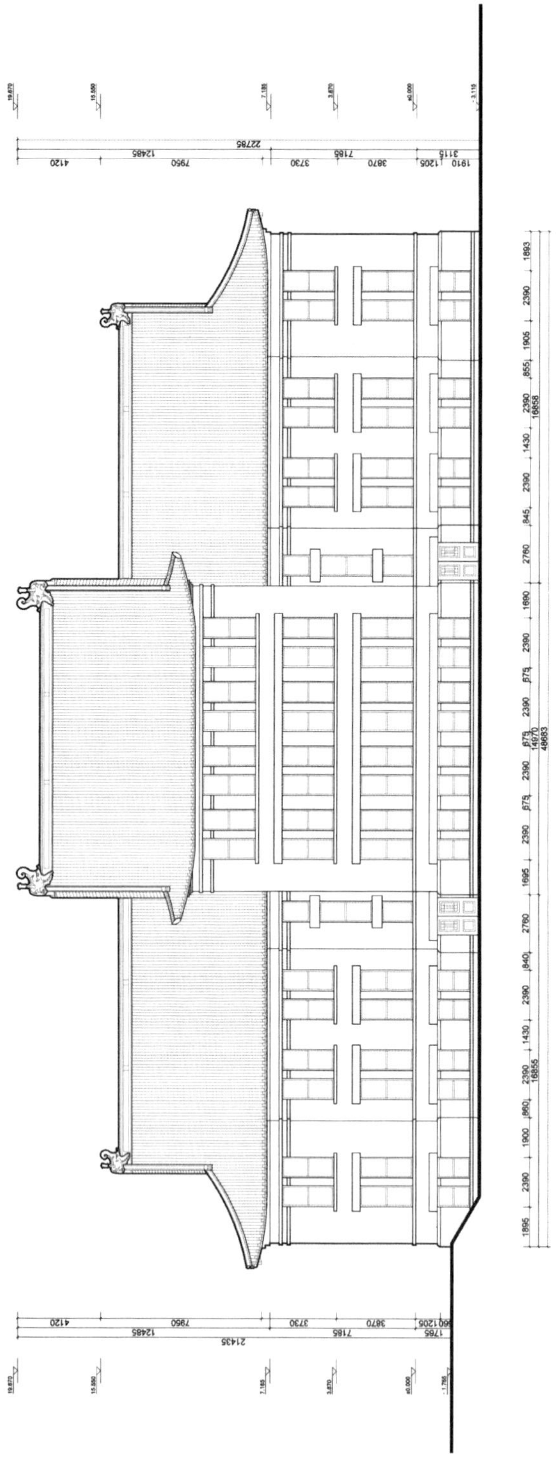

图3-3-18 金陵大学西大楼西立面图

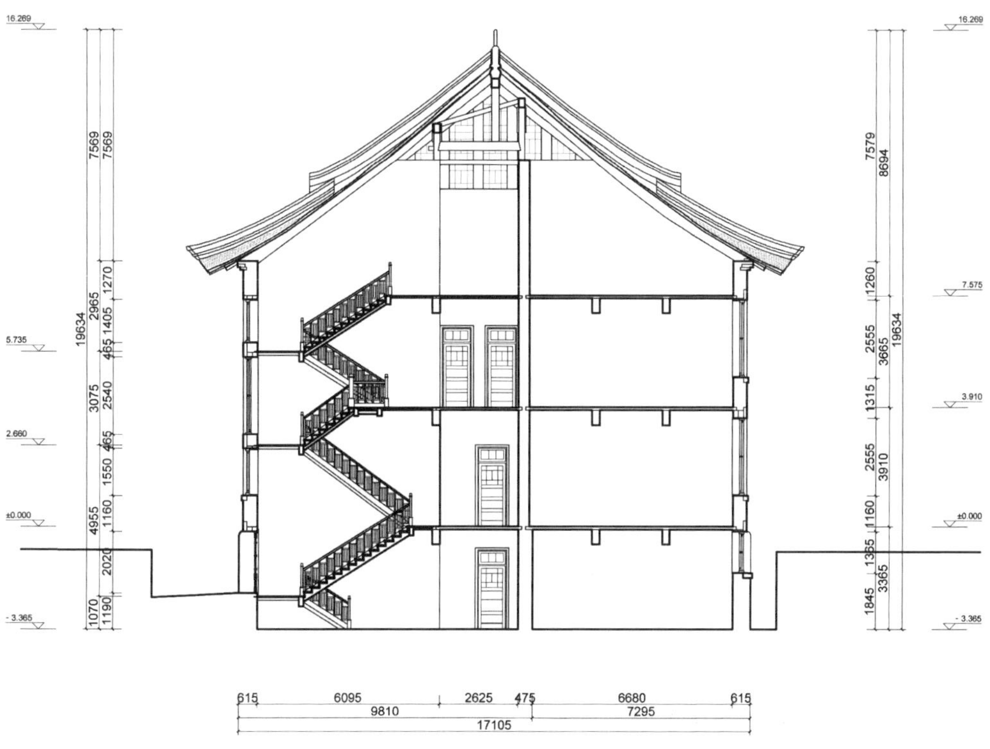

图3-3-19　金陵大学西大楼横剖面图

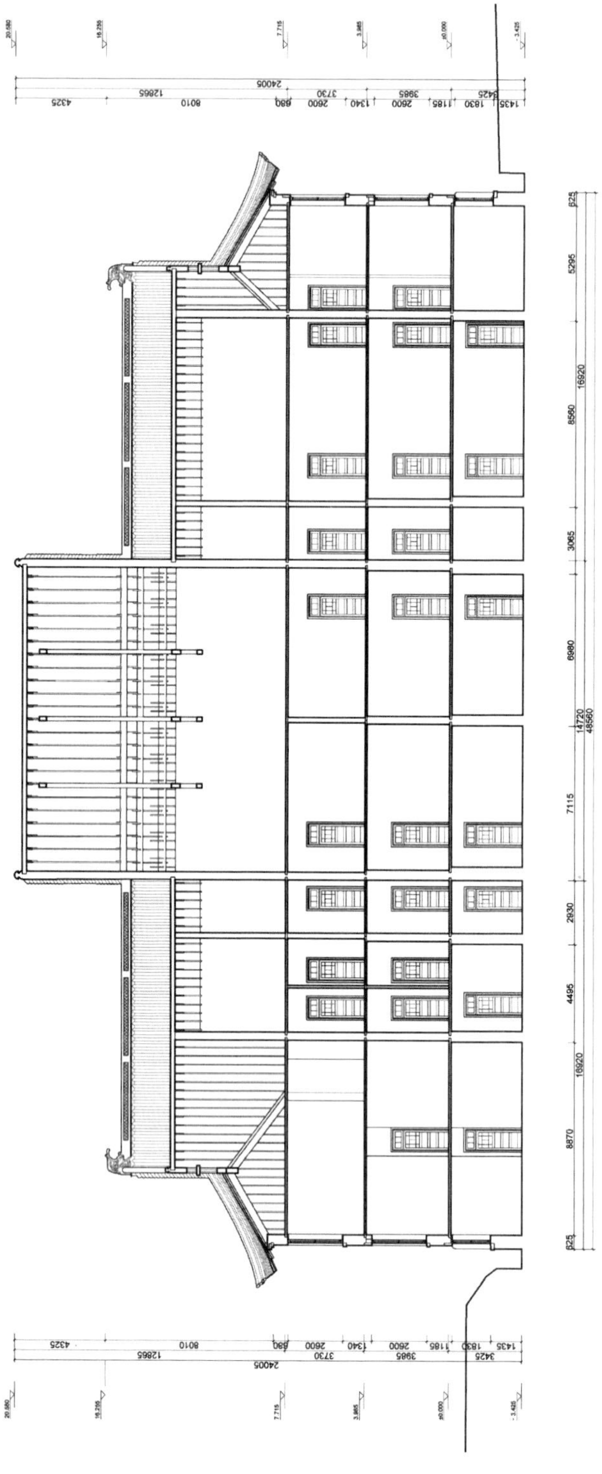

图3-3-20 金陵大学西大楼纵剖面图

学生宿舍(甲乙、丙丁、戊己庚、辛壬楼)

甲乙、丙丁楼

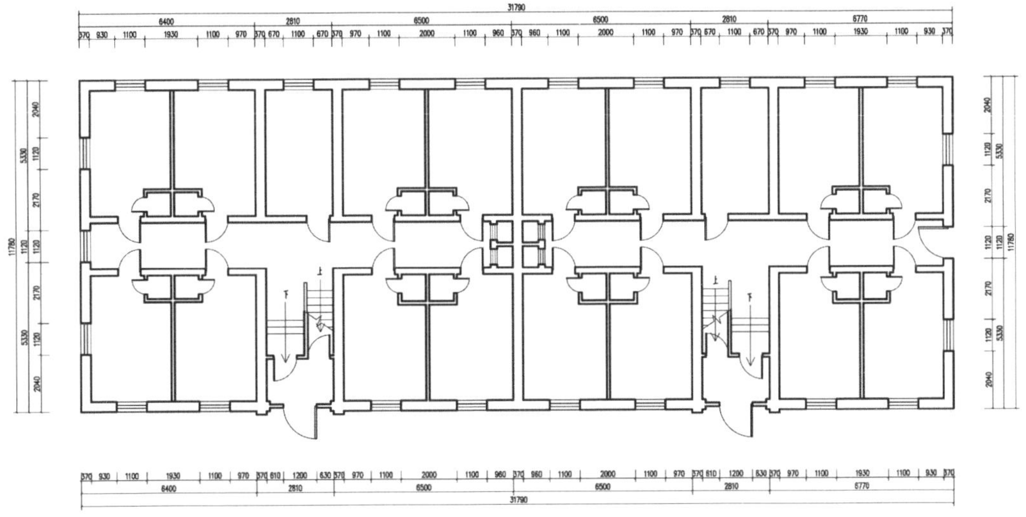

图3-3-21 金陵大学天干宿舍楼甲乙楼一层平面图

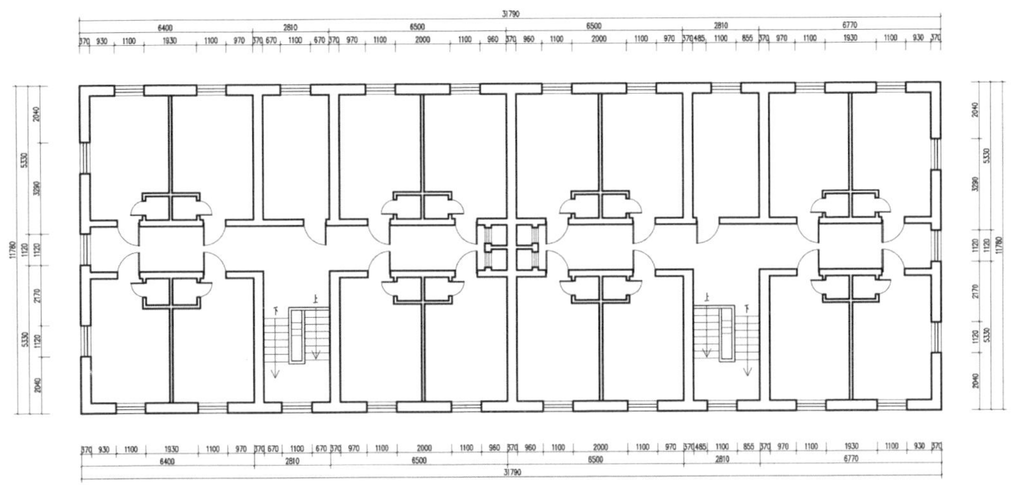

图3-3-22 金陵大学天干宿舍楼甲乙楼二层平面图

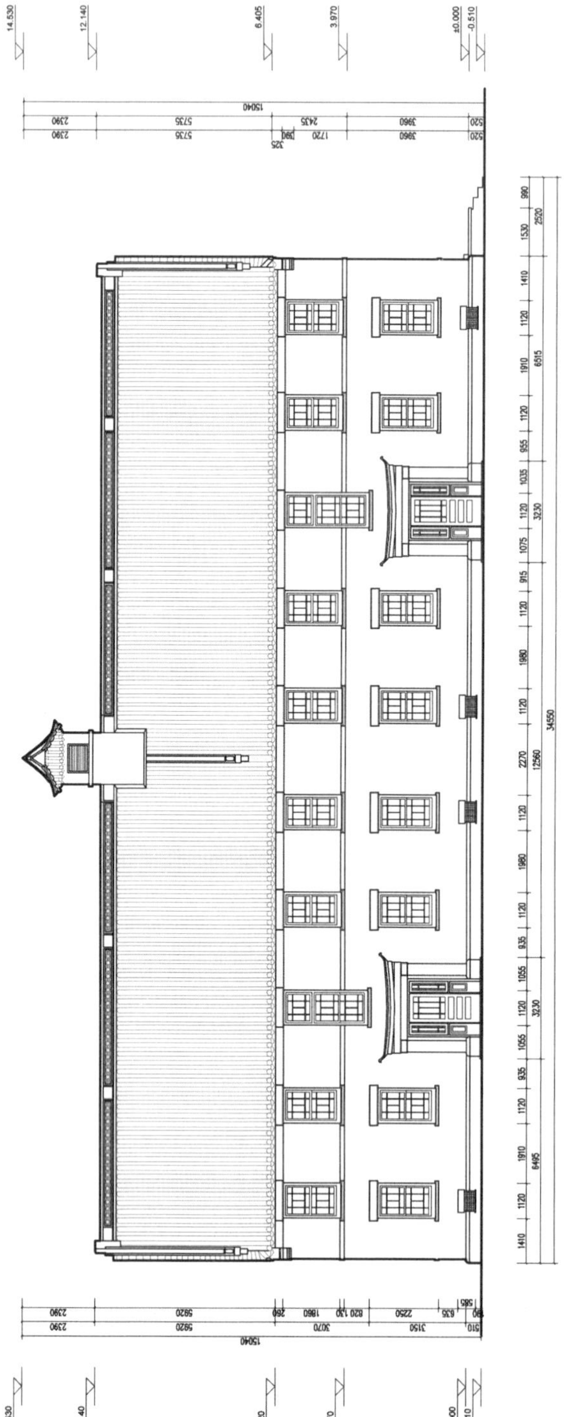

图3-3-23 金陵大学天干宿舍楼甲乙楼西立面图

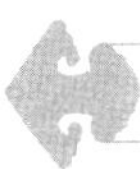

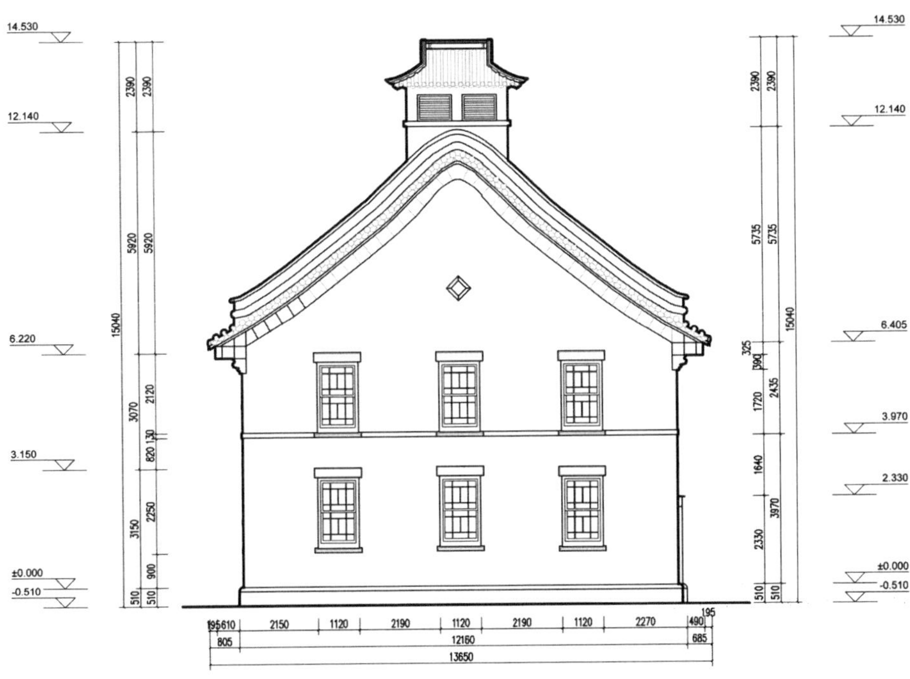

图3-3-24　金陵大学天干宿舍楼甲乙楼南立面图

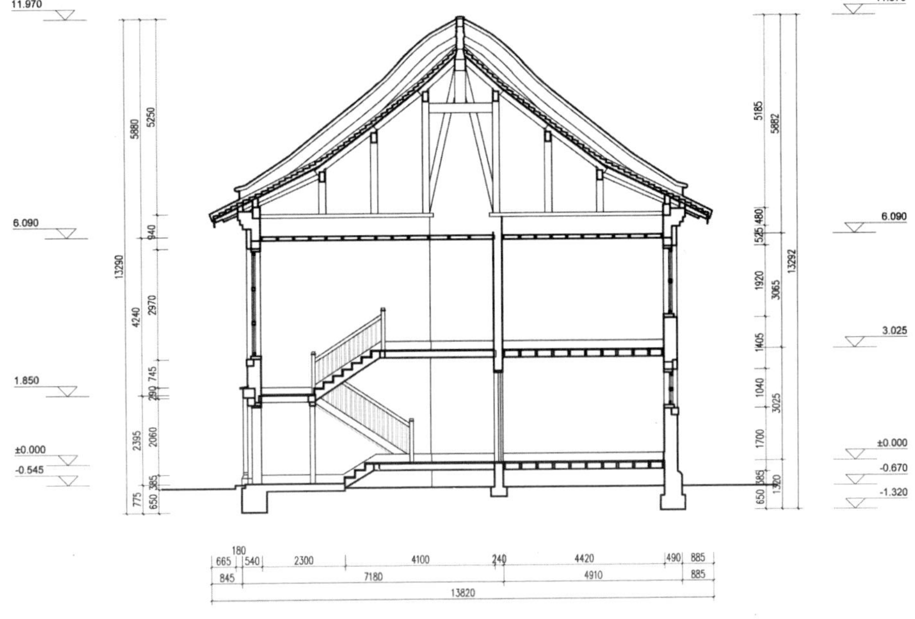

图3-3-25　金陵大学天干宿舍楼甲乙楼横剖面图

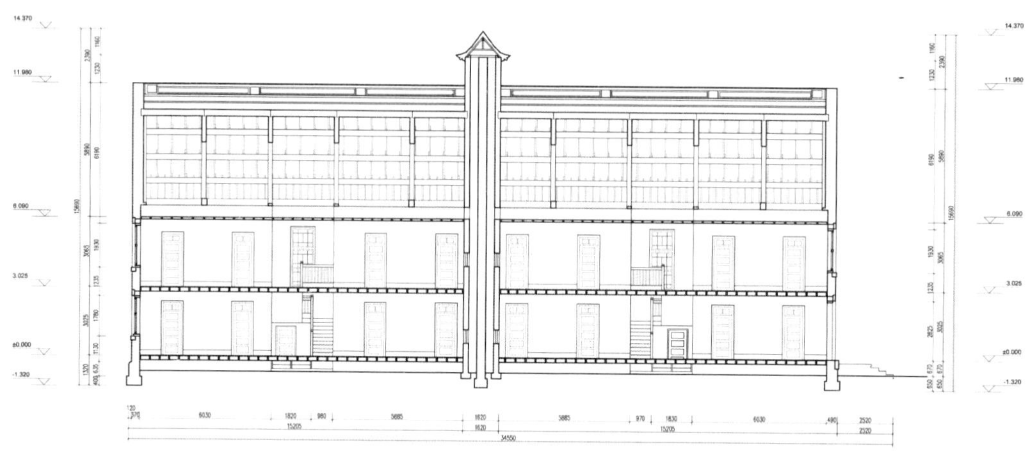

图3-3-26 金陵大学天干宿舍楼甲乙楼纵剖面图

戊己庚楼

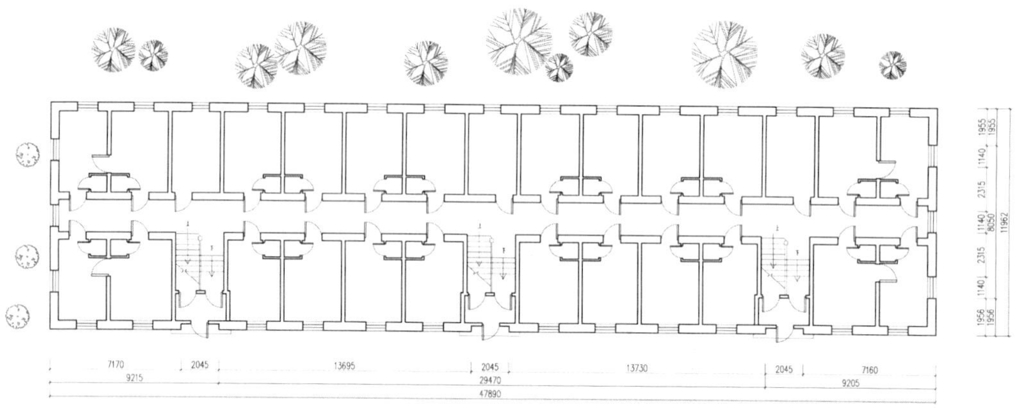

图3-3-27 金陵大学天干宿舍楼戊己庚楼一层平面图

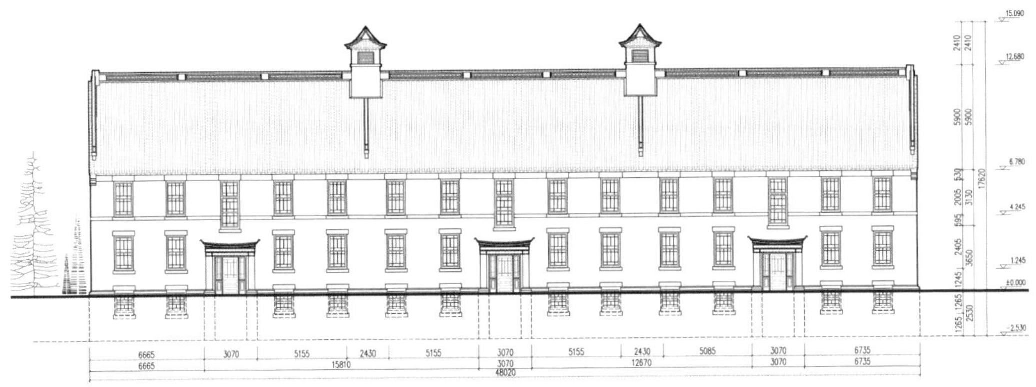

图3-3-28　金陵大学天干宿舍楼戊己庚楼东立面图

图3-3-29　金陵大学天干宿舍楼戊己庚楼北立面图

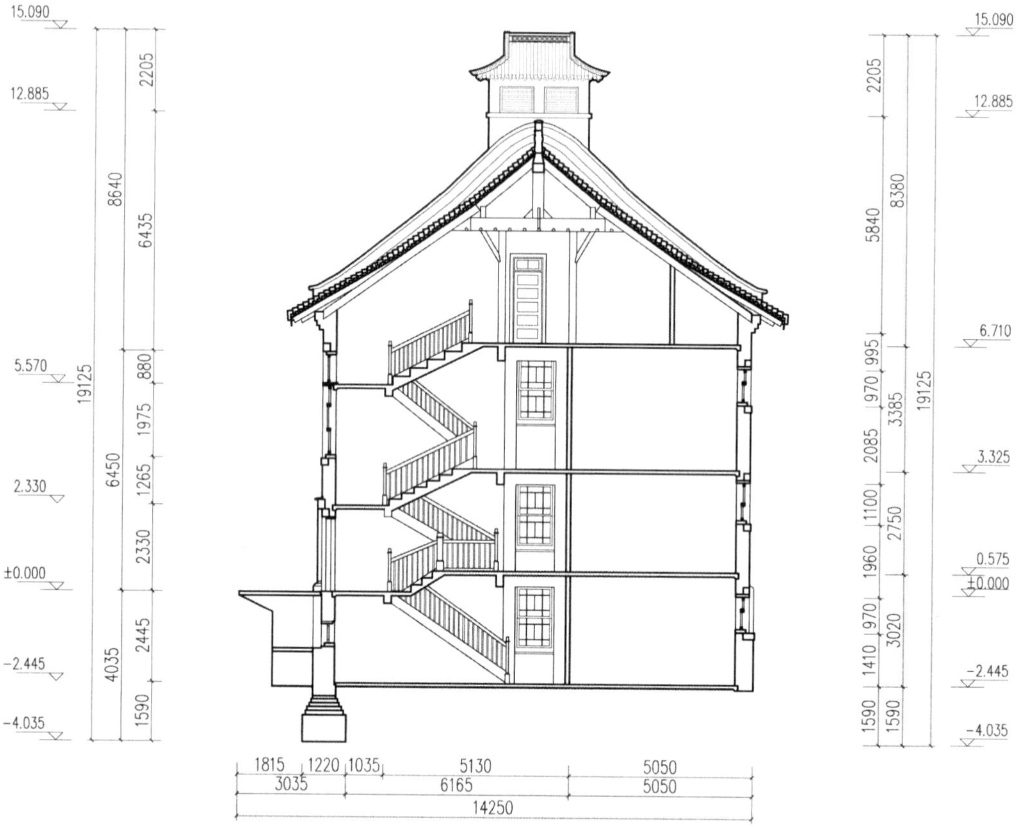

图3-3-30 金陵大学天干宿舍楼戊己庚楼横剖面图

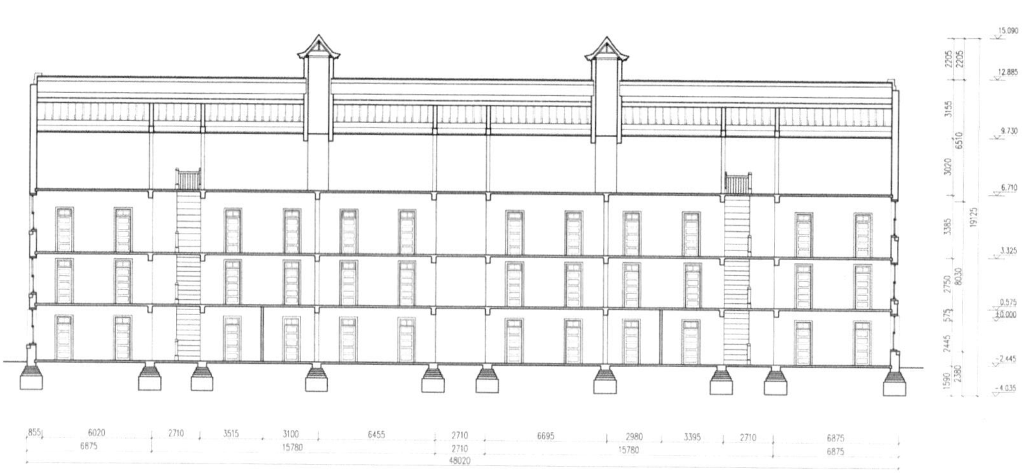

图3-3-31 金陵大学天干宿舍楼戊己庚楼纵剖面图

大礼堂(礼拜堂)

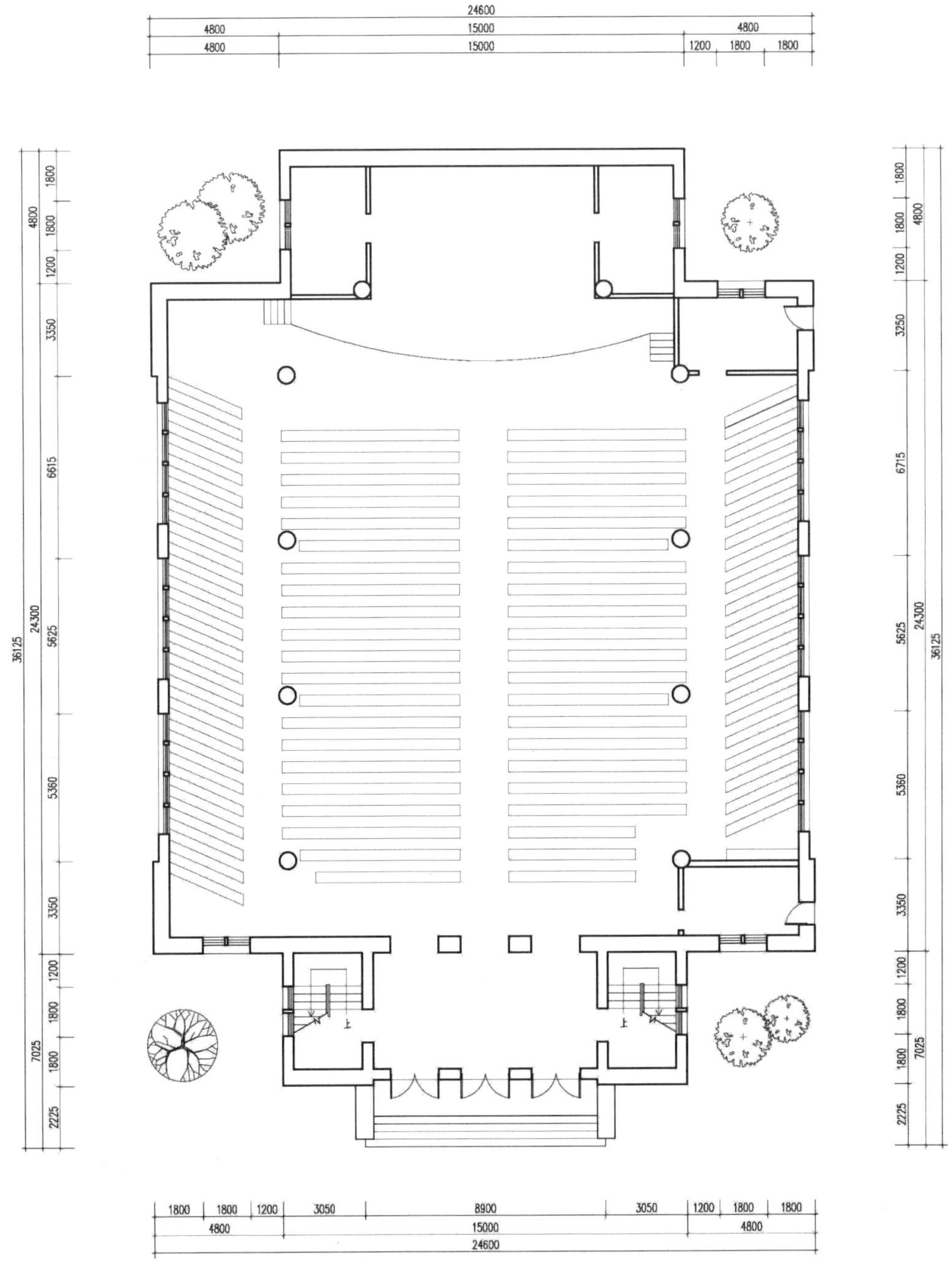

图3-3-32　金陵大学大礼堂一层平面图

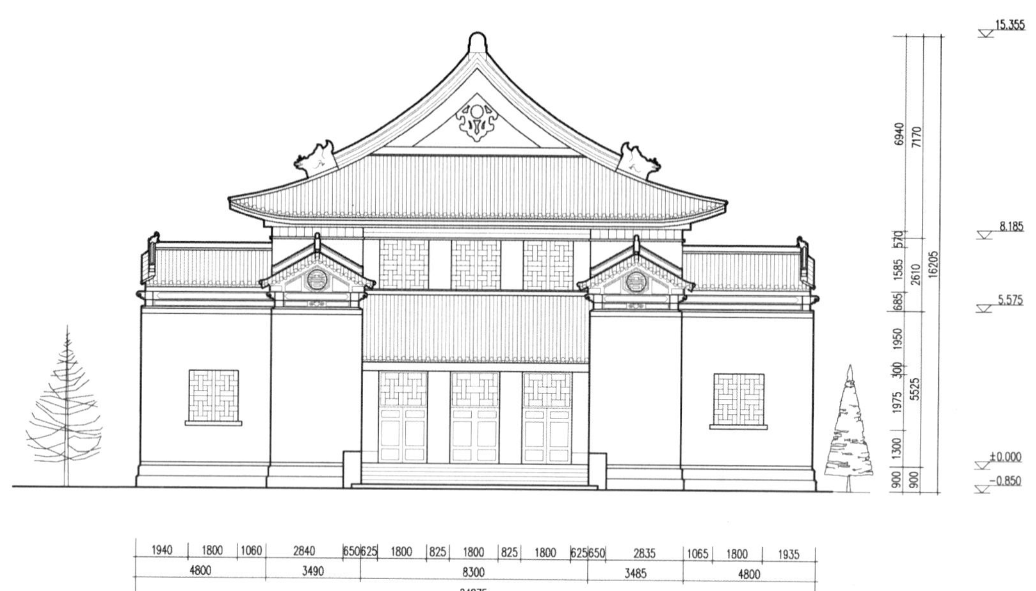

图3-3-33　金陵大学大礼堂东立面图

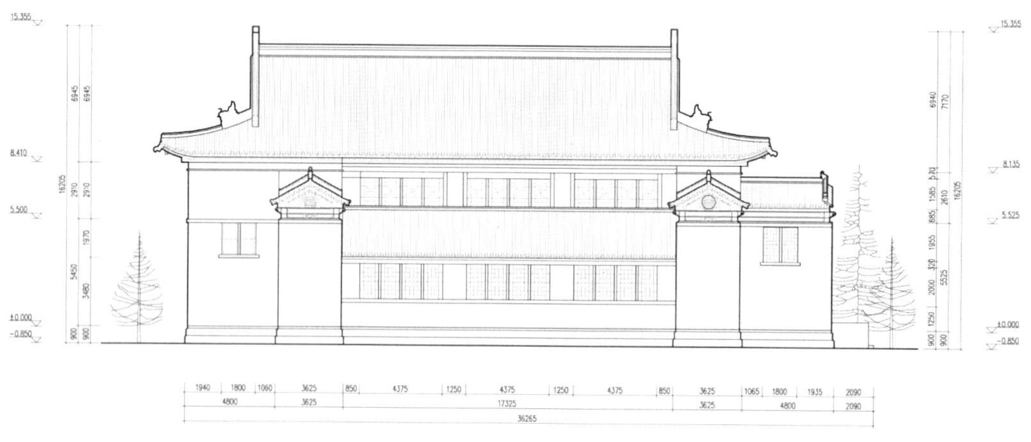

图3-3-34　金陵大学大礼堂南立面图

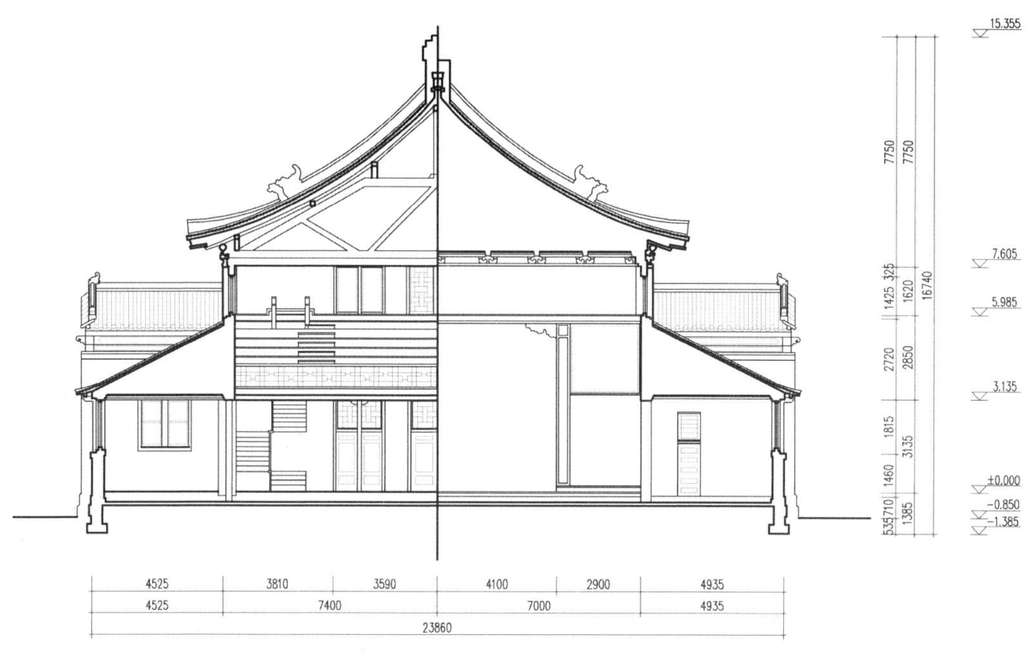

图3-3-35 金陵大学大礼堂横剖面图

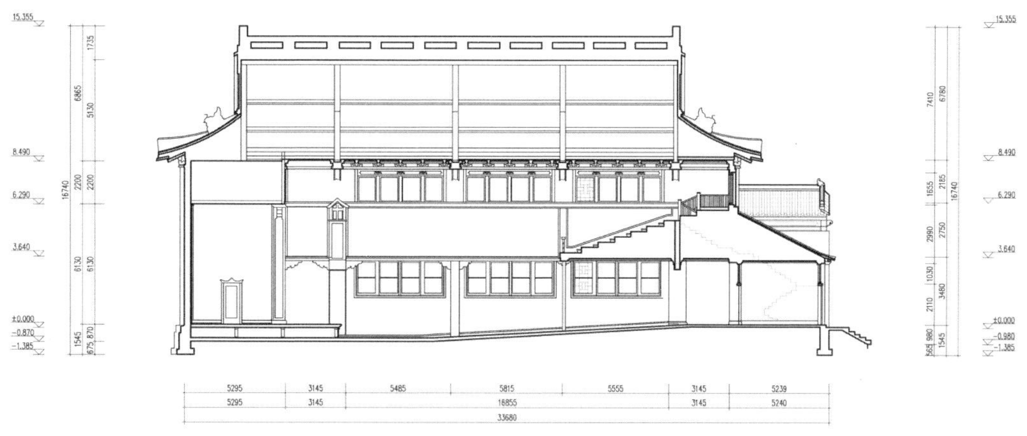

图3-3-36 金陵大学大礼堂纵剖面图

小礼堂(小礼拜堂)

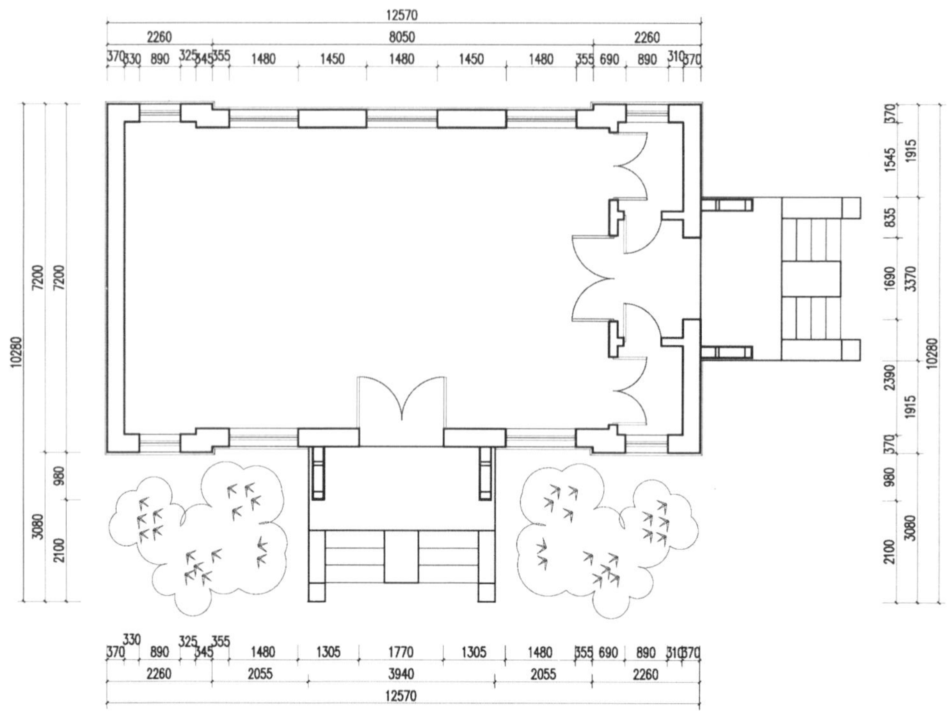

图3-3-37 金陵大学小礼堂一层平面图

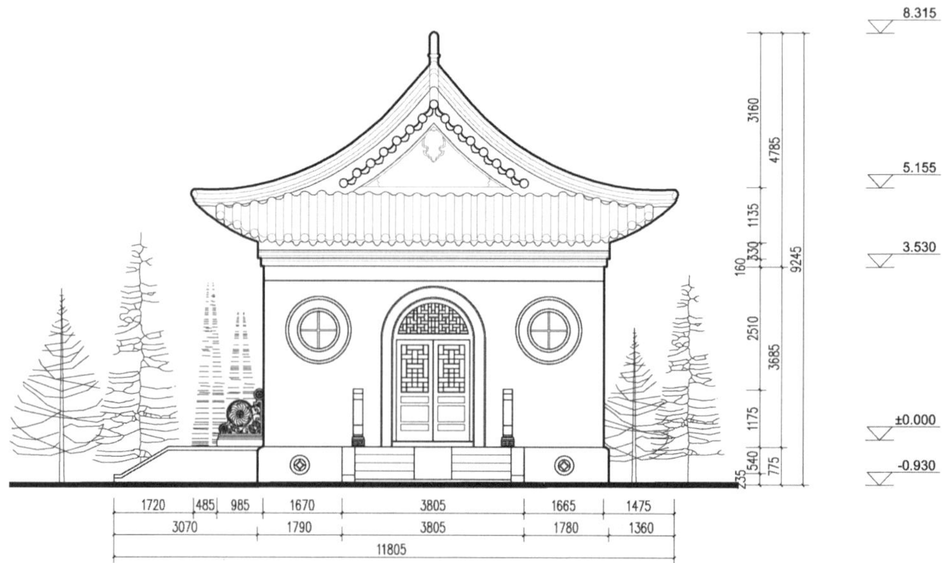

图3-3-38 金陵大学小礼堂东立面图

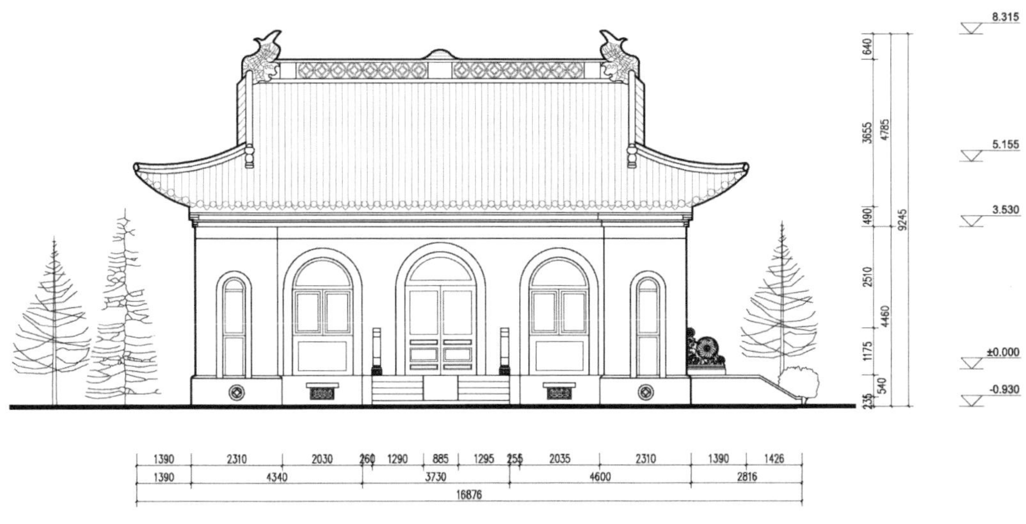

图3-3-39 金陵大学小礼堂南立面图

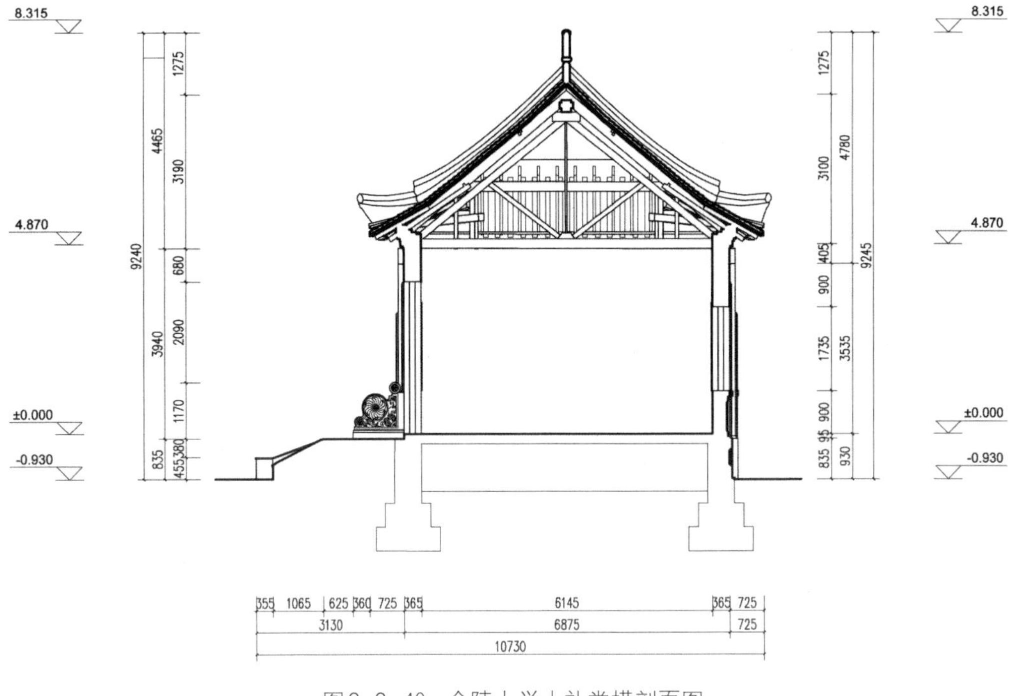

图3-3-40 金陵大学小礼堂横剖面图

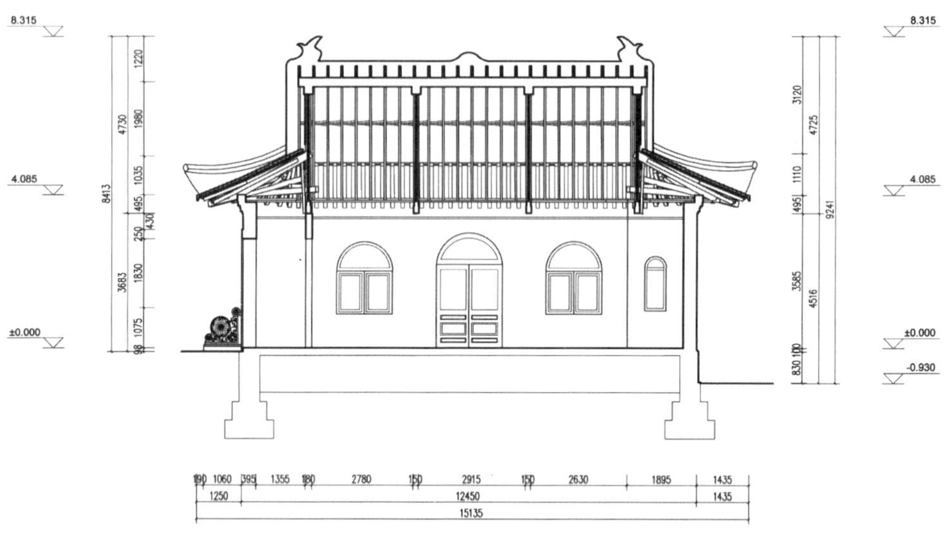

图3-3-41 金陵大学小礼堂纵剖面图

图书馆

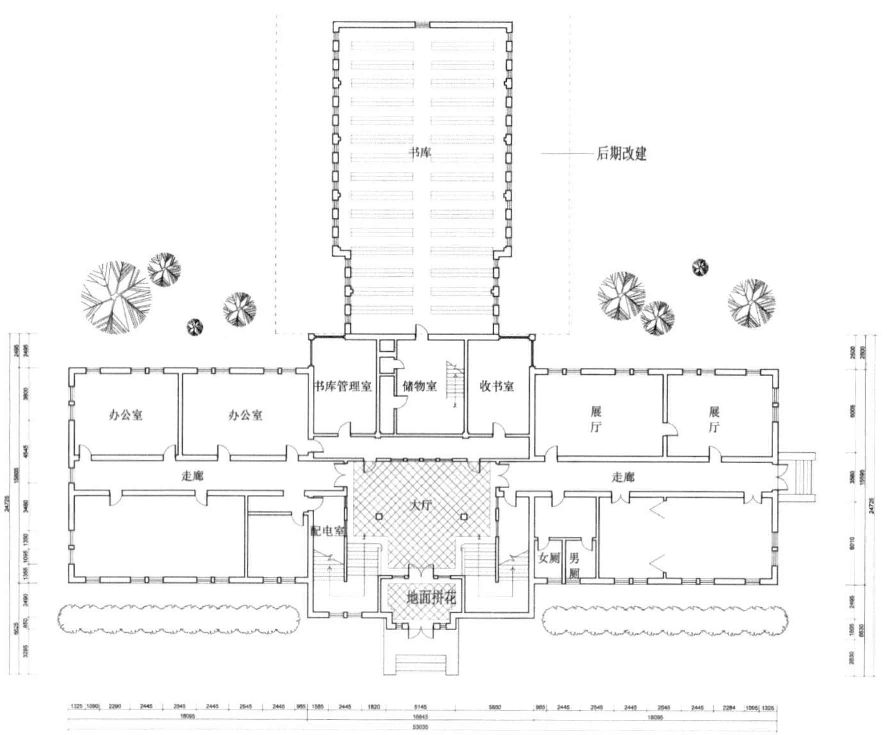

图3-3-42 金陵大学图书馆一层平面图

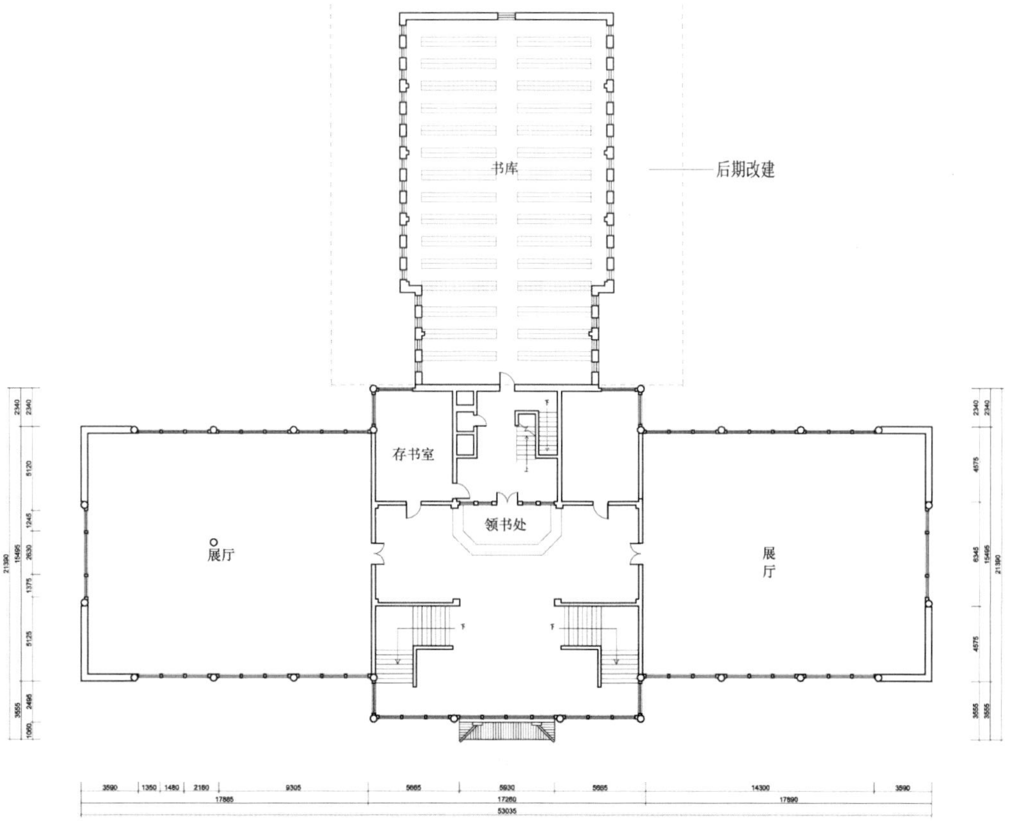

书库

后期改建

存书室

领书处

展厅

展厅

图3-3-43　金陵大学图书馆二层平面图

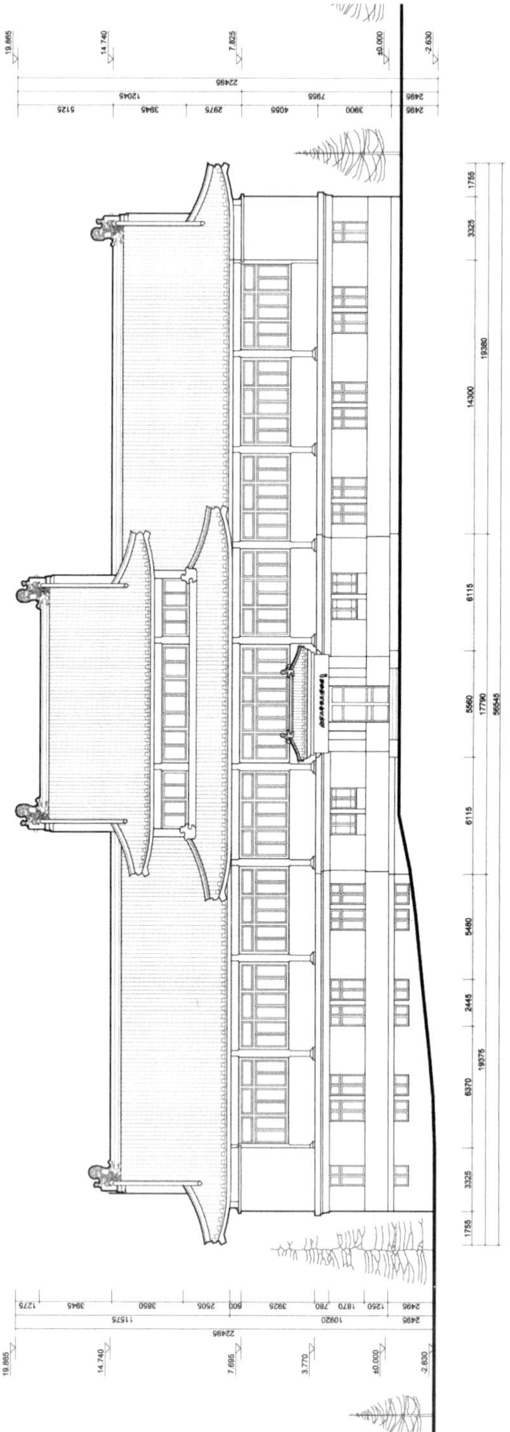

图3-3-44　金陵大学图书馆北立面图

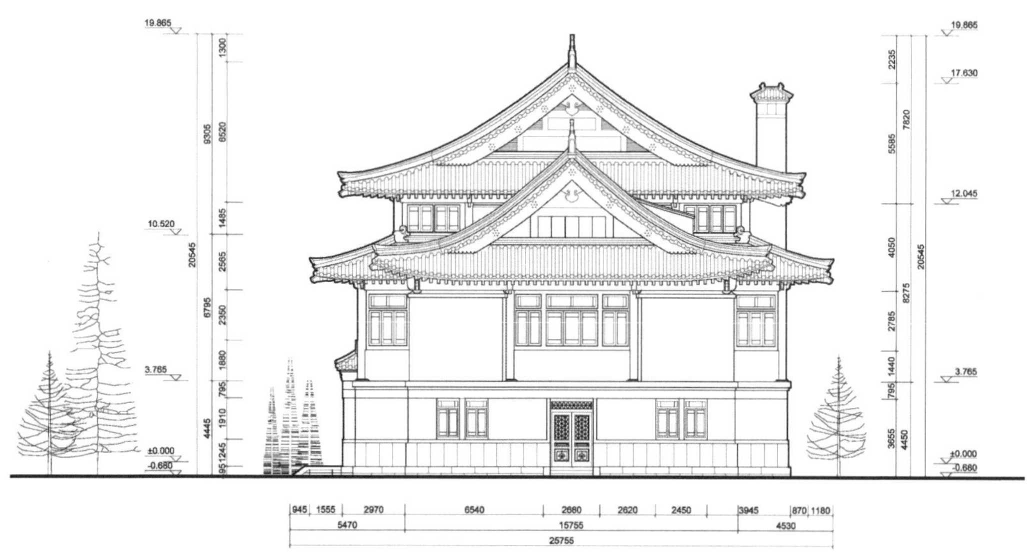

图3-3-45　金陵大学图书馆西立面图

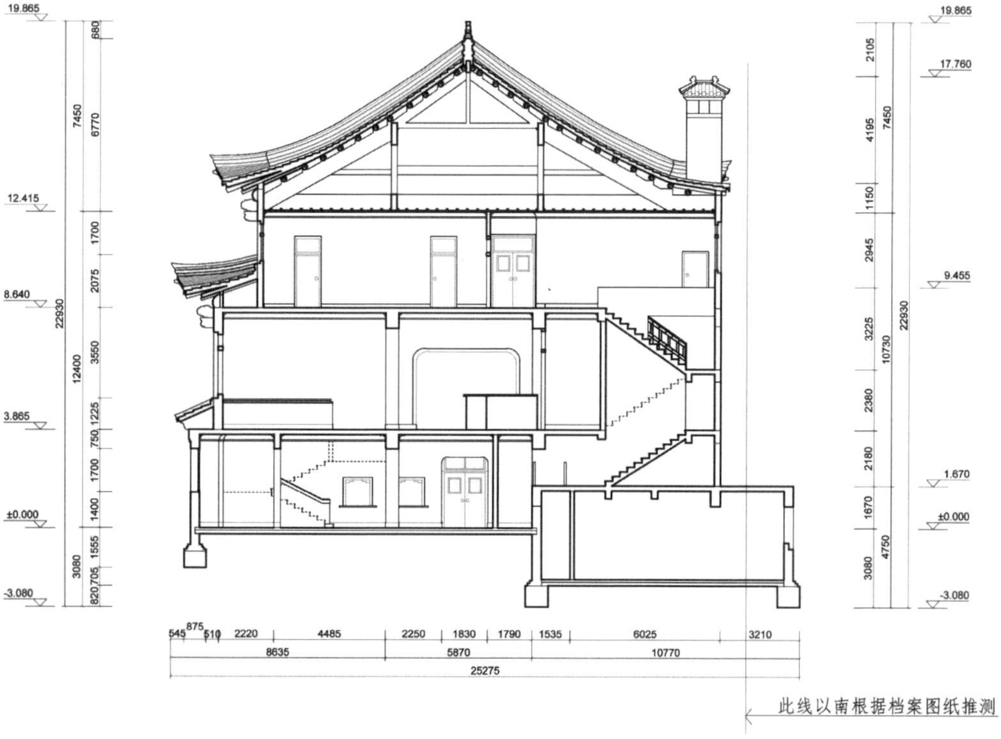

此线以南根据档案图纸推测

图3-3-46　金陵大学图书馆横剖面图

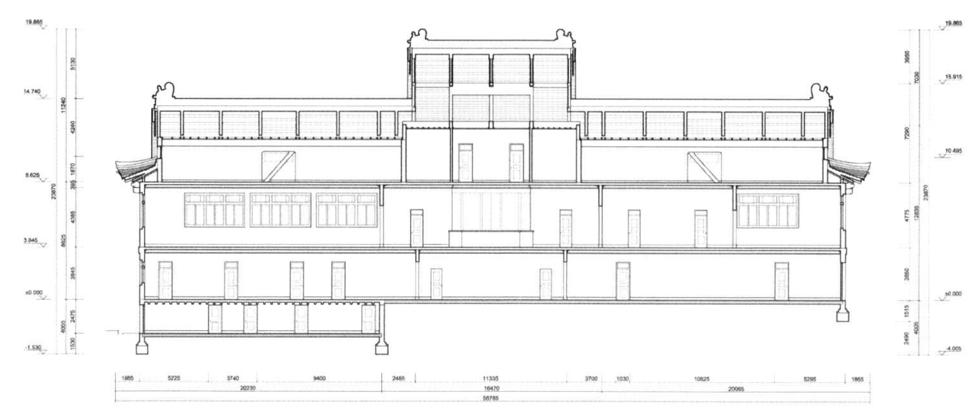

图3-3-47 金陵大学图书馆纵剖面图

赛珍珠故居

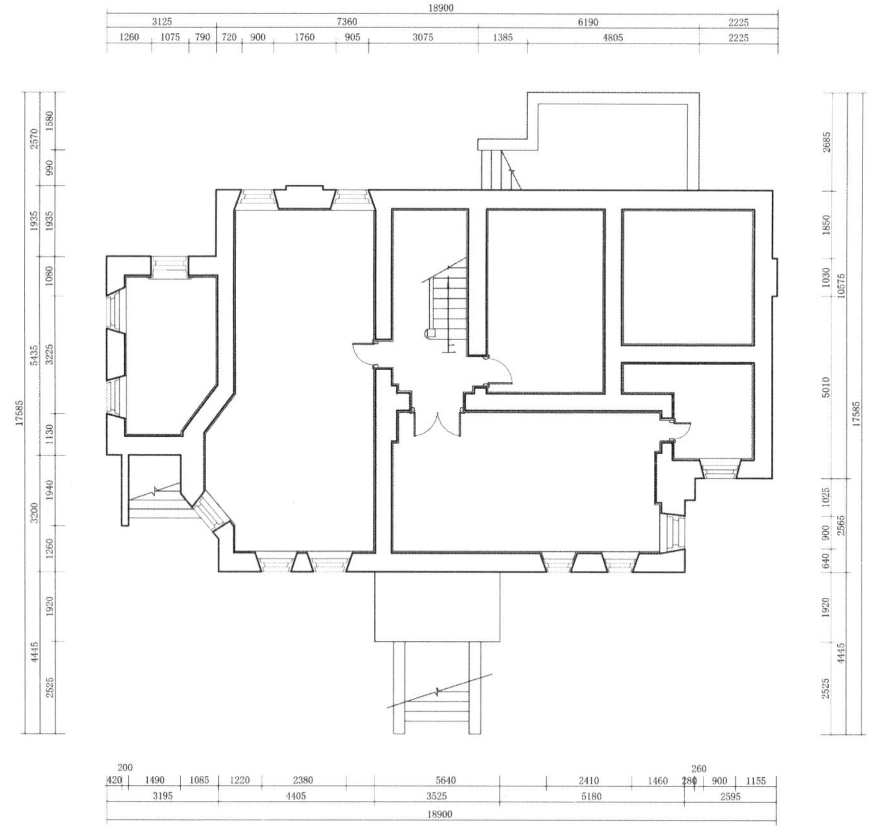

图3-3-48 金陵大学赛珍珠故居地下室平面图

图 3-3-49　金陵大学赛珍珠故居一层平面图

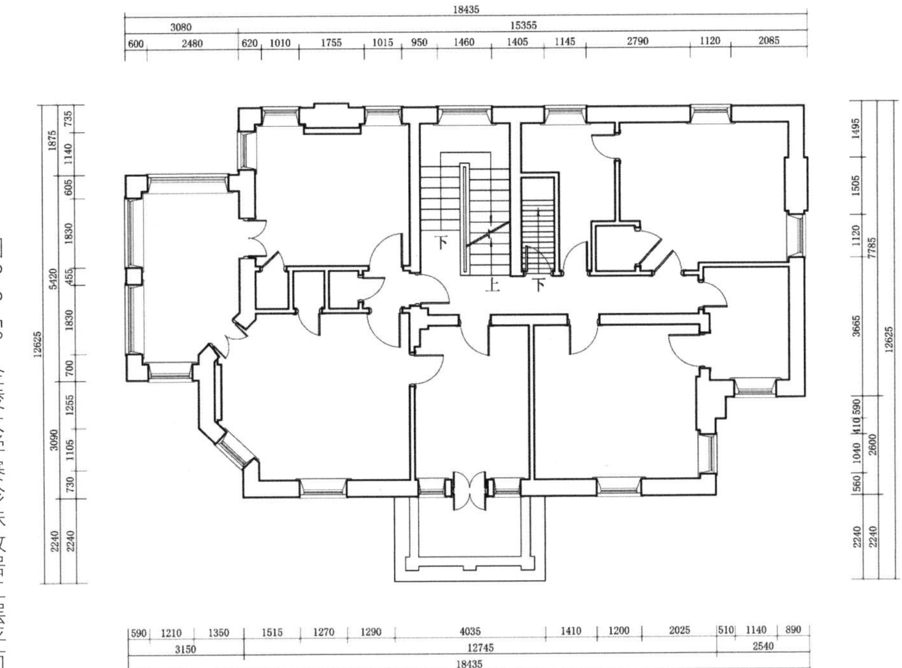

图 3-3-50　金陵大学赛珍珠故居二层平面图

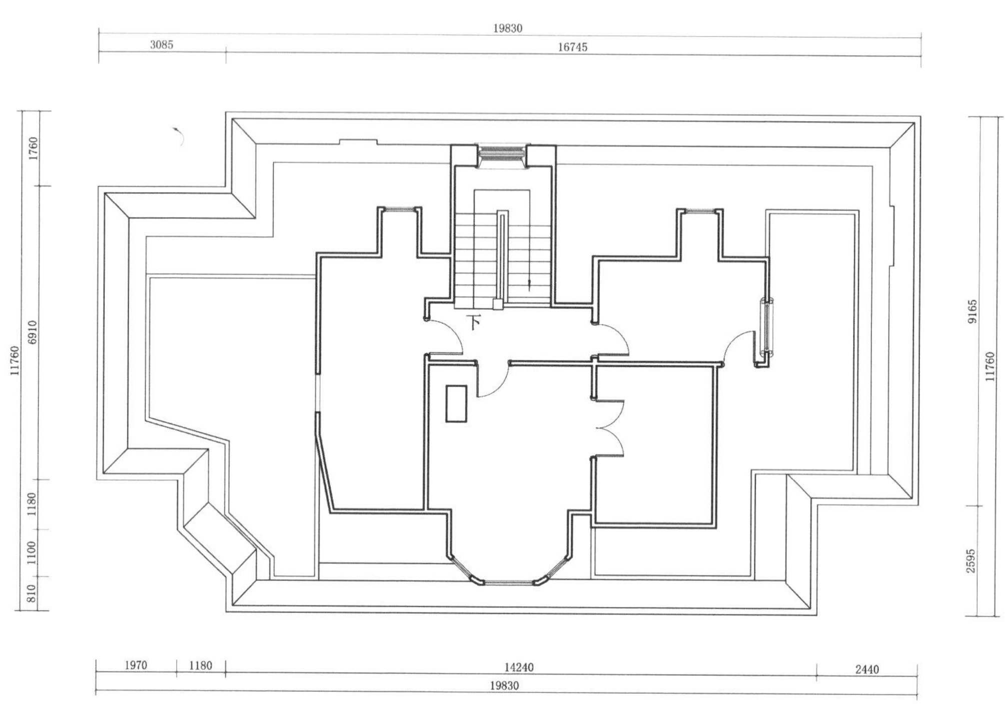

图3-3-51 金陵大学赛珍珠故居三层平面图

图3-3-52 金陵大学赛珍珠故居东立面图

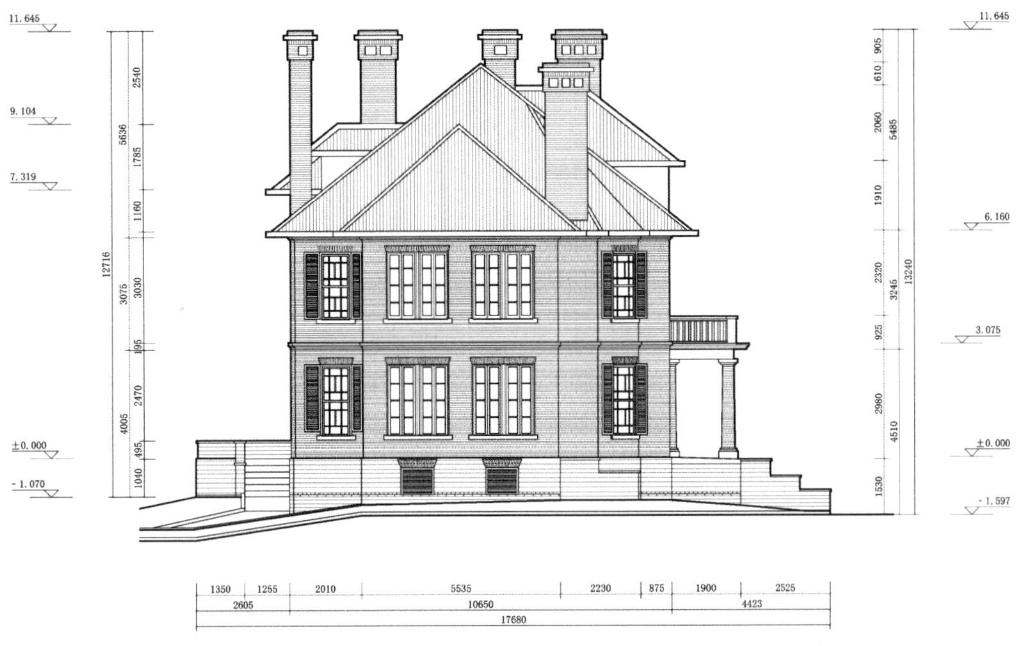

图3-3-53　金陵大学赛珍珠故居南立面图

图3-3-54　金陵大学赛珍珠故居1-1剖面图

图3-3-55　金陵大学赛珍珠故居2-2剖面图

陈裕光故居

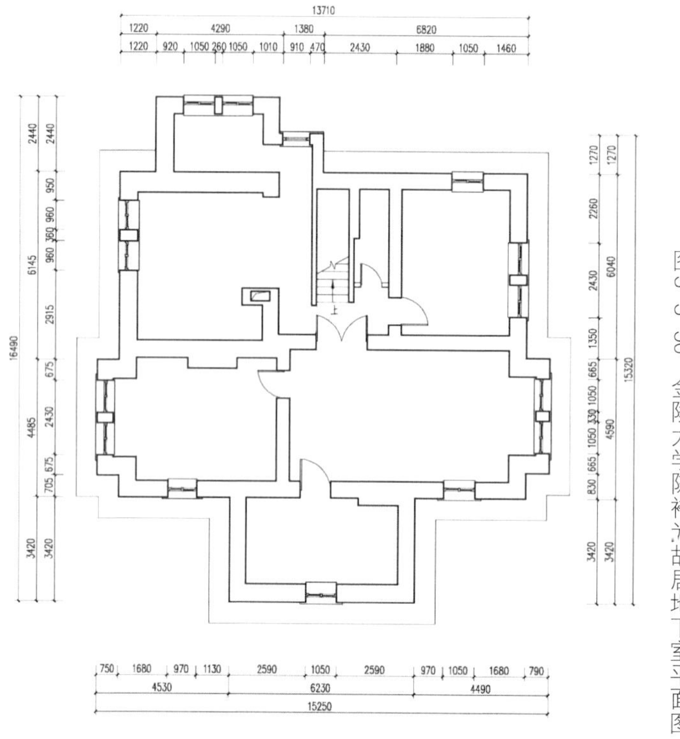

图3-3-56　金陵大学陈裕光故居地下室平面图

图 3-3-57　金陵大学陈裕光故居一层平面图

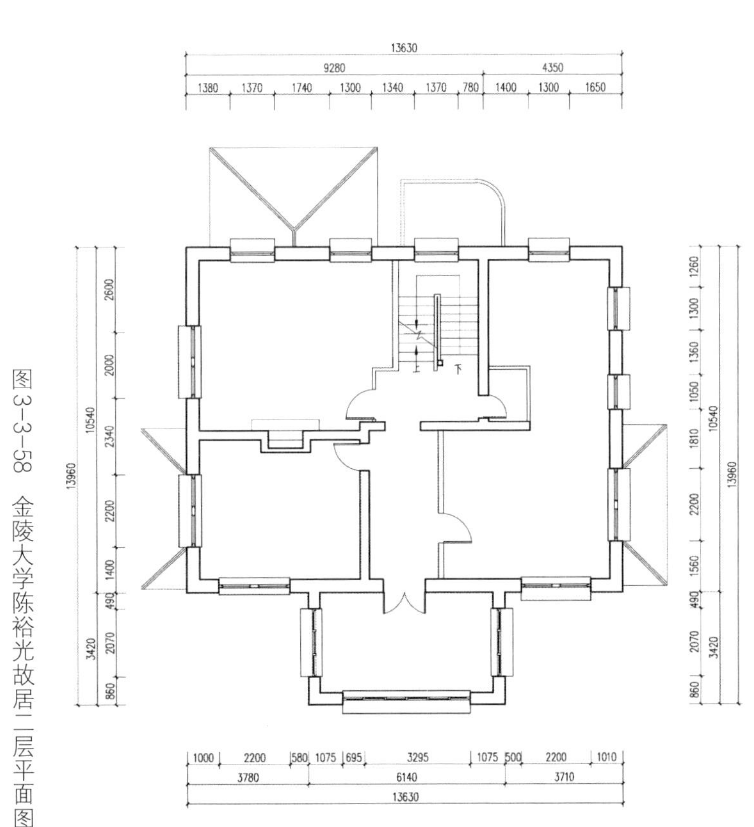

图 3-3-58　金陵大学陈裕光故居二层平面图

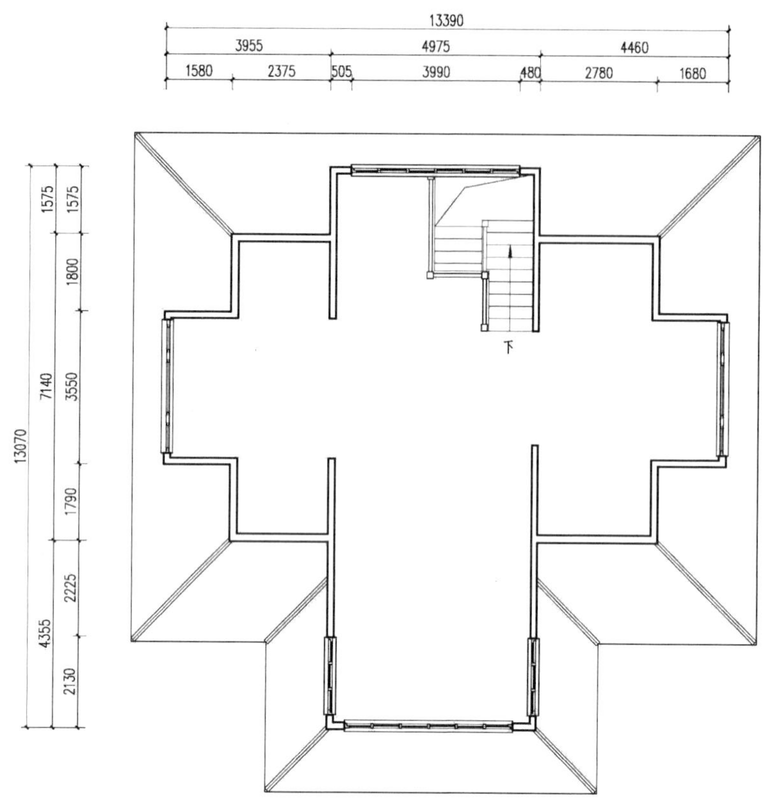

图3-3-59 金陵大学陈裕光故居三层平面图

图3-3-60 金陵大学陈裕光故居屋顶俯视图

图3-3-61　金陵大学陈裕光故居北立面图

图3-3-62　金陵大学陈裕光故居东立面图

桃园南楼

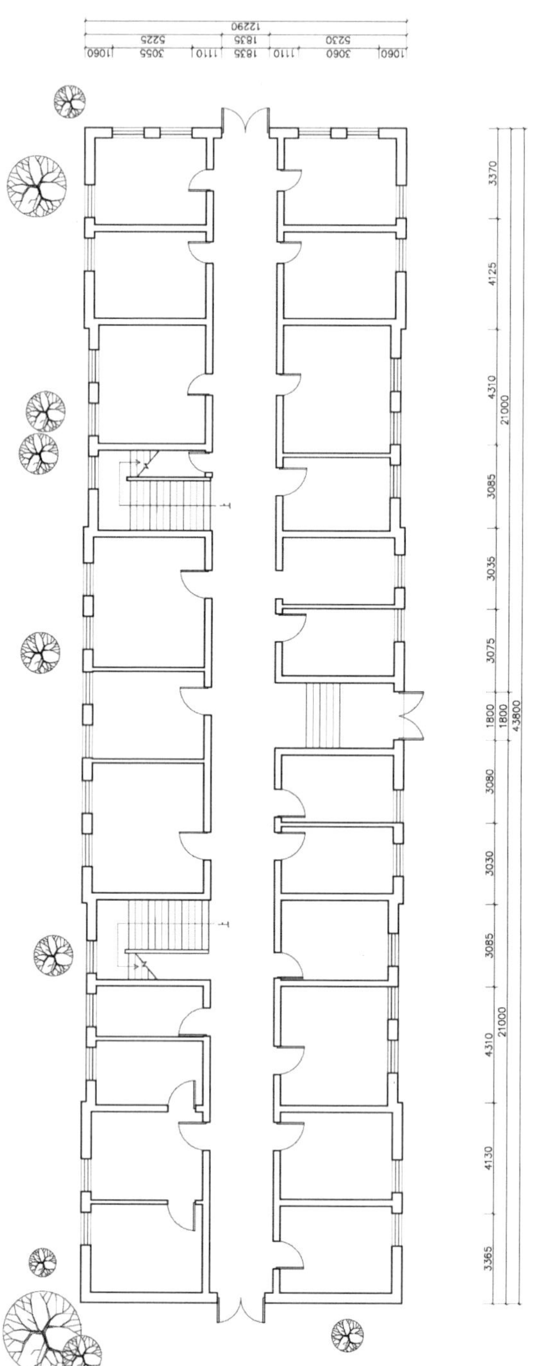

图 3-3-63 金陵大学陶园南楼一层平面图

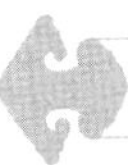

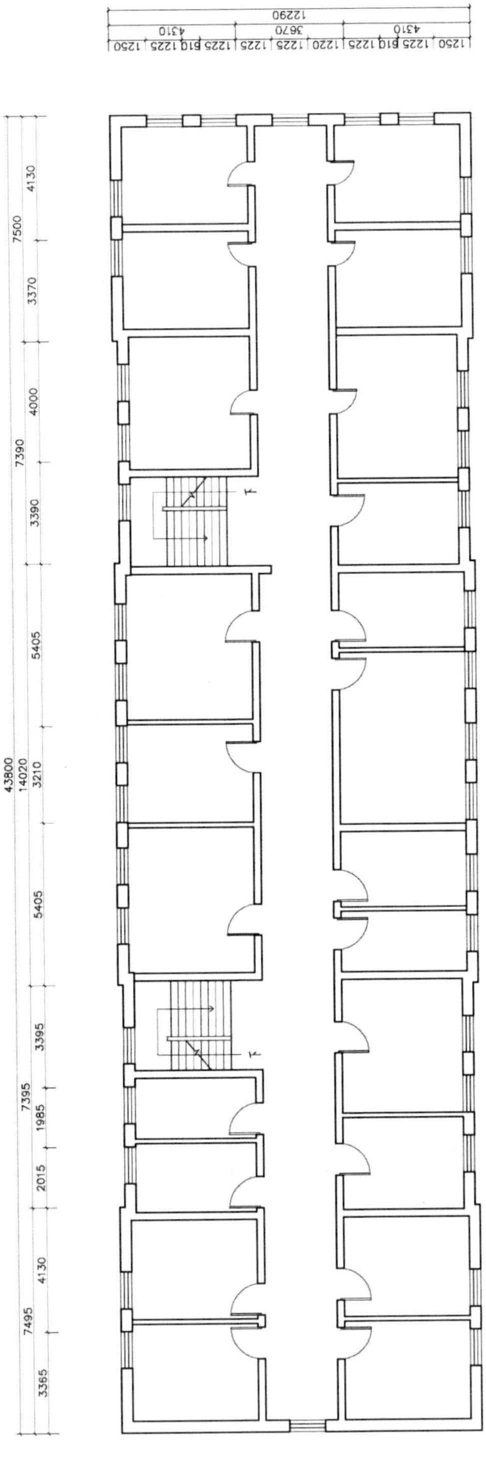

图3-3-64　金陵大学陶园南楼二层平面图

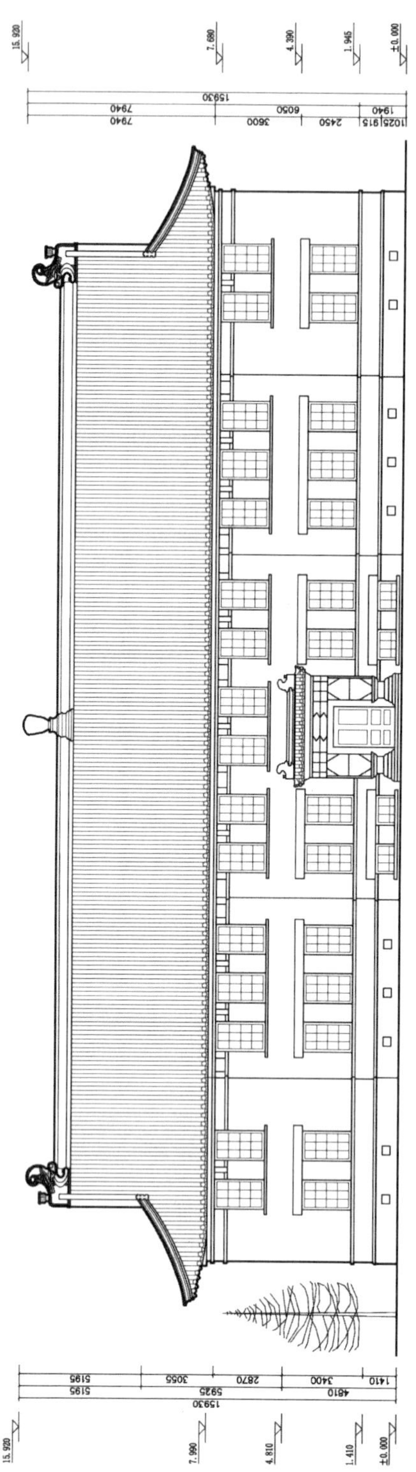

图3-3-65 金陵大学陶园南楼西立面图

第四章　中央大学主要建筑测绘图

孟芳图书馆（图书馆）

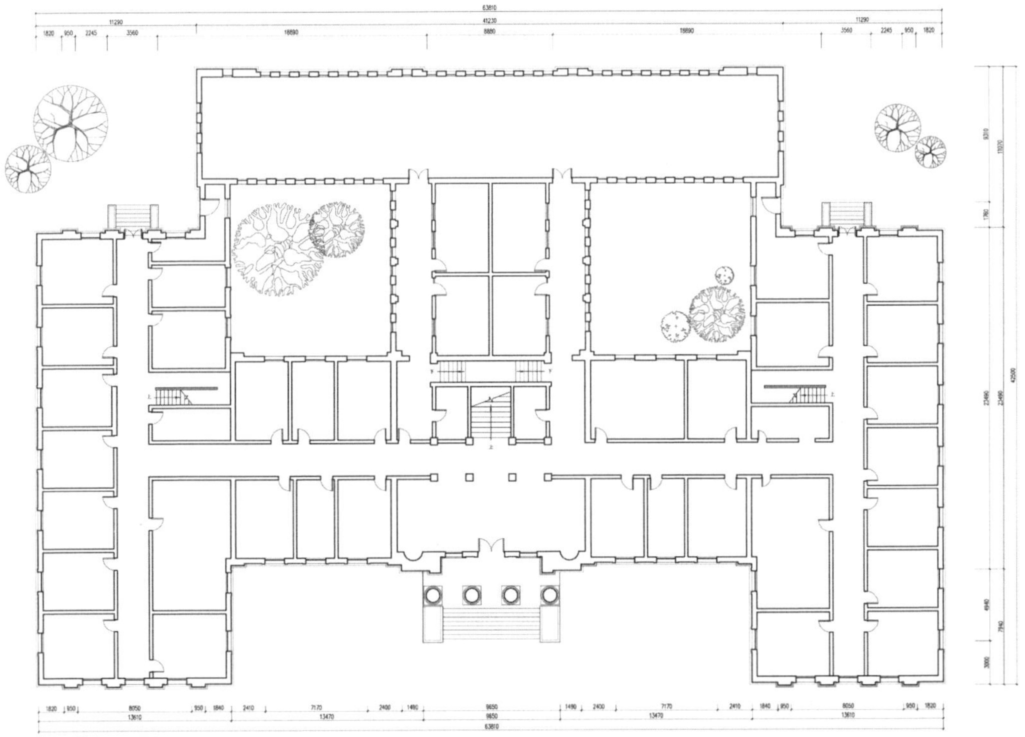

图3-4-1　国立中央大学孟芳图书馆一层平面图

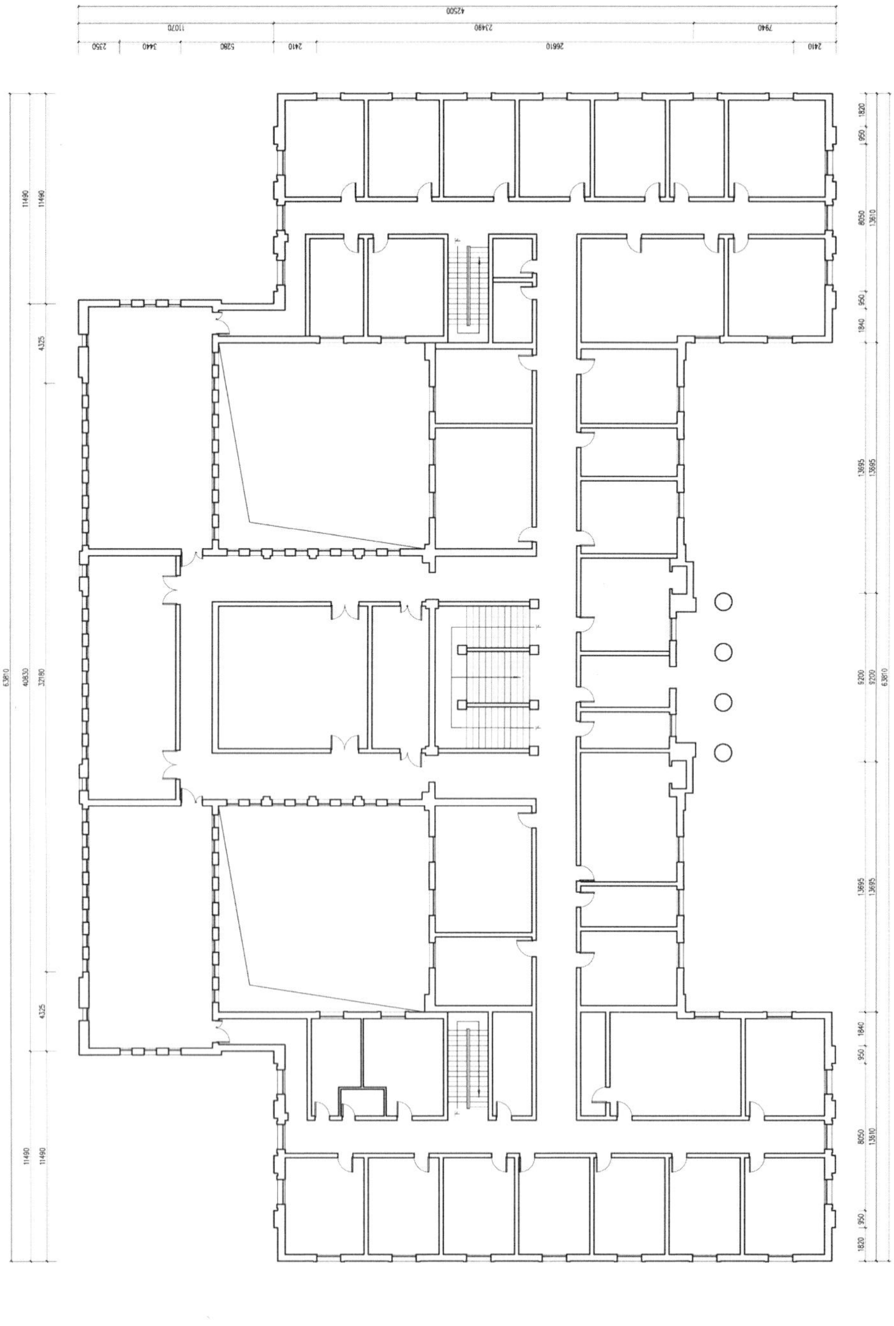

图3-4-2 国立中央大学孟芳图书馆二层平面图

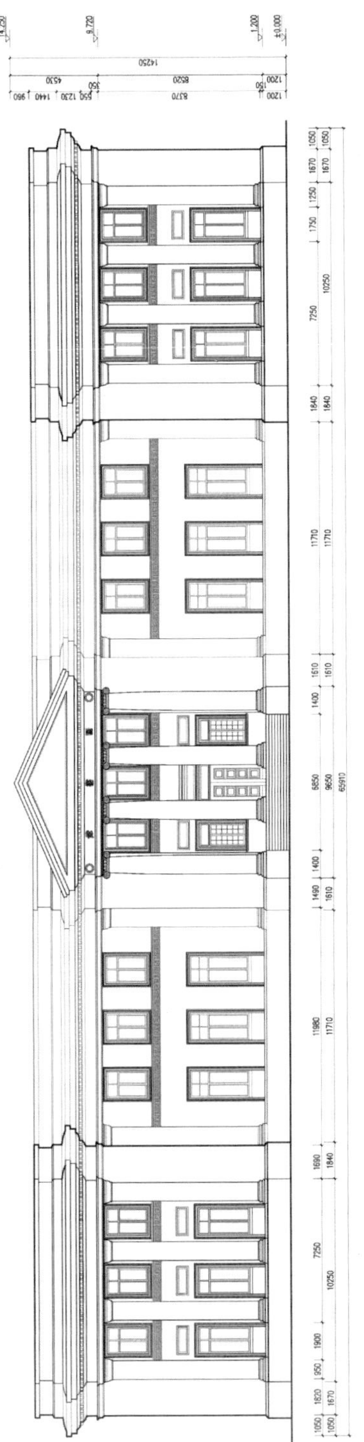

图3-4-3 国立中央大学孟芳图书馆南立面图

科学馆(健雄院)

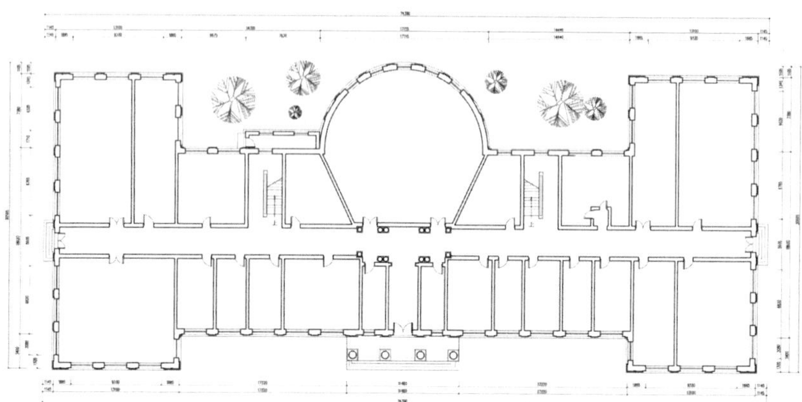

图3-4-4 国立中央大学健雄院一层平面图

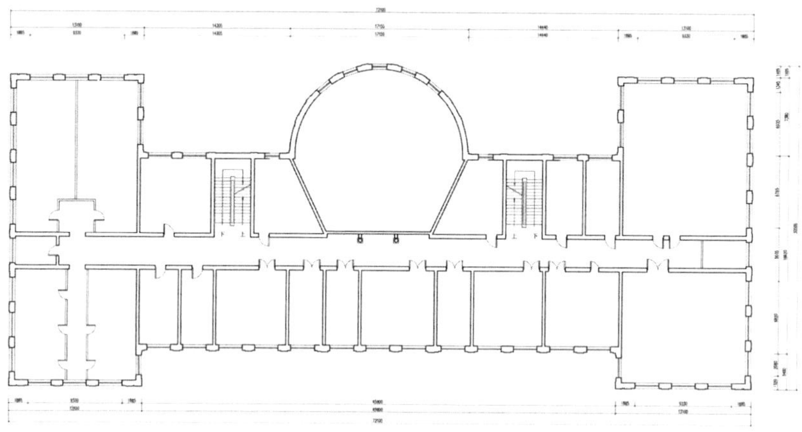

图3-4-5 国立中央大学健雄院二层平面图

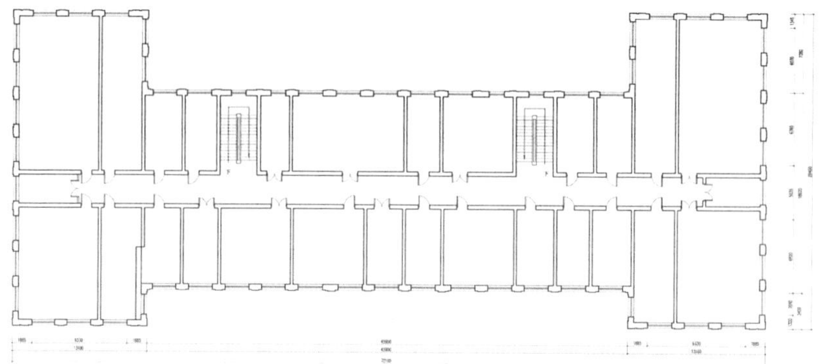

图3-4-6 国立中央大学健雄院三层平面图

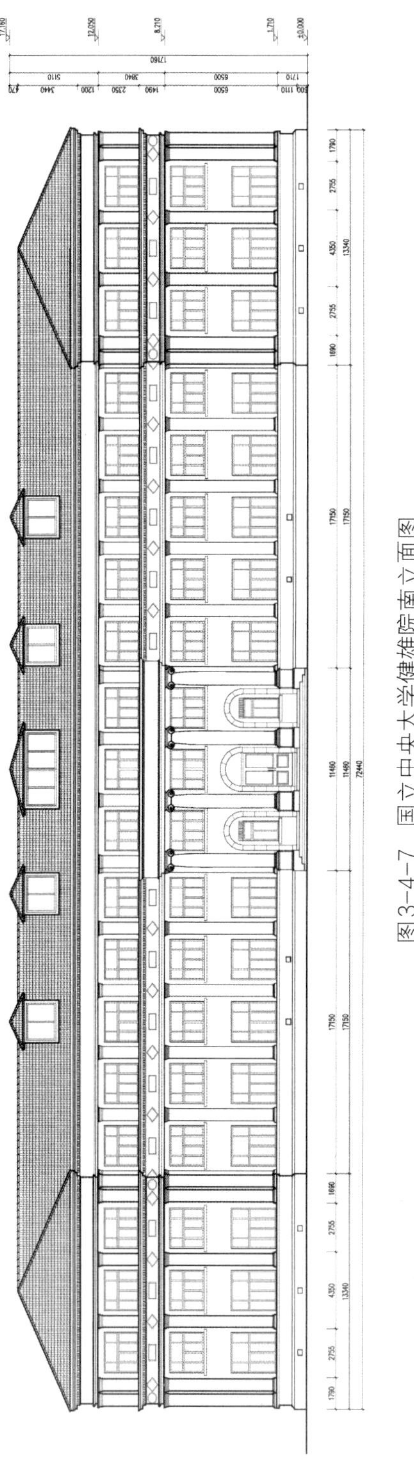

图3-4-7　国立中央大学健雄院南立面图

体育馆

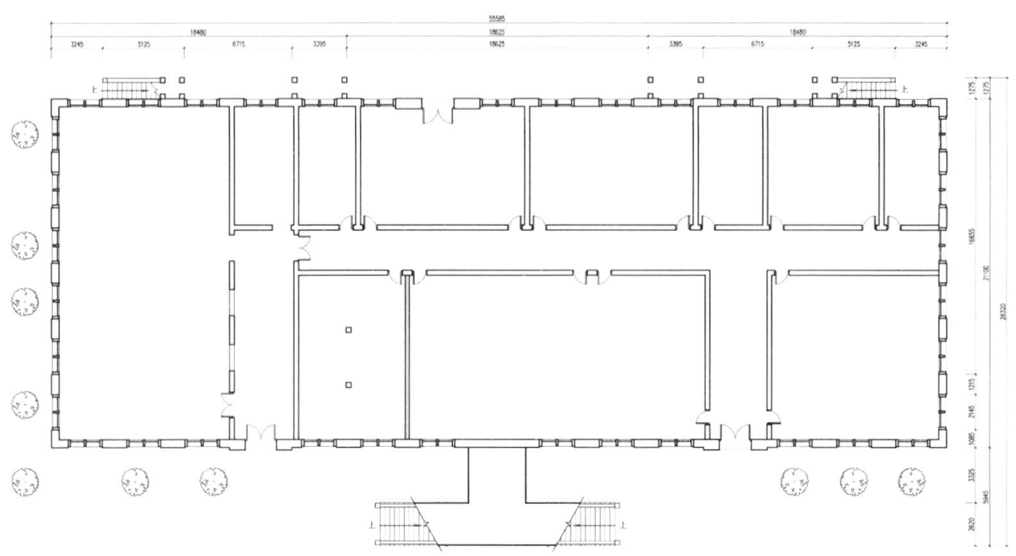

图3-4-8 国立中央大学体育馆一层平面图

图3-4-9 国立中央大学体育馆南立面图

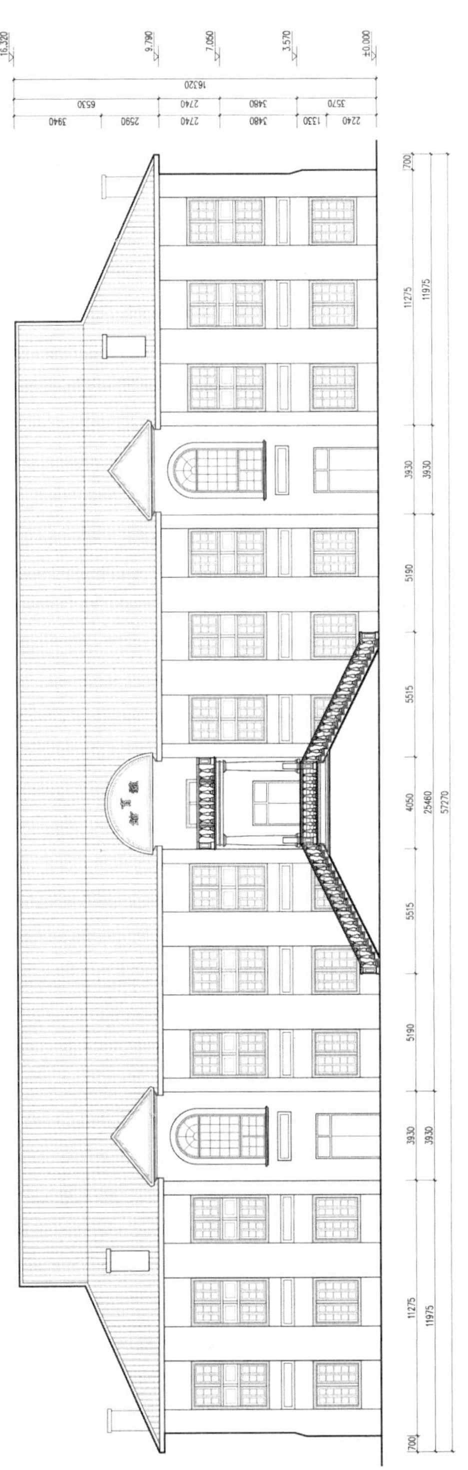

图3-4-10　国立中央大学体育馆东立面图

中央大学医学院附属牙科医院（金陵院）

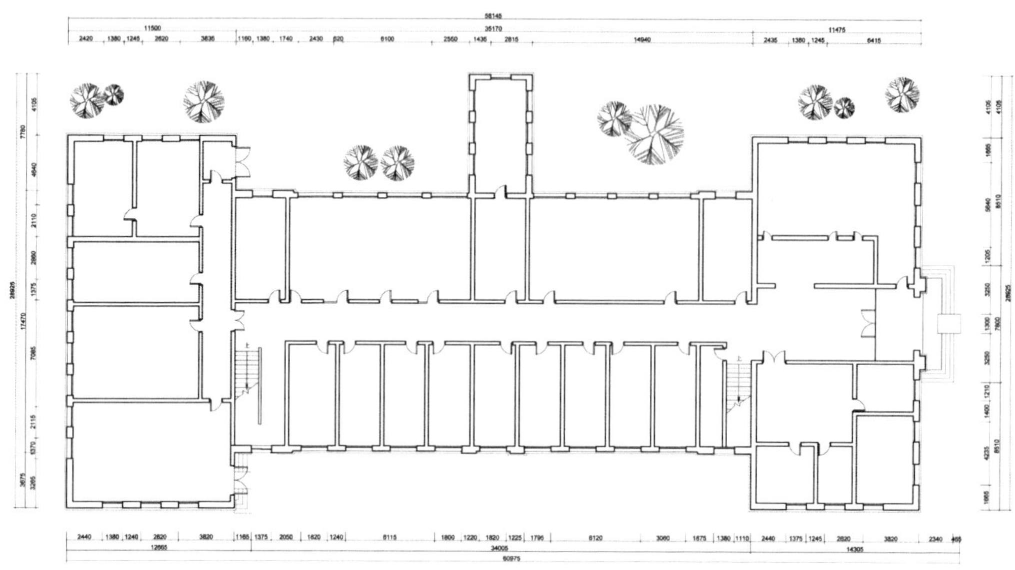

图3-4-11 国立中央大学医学院附属牙科医院（金陵院）一层平面图

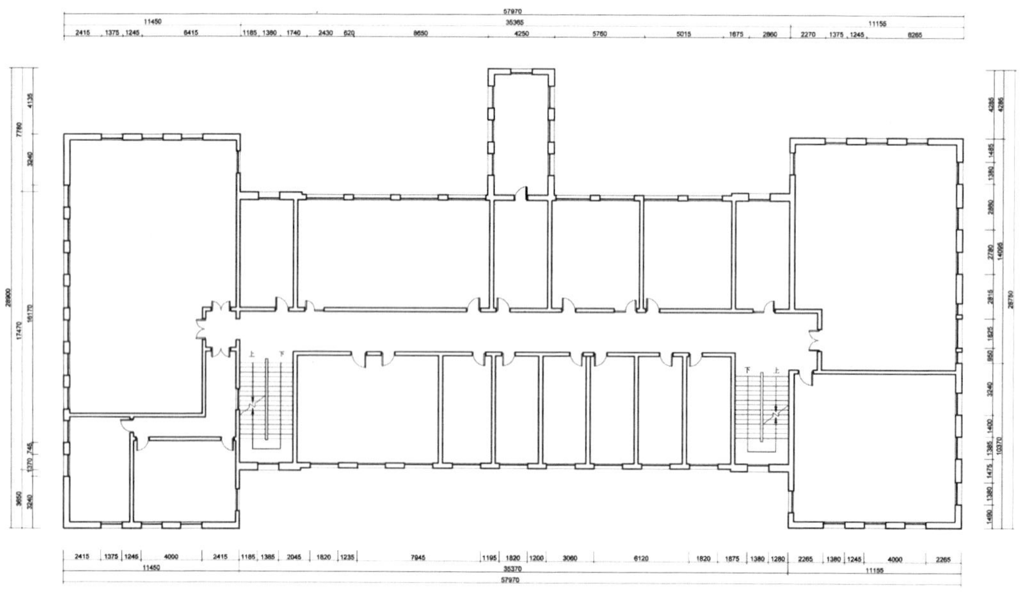

图3-4-12 国立中央大学医学院附属牙科医院（金陵院）二层平面图

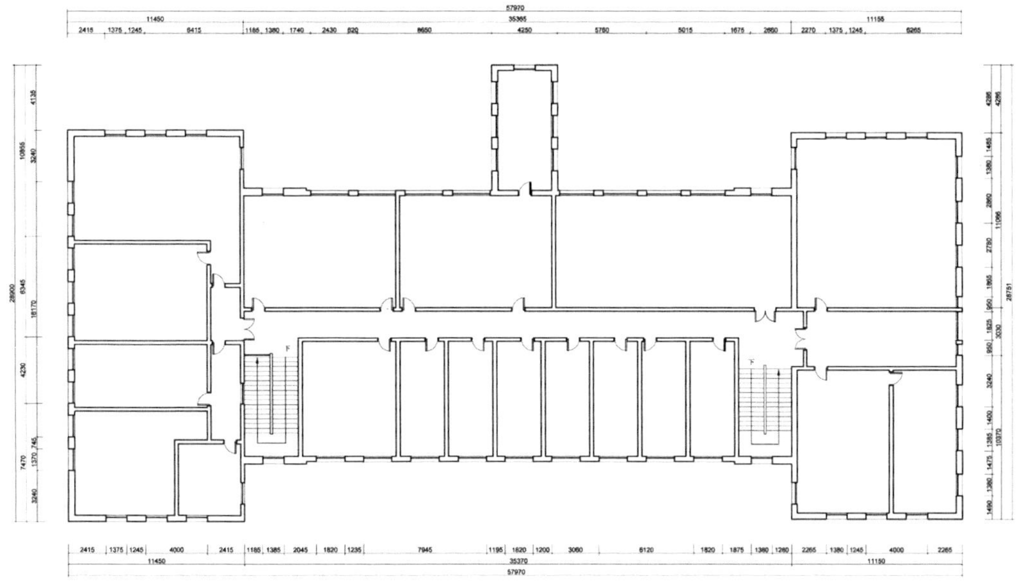

图3-4-13　国立中央大学医学院附属牙科医院(金陵院)三层平面图

图3-4-14　国立中央大学医学院附属牙科医院(金陵院)东立面图

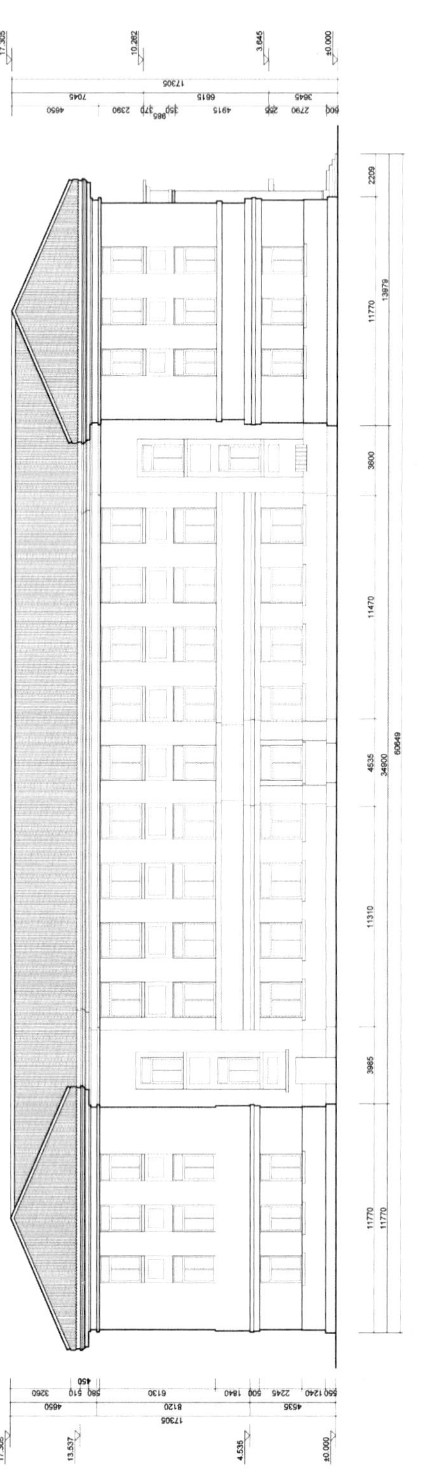

图3-4-15 国立中央大学医学院附属牙科医院（金陵院）南立面图

大礼堂

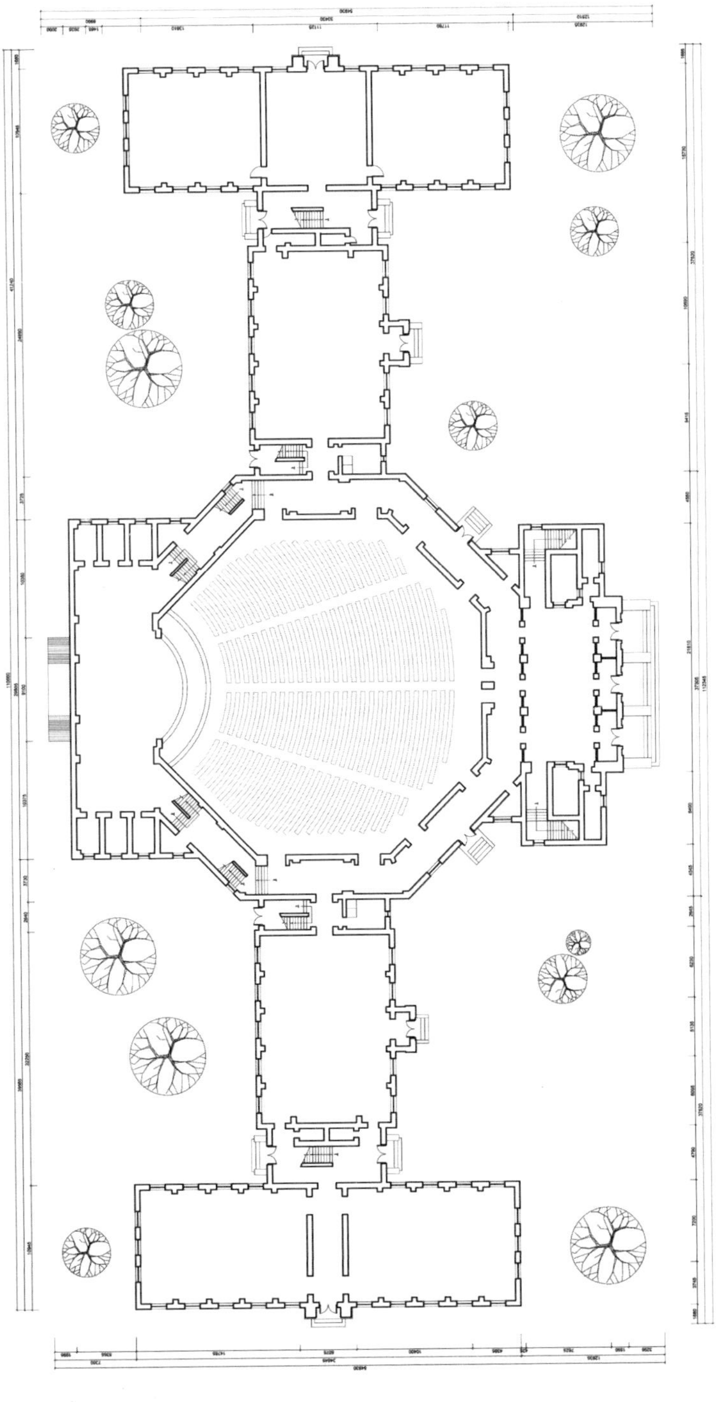

图3-4-16　国立中央大学大礼堂一层平面图

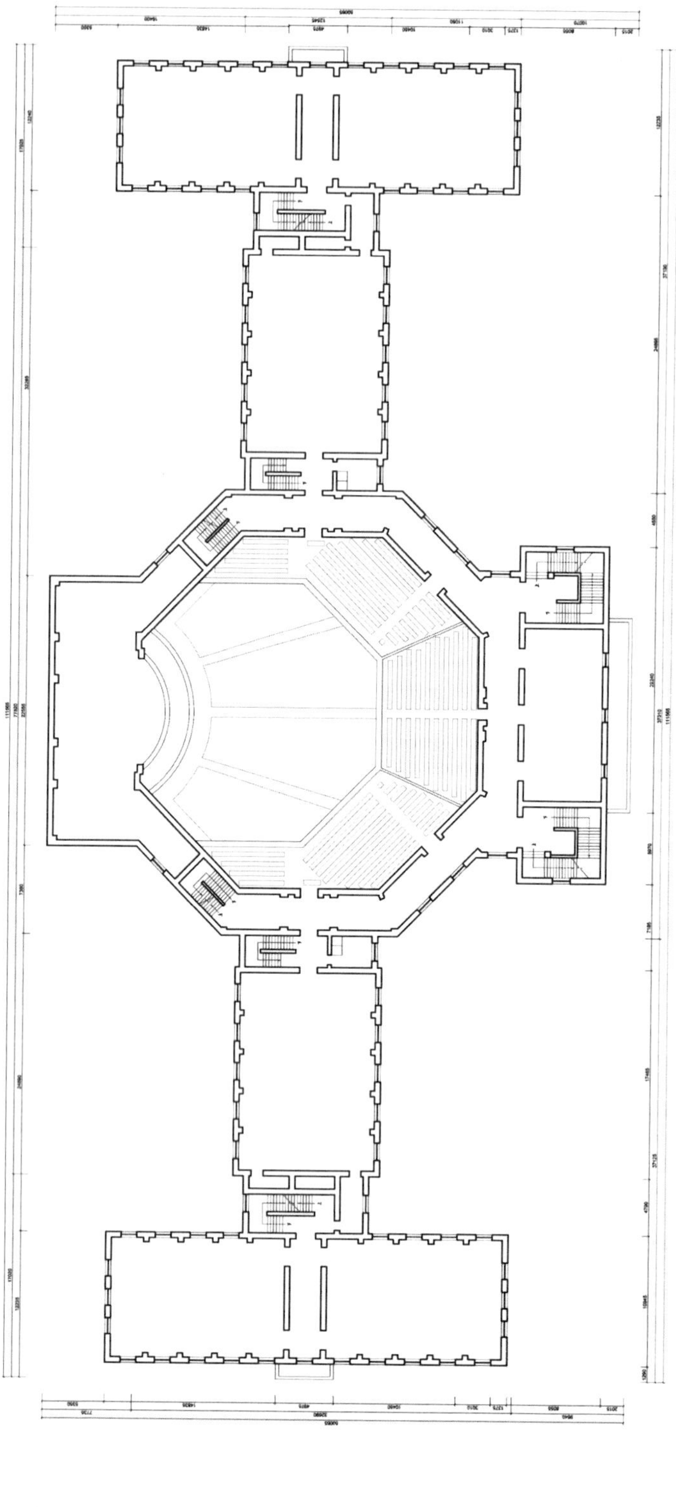

图3-4-17 国立中央大学大礼堂二层平面图

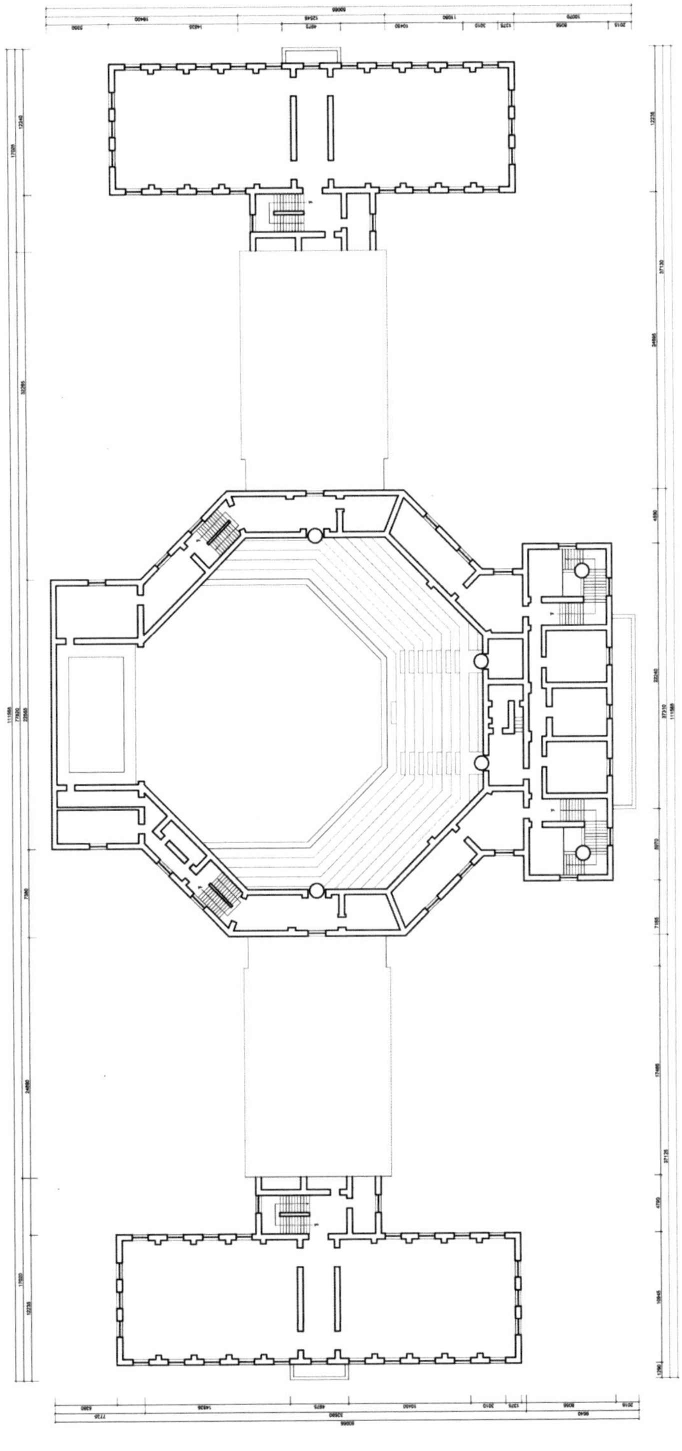

图3-4-18 国立中央大学大礼堂三层平面图

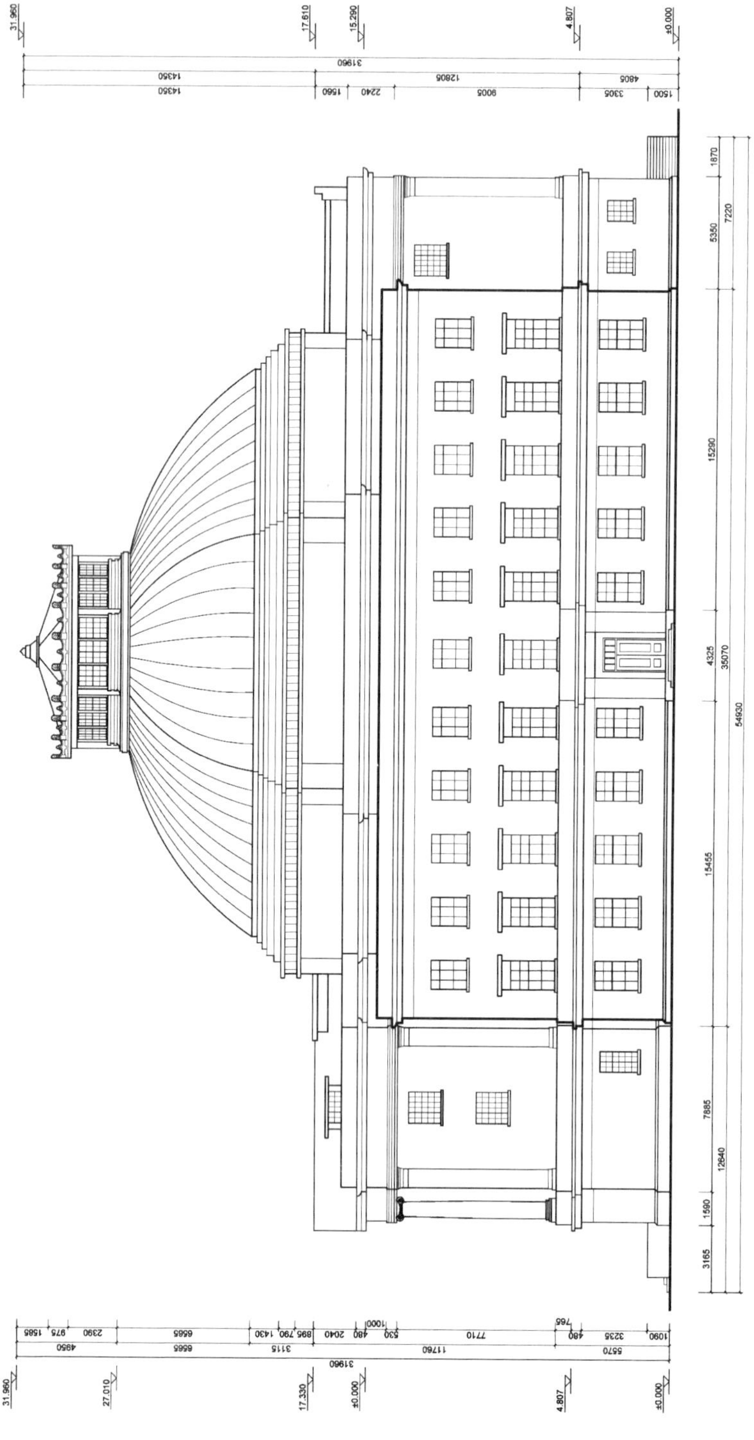

图3-4-19 国立中央大学大礼堂东立面图

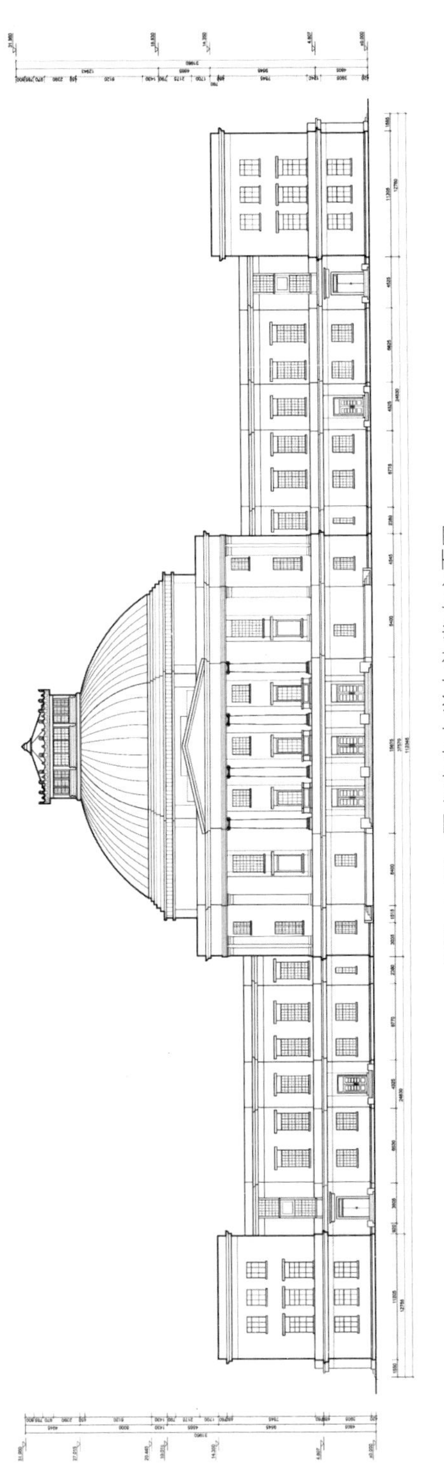

图3-4-20　国立中央大学大礼堂南立面图

生物馆(中大院)

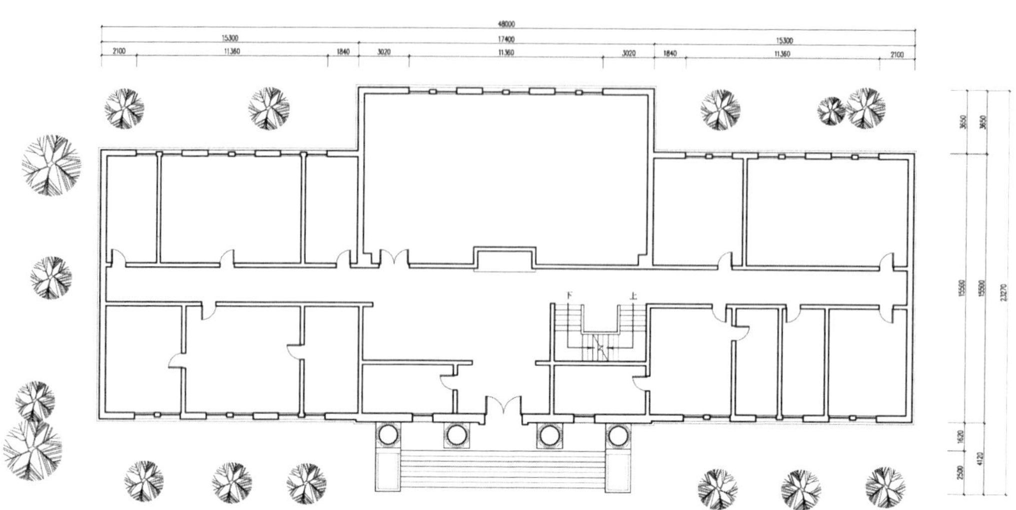

图3-4-21 国立中央大学中大院一层平面图

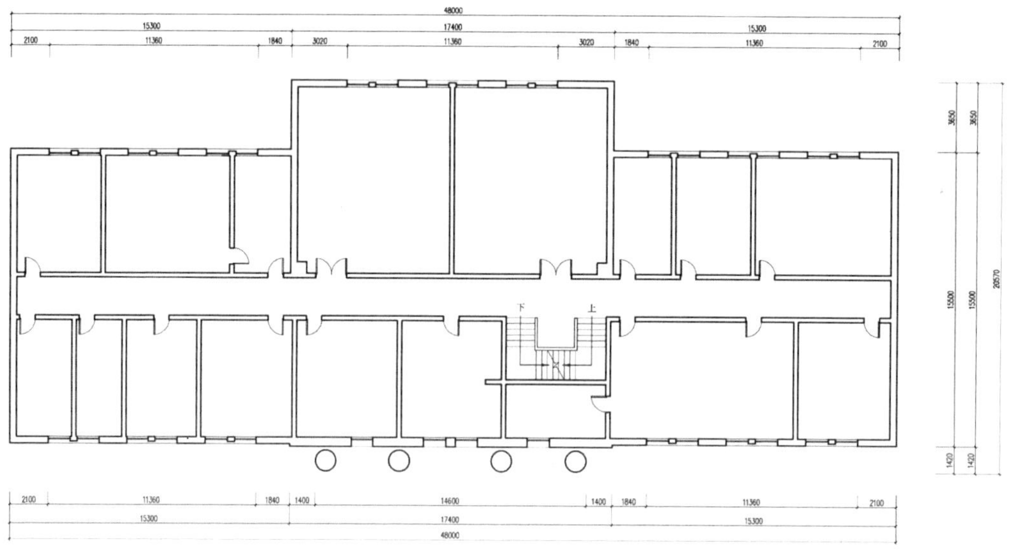

图3-4-22 国立中央大学中大院二层平面图

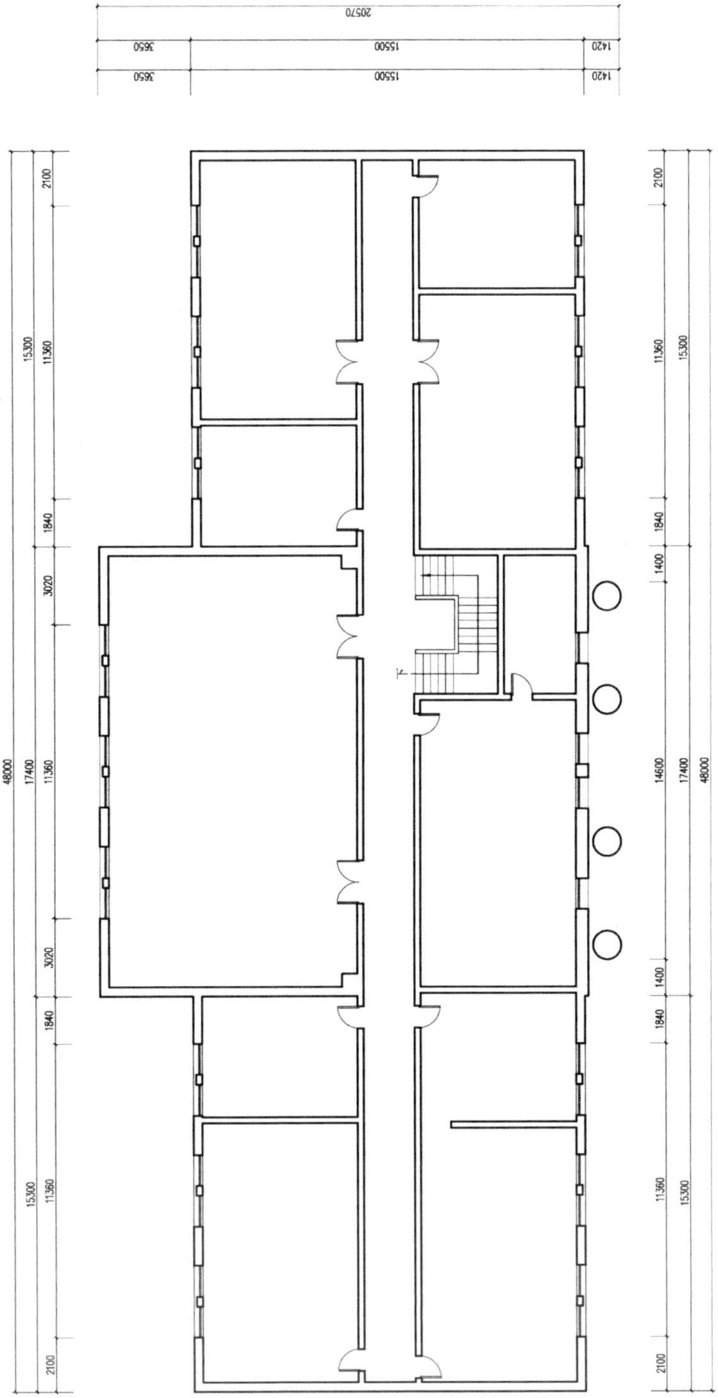

图 3-4-23　国立中央大学中大院三层平面图

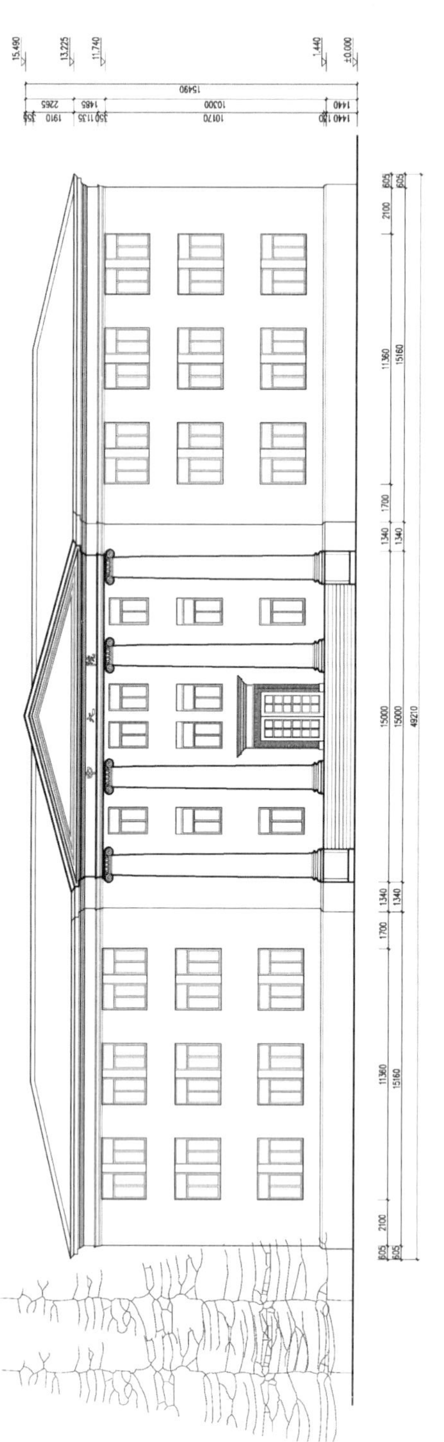

图3-4-24 立中央大学中大院南立面图

南大门

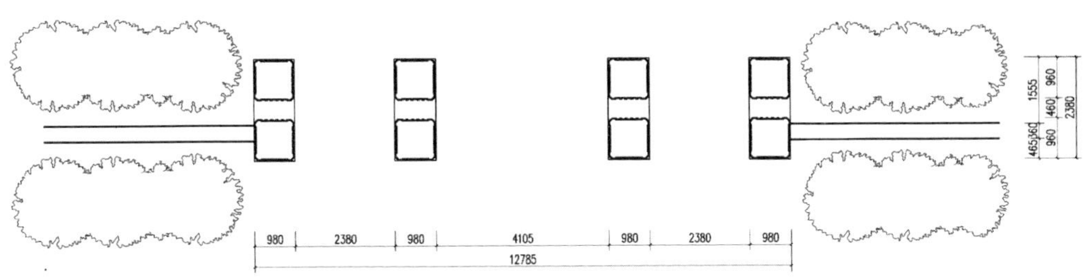

图3-4-25 国立中央大学南大门平面图

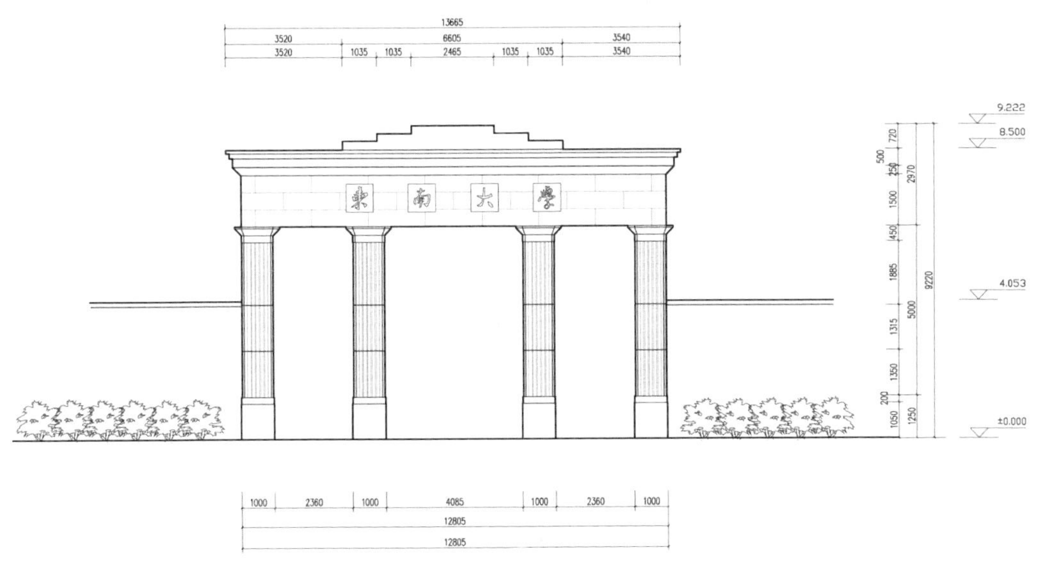

图3-4-26 国立中央大学南大门南立面图

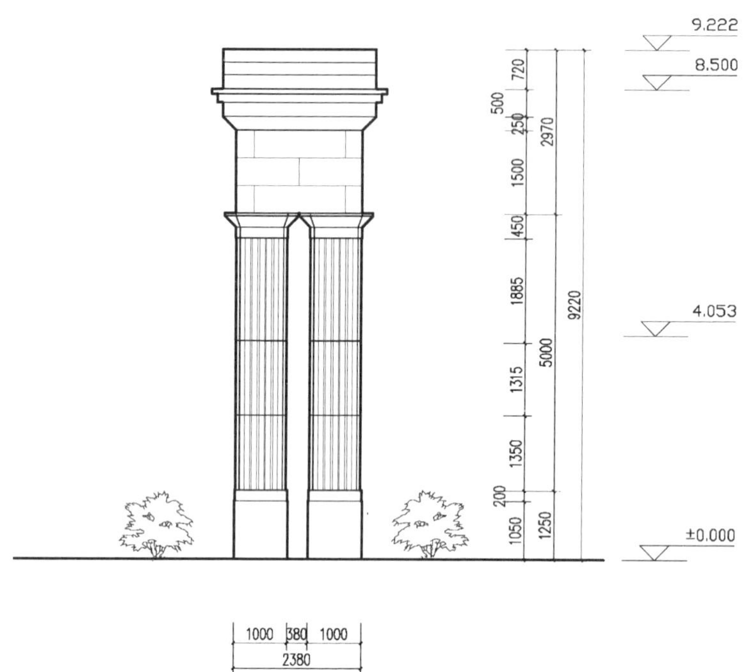

图3-4-27 国立中央大学南大门东立面图

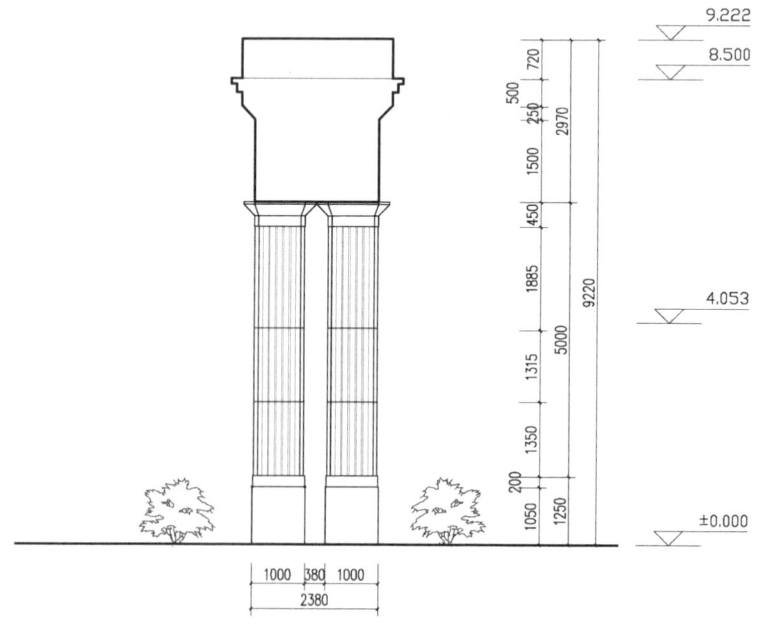

图3-4-28 国立中央大学南大门剖面图

图版目录

上篇　建设钩沉

第二章　中央大学
——“诚朴雄伟”的第一学府

中篇　校园规划与重要历史建筑

第一章　金陵大学

第二章 中央大学

下篇　现状图照

第一章　金陵大学建筑照片

第二章　中央大学建筑照片

第三章 金陵大学主要建筑测绘图

第四章 中央大学主要建筑测绘图

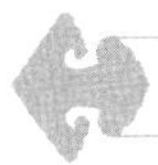

主要参考文献

1. 现代志书

[1] 金陵大学校务会议记录．中国第二历史档案馆六四九

[2] 东南大学编．国立东南大学一览[M]．南京:东南大学出版社,1923.

[3] 金陵大学总务处编．私立金陵大学要览[M]．私立金陵大学总务处,1941.

[4] 南京大学校庆办公室校史资料编辑组,学报编辑部. 南京大学校史资料选辑[G]. 南京:南京大学出版社,1982.

[5] 李楚才编著. 帝国主义侵华教育史资料:教会教育[M]. 北京:教育出版社,1987.

[6] 南京大学高教研究所校史编写组. 金陵大学史料集[M]. 南京:南京大学出版社,1989.

[7] 南京大学校史编写组. 南京大学史[M]. 南京:南京大学出版社,1992.

[8] 朱斐主编．东南大学史 1949-1992 第2卷[M]．南京:东南大学出版社,1997.

[9] 鼓楼区文物志编纂委员会编．鼓楼区文物志[M]．江苏文史资料编辑部,1999.

[10] (美)明妮·魏特琳. 魏特琳日记[M]. 南京:江苏人民出版社,2000.

[11] 王德慈主编. 南京大学百年史[M]. 南京:南京大学出版社,2002.

[12] 张宪文主编. 金陵大学史[M]. 南京:南京大学出版社,2002.

[13] 东南大学编．东南大学1902-2002[M]. 南京:东南大学出版社,2002.

[14] 苏云峰．三(两)江师范学堂:南京大学的前身·1903-1911[M]. 南京:南京大学出版社,2002.

[15] 刘维清,徐南强主编．东南大学百年体育史1902-2002[M]．南京:东南大学出版社,2002.

[16] 南大百年实录编写组. 南大百年实录:中央大学史料选(上、中、下卷)[M]. 南京:南京大学出版社,2002.

[17] 方延明主编. 与世纪同行:南京大学百年老新闻(1902-2001)[M]．南京:南京大学出版社,2002.

[18] 南京市鼓楼区地方志编纂委员会编. 鼓楼区志(下)[M]. 北京:中华书局,

2006.

[19] 李朝润主编.玄武新志[M].南京:南京出版社,2006.

[20] 朱斐主编.东南大学史1902-1949第1卷第2版[M].南京:东南大学出版社,2012.

[21] 束建民主编.南京百年城市史 1912-2012 3 市政建设卷》[M].南京:南京出版社,2012.

2. 现代著作

[1] 吴相湘编著.南京[M]. 台北:正中书局,1957.

[2] 江苏省文物管理委员会编.南京六朝青瓷[M]. 北京:文物出版社,1957.

[3] 王志敏等编.南京六朝陶俑[M]. 北京:中国古典艺术出版社,1958.

[4] 中国科学院历史研究所第三所工具书组校点.刘坤一选集(第1册)[M]. 北京:中华书局,1959.

[5] 江苏省文物管理委员会编.南京六朝墓出土文物选集[M]. 上海:上海人民美术出版社,1959.

[6] 舒新城主编. 中国近代教育史材料(上、中、下)[M]. 北京:人民教育出版社,1981.

[7] (美)杰西·格·罗茨著,曾钜生译. 中国教会大学史(1850-1950)[M]. 杭州:浙江教育出版社,1987.

[8] 庄陈重.从大学校园看美国[M]. 上海:上海人民出版社,1987.

[9] 杨之水等主编.南京[M]. 北京:中国建筑工业出版社,1989.

[10] 邓天德.龙蟠虎踞帝王都[M]. 台北:幼狮文化事业股份有限公司,1989.

[11] 罗家伦先生文存编辑委员会编辑.罗家伦先生文存[M]. 中国国民党中央委员会党史委员会,1989.

[12] 章开沅,(美)林蔚主编. 中西文化与教会大学[M]. 武汉:湖北教育出版社,1991.

[13] 中国近代建筑史研究会主编. 中国近代建筑总览(南京篇)[M]. 北京:中国建筑工业出版社,1992.

[14] 顾树新,张士郎主编. 南京大学校友英华[M]. 南京:南京大学出版社,1992.

[15] 顾学稼等编. 中国教会大学史论丛[M]. 成都:成都科技大学出版社,1994.

[16] 周逸湖,宋泽方. 高等学校建筑、规划和环境设计[M]. 北京:中国建筑工业出版社,1994.

[17] 蒋赞初.南京史话[M]. 南京:南京出版社,1995.

[18] 谭双泉. 教会大学在近现代中国[M]. 长沙:湖南教育出版社,1995.

[19] 章开沅主编. 文化传播与教会大学[M]. 武汉:湖北教育出版社,1996.

[20] 王逸民,李璞编著. 南京[M]. 北京:中国旅游出版社,1997.

[21] 章开沅主编. 社会转型与教会大学[M]. 武汉:湖北教育出版社,1998.

[22] 梁白泉主编. 南京的六朝石刻[M]. 南京:南京出版社,1998.

[23] 杨永生,顾孟潮主编. 20世纪中国建筑[M]. 天津:天津科学技术出版社,1999.

[24] 张燕主编. 南京民国建筑艺术[M]. 南京:江苏科学技术出版社,2000.

[25] 马伯伦等编著. 南京[M]. 北京:旅游教育出版社,2001.

[26] 左惟等编. 大学之道:东南大学的一个世纪[M]. 南京:东南大学出版社,2002.

[27] 张宏生编. 南大,南大[M]. 南京:南京大学出版社,2002.

[28] 冒荣,王运来主编. 南京大学办学理念与治校方略[M]. 南京:南京大学出版社,2002.

[29] 陈华. 南京大学校园风光[M]. 南京:南京大学出版社,2002.

[30] 陈华摄影. 百年南大老建筑[M]. 南京:南京大学出版社,2002.

[31] 韦思聪主编. 岁月屐痕——南京大学老照片(1902—1978年)[M]. 南京:江苏人民出版社,2002.

[32] 杨秉德. 中国近代中西建筑文化交融史[M]. 武汉:湖北教育出版社,2003.

[33] 邹德慈. 城市设计概论[M]. 北京:中国建筑工业出版社,2003.

[34] 杨永生主编. 建筑百家回忆录续编[M]. 北京:中国建筑工业出版社,2003.

[35] 冒荣. 至平至善鸿声东南:东南大学校长郭秉文[M]. 济南:山东教育出版社,2004.

[36] 陆素洁主编. 民国的踪迹南京民国建筑精华游[M]. 北京:中国旅游出版社,2004.

[37] 王运来. 诚真勤仁光裕金陵——金陵大学校长陈裕光[M]. 济南:山东教育出版社,2004.

[38] 丁沃沃. 对"中国固有形式"建筑意义的思考[M]. 杨永生编. 建筑百家杂识录. 北京:中国建筑工业出版社,2004.

[39] 宋立志主编. 名校精英南京大学[M]. 呼和浩特:远方出版社,2005.

[40] 张奕. 教育学视阈下的中国大学建筑[M]. 青岛:中国海洋大学出版社,2006.

[41] 宋秋蓉. 近代中国私立大学发展史[M]. 西安:陕西人民教育出版社,2006.

[42] 赖德霖. 中国近代建筑史研究[M]. 北京:清华大学出版社,2007.

[43] 刘少雪. 中国大学教育史[M]. 太原:山西教育出版社,2007.

[44] 涂慧君. 大学校园整体设计——规划·景观·建筑[M]. 北京:中国建筑工业出版社,2007.

[45] 苏则民编著. 南京城市规划史稿近代篇[M]. 北京:中国建筑工业出版社,2008.

[46] 郭晶编著.张之洞[M]. 郑州:大象出版社,2009.

[47] 何镜堂主编. 当代大学校园规划理论与设计实践[M]. 北京:中国建筑工业出版社,2009.

[48] 周学鹰,殷力欣,马晓,刘江峰等.中山纪念建筑[M]. 天津:天津大学出版社,2009年.

[49] 孟雪梅.近代中国教会大学图书馆研究[M]. 北京:国家图书馆出版社,2009.

[50] 陈怡,梅汉成主编.东南大学文化读本[M]. 南京:东南大学出版社,2009.

[51] 董黎.中国近代教会大学建筑史研究[M]. 北京:科学出版社,2010年.

[52] 叶皓主编.南京民国建筑的故事(上、下册)[M]. 南京:南京出版社,2010.

[53] 吴德广编著.老南京记忆故都旧影[M]. 南京:东南大学出版社,2011.

[54] 马晓.城市印迹——地域文化与城市景观[M]. 上海:同济大学出版社,2011.

[55] 崔延强,邓磊译. 中世纪的欧洲大学[M]. 重庆:重庆大学出版社,2011.

[56] 叶兆言主编.老明信片·南京旧影[M]. 南京:南京出版社,2011

[57] 陈晓恬,任磊.中国大学校园形态发展简史[M]. 南京:东南大学出版社,2011.

[58] 叶兆言,卢海鸣,韩文宁编.老照片·南京旧影[M]. 南京:南京出版社,2012.

[59] 陈平原.民国大学遥想大学当年[M]. 北京:东方出版社,2013.

[60] 国家文物局编.海峡两岸及港澳地区建筑遗产再利用研讨会论文集及案例汇编(上)[G]. 北京:文物出版社,2013.

[61] 汪晓茜.大匠筑迹民国时代的南京职业建筑师[M]. 南京:东南大学出版社,2014.

[62] 国家文物局编著.全国重点文物保护单位第Ⅴ卷第6批[M]. 北京:文物出版社,2016.

[63] Perkins Fellows& Hamilton.Educational buildings[M]. Chicago: The Blakely printing company, 1925.

[64] T Johnston, D Erh. Hallowed Halls: Protestant Colleges in Old China[M]. Hong Kong: Old China Hand Press,1998.

[65] Gaines, Thomas A. The Campus as a Work of Art[M]. New

York: Praeger, 1991.

3. 论文

[1] 洪焕椿. 南京大学[J]. 人民教育,1980(11).
[2] 徐卫国. 中国近代大学校园建设[J]. 新建筑,1986(4).
[3] 徐卫国. 近代教会校舍论[J]. 华中建筑,1988(3).
[4] 徐卫国. 中国近代大学校园规划布局试析[J]. 建筑师,1989(34).
[5] 杨振亚.三江师范学堂创建史补遗[J]. 南京大学学报(哲学社会科学版),1995(2).
[6] 吴良镛. 走向持续发展的未来——从"重庆松林坡"到"伊斯坦布尔"[J]. 城市规划,1996(5).
[7] 赵瑞蕻. 梦回柏溪——怀念范存忠先生,并忆中央大学柏溪分校[J]. 新文学史料,1998(3).
[8] 吴人. 中央大学大礼堂[J]. 民国春秋,1998(3).
[9] 邓朝伦."沙坪学灯"里的中央大学[J]. 重庆与世界,2000(4).
[10] 王海蒙. 保护历史环境寻找发展方向——东南大学本部校区校园规划[J].南方建筑,2002(1).
[11] 韩卿元,李小龙. 论大学精神的重建[J]. 延安大学学报(社会科学版),2002(2).
[12] 周虹. 东大百年巡礼[J]. 钟山风雨,2002(3).
[13] 徐立刚. 百年学府——南京大学[J]. 档案与建设,2002(4).
[14] 季为群. 百年沧桑百年发展——南京大学百年史略[J]. 江苏地方志,2002(4).
[15] 刘敬坤. 八年抗战中的中央大学[J]. 炎黄春秋,2002(5).
[16] 王建国. 从城市设计的角度看大学校园规划[J]. 城市规划,2002(5).
[17] 朱明. 国民大会堂[J]. 钟山风雨,2002(6).
[18] 冷天,赵辰. 原金陵大学老校园建筑考[J]. 东南文化,2003(3).
[19] 何镜堂,郭卫宏,吴中平. 现代教育理念与校园空间形态[J]. 建筑师,2004(2).
[20] 刘宛. 城市设计理论思潮探源[J]. 世界建筑,2004(3).
[21] 董黎. 金陵女子大学的创建过程及建筑艺术评析[J]. 华南理工大学学报(社会科学版),2004(6).
[22] 楚超超. 理性与浪漫的交织——解读原金陵女子大学校园建筑[J]. 华中建筑,2005(1).
[23] 张剑涛. 简析当代西方城市设计理论[J]. 城市规划学刊,2005(2).
[24] 张奕. 刍议中国当前大学建筑理论研究[J]. 建筑学报,2005(3).

[25] 曹必宏. 汪伪统治下的南京中央大学[J]. 钟山风雨,2005(5).

[26] 谭文勇,阎波."图底关系理论"的再认识[J].重庆建筑大学学报,2006(4).

[27] 邹德慈. 人性化的城市公共空间[J]. 城市规划学刊,2006(5).

[28] 阳建强. 历史性校园的价值及其保护——以东南大学,南京大学,南京师范大学老校区为例[J]. 城市规划,2006(7).

[29] 赵辰. 论大学建筑文化中"场所精神"的缺失[J]. 中国高等教育,2007.

[30] 刘道玉. 论大学精神的重建[J]. 湖北函授大学学报,2007(3).

[31] 郭苏明. 场所精神的延续——由高校传统校区更新谈起[J]. 华中建筑,2008(2).

[32] 李志跃. 中央大学二部丁家桥校址的沿革[J]. 南京史志,2008(2).

[33] 夏兵. 教学的空间·空间的教学——东南大学建筑学院前工院改造设计[J].建筑学报,2008(2).

[34] 何镜堂,王扬,窦建奇,当代大学校园人文环境塑造研究[J]. 南方建筑,2008(3).

[35] 陈海浪,阳建强,曹新民. 南京大学老校区的保护与发展[J]. 华中建筑,2008(8).

[36] 董黎. 西方教会与金陵大学的创建过程及建筑艺术[J]. 广州大学学报(社会科学版),2009(1).

[37] 涂慧君,任君炜. 大学功能、社会期许与个性发展——西方大学校园规划模式的类型演变[J]. 新建筑,2009(5).

[38] 冷天. 得失之间——从陈明记营造厂看中国近代建筑工业体系之发展[J].世界建筑,2009(11).

[39] 陈璐. 论中西文化的交融和碰撞——南京高校建筑比较谈[J]. 华中建筑,2009(12).

[40] 冷天. 金陵大学校园空间形态及历史建筑解析[J]. 建筑学报,2010(2).

[41] 龚荣华,邱洪兴. 优秀民国建筑的抗震加固设计[J]. 工程抗震与加固改造,2010(6).

[42] 张琳,王勇. 教会大学的校园景观及其场所精神——以沪江大学校园为例[J]. A+C,2010(12).

[43] 缪峰,李春平. 原金陵大学校园规划与设计思想评析[J]. 山西建筑,2011(2).

[44] 汪晓茜,俞琳. 民国南京钩沉之建筑师篇[J]. 新建筑,2011(5).

[45] 张进帅,马晓. 人性化视角下的南京近代大学校园规划——以南京三所大学老校区为例[J]. 华中建筑,2011(12).

[46] 马晓,周学鹰. 地域建筑的文化解读——南京"九十九间半"[J]. 华中建

筑,2012(1).

[47] 赵辰. 大学博物馆——校园场所精神的实现[J]. 城市环境设计,2012(Z1).

[48] 蒋宝麟. 抗战时期中央大学的内迁与重建[J]. 抗日战争研究,2012(3).

[49] 周学鹰,马晓. 南京江宁府学的古建技艺[J]. 古建园林技术,2012(3).

[50] 朱庆葆. 国家意志与近代中国的大学治理——以罗家伦时期中央大学的发展为例[J]. 学海,2012(5).

[51] 马晓,周学鹰. 南京杨柳村“九十九间半”[J]. 古建园林技术,2013(2).

[52] 马晓,周学鹰. 南京秦淮河房(厅)的建筑技艺[J]. 中国建筑文化遗产,2013(5).

[53] 马晓,周学鹰. 渐行渐远的秦淮河房(厅)[J]. 建筑与文化,2013(11).

[54] 马晓,周学鹰. 过去与现在出世与入世——传承世界文化遗产的高野山宿坊[J]. 建筑与文化,2013(12).

[55] 马晓,周学鹰. 兼收并蓄融贯中西——活化的历史遗产之一·翁丁村大寨与白川村荻町[J]. 建筑与文化,2013(12).

[56] 叶雅慧. 以南京民国建筑的保护现状为例看文化遗产的价值[J]. 赤峰学院学报(哲学社会科学版),2014(1).

[57] 黄松. 中国高校遗产的历史文化寻绎[J]. 中国文化遗产,2014(1).

[58] 杨健美,胡金平. 中国近现代教会大学校园文化特色研究[J]. 中国人民大学教育学刊,2014(1).

[59] 马晓,周学鹰. 兼收并蓄融贯中西——活化的历史文化遗产之二·中国上杭与土耳其番红花城[J]. 建筑与文化,2014(3).

[60] 汪晓茜. 历史补遗:民国南京教会建筑师齐兆昌[J]. 南方建筑,2014(6).

[61] 戚威,姚力. 南京大学戊己庚楼改造[J]. 城市环境设计,2014(6).

[62] 曹伟,高艳英,张培. 诚朴雄伟励学敦行儒雅博爱厚重大气——中国最温和的大学南京大学人文建筑之旅[J]. 中外建筑,2014(11).

[63] 南京甲骨文空间设计有限公司. 重塑岁月南京大学戊己庚楼改造[J]. 室内设计与装修,2014(11).

[64] 侍非等. 仪式活动视角下的集体记忆和象征空间的建构过程及其机制研究——以南京大学校庆典礼为例[J]. 人文地理,2015(1).

[65] 蒋宝麟. 大学、城市与集体记忆:1930年代南京中央大学“大学城”计划始末[J]. 近代史学刊,2015(2).

[66] 冯琳. 南京民国建筑中的中国传统建筑元素应用[J]. 大舞台,2015(6).

[67] 邵艺. 陈裕光:华人校长第一人[J]. 中国档案,2016(10).

[68] 刘瑛,昭质. 抗战时期中央大学西迁重庆沙坪坝[J]. 档案记忆,2017(1).

[69] 张守涛. 焦土红花:抗战时期的国立中央大学[J]. 同舟共进,2017(1).

[70] Perkins Fellows& Hamilton.The university of Nanking, China[J]. the American architect,1925(1).

4. 学位论文

[1] 徐卫国. 中国近代大学校园研究[D]. 北京:清华大学硕士学位论文,1989.

[2] 袁铁声. 中国当代大学校园研究[D]. 北京:清华大学硕士学位论文,1993.

[3] 魏篙川. 清华大学校园规划与建筑研究[D]. 北京:清华大学硕士学位论文,1995.

[4] 董黎 .中西建筑文化的交汇与建筑形态的构成[D]. 南京:东南大学建筑研究所博士学位论文,1995年

[5] 王进. 大学校园人性化空间环境设计研究[D]. 北京:北京工业大学硕士学位论文,2003.

[6] 许小青. 从东南大学到中央大学[D]. 武汉:华中师范大学中国近现代史研究所博士学位论文,2004.

[7] 钱锋 .现代建筑教育在中国(1920s-1980s)[D]. 上海:同济大学博士学位论文,2006

[8] 谢文博. 中国近代教会大学校园及建筑遗产研究[D]. 长沙:湖南大学硕士学位论文,2008.

[9] 王燕飞. 大学校园景观与场所精神[D]. 南京:南京林业大学硕士学位论文,2009.

[10] 张进帅. 基于场所精神的南京近代大学校园规划初探——以原金陵大学为例[D]. 南京:南京大学建筑与城市规划学院硕士学位论文,2012.

[11] 彭展展 .民国时期南京校园建筑装饰研究——以原金陵大学、金陵女子大学、国立中央大学校园建筑为例[D]. 南京:南京师范大学硕士学位论文,2014

5. 会议报告

[1] 周琦. 从金陵大学早期的建筑发展看基督教文化在我国的传播[C]. 刘先觉主编. 1927-1997建筑历史与理论研究文集. 北京:中国建筑工业出版社,1997.

[2] 黄学明. 文脉延续与创新——南京地区近代建筑环境的保护、更新和发展[C]. 张复合主编 .中国近代建筑研究与保护(二). 北京:清华大学出版社,2001.

[3] 赵辰,冷天. 冲突与妥协——从原金陵大学礼拜堂见近代建筑文化遗产之修复保护策略[C]. 中国近代建筑史国际研讨会,2002.

[4] 王建国,段进. 东南大学校园规划的历史发展[C]. 第二届海峡两岸“大学的校园”学术研讨会论文集,2002.

[5] 王建国 .大学校园规划设计初探——兼谈东南大学新一轮校园规划[C]. 岳庆平,吕斌主编 .首届海峡两岸大学的校园学术研讨会论文集. 北京:北京大学出版

社,2005.

[6] 刘先觉,楚超超. 南京近代大学校园建筑评析[C]. 张复合主编. 中国近代建筑研究与保护(五). 北京:清华大学出版社,2006.

[7] 王建国,阳建强主编. 大学校园文化内涵的营造与提升[C]. 第七届海峡两岸大学的校园学术研讨会论文集,2009.

[8] 张进帅.场所视角下的中国当代大学校园规划浅议——以南京大学为例[C].中国城市规划年会,2013.

[9] 姜凯凯,林存松.教会大学文化遗产的保护与利用研究——以金陵大学为例[C]. 中国城市规划年会,2014.

[10] 曹俊等.让历史讲故事——对东南大学校园历史保护的思考和畅想[C].中国城市规划年会论文集,2016.

6. 规划成果

[1] PRESERVATION MASTER PLAN FOR WASHINGTON AND LEE UNIVERSITY,2005.

[2] UNIVERSITY OF ARIZONA HISTORIC PRESERVATION PLAN, 2006.

[3] UNIVERSITY OF VIRGINIA HISTORIC PRESERVATION FRAMEWORK PLAN,2007.

[4] THE UNIVERSITY OF KANSAS CAMPUS HERITAGE PLAN, 2008.

[5] MIAMIUNIVERSITY CAMPUS HERITAGE PLAN,2009.

后 记

晚清以降的中国，在迈向现代化的进程中历经坎坷。国门被动开启后，对专制的批判与反思，对新思想、新文化、新秩序的渴望与尝试，屡试屡败、屡败屡试，波澜壮阔、催人泪下。究其根本，缘于没有认识到或缺乏坚定的勇气，正视政治体制的彻底变革，而政治体制改善才是一切改革成功的先决与基础。

就建筑学领域而言，最生动、最突出地表现在公共建筑上。晚清以降，我国公共建筑发生重大甚或根本性的变革，其建材设备、结构方式、艺术造型等，多与我国传统建筑迥异。

清末的中国建筑学界，起先确由外国建筑师主导，以公共建筑为主、以建造师事务所为组织的规划设计活动展开，掀开了我国建筑的现代化序幕，尤以美国建筑师墨菲为著。其成熟的设计手法及对我国古典宫殿式建筑的独到理解，把我国现代传统复兴式（中国固有式）建筑提高到相当高的水准，又经此时官方提倡，对我国各地域的建筑发展，产生了广泛而深远的影响。

此后，留洋归来的我国建筑师群体，部分在外国前辈们的提携、影响下勉力探求，逐渐开启了中国人自身对现代建筑的探索，以著名建筑师吕彦直为翘楚。其设计融合东、西方建筑文化精髓，创造出中西合璧、流芳千古的伟大建筑，如南京中山陵、广州中山纪念堂等[1]。

值得重视的是，南京大学两个源头之一的金陵大学，在1892年的金陵大学医科——马林大楼建设中，已采取中西合璧的建筑技艺；加之1910年正式开始的原金陵大学校园建设，规划布局与其时典型的美国大学校园空间布局相似[2]，其单体在融合南京地域传统建筑的同时，受到西方各类建筑思想的深刻影响。

南京大学另一源头的国立中央大学，从初起两江师范学堂的日本封闭式校园，一变为国立东南大学时期的轴线开放式校园。特别是郭秉文校长通过多方筹措，于1923年新建图书馆和体育馆。加以1922年，美国洛克菲勒基金会中国医药部捐建的科学馆（今健雄院）和生物馆（今中大院），先后于1927年和1929年落成。此四馆均采用西方

❶ 周学鹰、殷力欣、马晓、刘江峰等：《中山纪念建筑》，天津：天津大学出版社，2009年版。

❷ 在20世纪初，美国已经有哈佛、耶鲁、普林斯顿、康奈尔这样发展历史逾百年的名校，教育家们积累了丰富的办学经验。

古典建筑样式，雄伟庄重，气势不凡，无论质量与规模居当时中国一流位置，在办学及中国现代建筑演进中发挥了积极的作用❶。

因此，原私立金陵大学、国立中央大学两校区，堪称一部简明的晚清民国中国现代高等教育建筑发展史，见证了晚清民国公共建筑的现代化历程。大学历史校园场所不仅是民国以来众多重大历史事件的见证者，更时刻对置身其中的人无形中具有别样的感染力。

由此，注重校园中历史建筑遗产的活化、空间场所的延续、物质与非物质文化遗产的一体化保护与传承，及加强此类时空中个体人的体验与参与融入等，一定会使得金陵大学、中央大学历史风貌区成为高度"活化的遗产"。最终目标或许应将它们，塑造成为中国现代高等教育"活化的历史博物馆"。

毋庸讳言，任何历史风貌区的有效保护与合理利用，均需要一个相对长期的培育过程，较难一蹴而就。例如，享誉全球的世界文化遗产——日本岐阜县白川乡荻町，从1950年启动到1996年荣列世界文化遗产，经过了村民、社团及政府51年的共同努力，逐步推进。要点在于责、权、利的有机统一，必须让每个公民真正感受到作为主人的责任❷。

因之，现状南京大学、东南大学校园历史风貌区的保护与传承，不仅要保护校园内的遗产本体，还要注意周边环境的相得益彰，更要注重校园人文环境的培育。最终目的，在于助力生活、工作、游栖于其中的每一位个体品质的提升，这是更高一层的境界与追求。

本书成果为集体智慧的结晶，得益于众多部门的帮助与支持。感谢南京大学历史学院、校史博物馆、房地产管理处、基本建设处及东南大学的有关部门。特别感谢南京大学出版社、社科处的鼎力协助！

谨表深切谢忱！

周学鹰　马　晓

谨志于河南省文物考古研究院鹤壁辛村考古工地驻地

二零壹柒年拾月拾日

❶ 周宏：《东大百年巡礼》，《钟山风雨》2002年第3期，第11~16页。

❷ 马晓、周学鹰：《兼收并蓄融贯中西——活化的历史遗产之一·翁丁村大寨与白川村荻町》，《建筑与文化》2013年第12期，第138~143页。

图书在版编目(CIP)数据

南大建筑百年 / 周学鹰, 马晓著. -- 南京 : 南京大学出版社, 2018.12

ISBN 978-7-305-21050-1

Ⅰ.①南… Ⅱ. ①周… ②马… Ⅲ. ①南京大学-教育建筑-建筑史 Ⅳ. ①TU244.3

中国版本图书馆CIP数据核字(2018)第230771号

出 版 者 南京大学出版社

社　　址 南京市汉口路22号　　邮编 210093

出 版 人 金鑫荣

书　　名 南大建筑百年

著　　者 周学鹰 马 晓

责任编辑 官欣欣　　编辑热线 025-83593947

封面设计 达志翔

照　　排 南京紫藤制版印务中心

印　　刷 南京爱德印刷有限公司

开　　本 718×1000 1/16 印张 27.5 字数 630千

版　　次 2018年12月第1版 2018年12月第1次印刷

ISBN 978-7-305-21050-1

定　　价 168.00元

网址:http://www.njupco.com

官方微博:http://weibo.com/njupco

官方微信号:njupress

销售咨询热线:(025)83594756